装配式混凝土建筑施工技术

主　编：郑爱国　李　伟　彭　丽
副主编：杨　超　董加贝　陈　伟　张保庆　闫　晶

吉林科学技术出版社

图书在版编目（CIP）数据

装配式混凝土建筑施工技术 / 郑爱国, 李伟, 彭丽
主编. -- 长春：吉林科学技术出版社, 2023.3
　　ISBN 978-7-5744-0342-0

　　Ⅰ. ①装… Ⅱ. ①郑… ②李… ③彭… Ⅲ. ①装配式
混凝土结构–建筑施工–施工管理 Ⅳ. ①TU37

中国国家版本馆CIP数据核字(2023)第066181号

装配式混凝土建筑施工技术

主　　编	郑爱国　李　伟　彭　丽
出 版 人	宛　霞
责任编辑	冯　越
封面设计	优盛文化
制　　版	优盛文化
幅面尺寸	185mm×260mm
开　　本	16
字　　数	390 千字
印　　张	18.75
印　　数	1–1500 册
版　　次	2023年3月第1版
印　　次	2024年1月第1次印刷

出　　版	吉林科学技术出版社
发　　行	吉林科学技术出版社
地　　址	长春市福祉大路5788号
邮　　编	130118
发行部电话/传真	0431-81629529 81629530 81629531 81629532 81629533 81629534
储运部电话	0431-86059116
编辑部电话	0431-81629518
印　　刷	廊坊市印艺阁数字科技有限公司

书　　号	ISBN 978-7-5744-0342-0
定　　价	98.00元

前　言

　　装配式混凝土建筑以其独特的工艺流程、环保高效的建筑特点受到了广泛的关注。它对比传统的混凝土浇筑拥有明显的优势，不仅能够节约工程建设时间，还能够减少资金支出，同时符合我国绿色施工的要求。装配式混凝土结构施工是一种新型的施工技术，其对各种施工技术的要求较高，且各环节之间衔接紧凑，因此施工过程中具有一定的难度。本书从混凝土的原材料、装配式建筑设计、装配式混凝土施工、装配式混凝土管理以及 BIM 技术在装配式混凝土建筑施工中的应用等几个角度对装配式混凝土建筑进行了研究，具有重要的实践意义。

　　本书一共包含十一个章节，由郑爱国、彭丽、闫晶、张保庆、陈伟、杨超、董加贝和李伟八位作者合作编写。其中，郑爱国负责第一章无机非金属材料概述、第二章混凝土的原料及其选择、第三章混凝土原材料检测试验；彭丽负责第四章建筑工程施工及其管理；李伟负责第五章装配式建筑设计与管理和第十一章装配式建筑施工管理；陈伟负责第六章装配式混凝土建筑和第七章装配式混凝土建筑基础工程施工除第一节以外的内容；杨超负责第七章第一节装配式混凝土建筑施工准备和第八章装配式混凝土建筑施工技术；董加贝负责第九章 BIM 技术在装配式混凝土建筑施工中的应用和第十章装配式混凝土建筑工程验收；闫晶与张保庆负责其他相关工作。

　　由于作者的水平和掌握的资料有限，书中难免存在不足，恳请专家、同行和广大读者提出宝贵意见。

编者

目 录

第一章 无机非金属材料概述

第一节 认识无机非金属材料

一、无机非金属材料的定义、分类与特点

无机非金属材料和金属材料、有机高分子材料并列为当代三大固体材料，其区别主要在于材料的结合化学键，即原子间的相互作用力不同，因而表现出性质上的极大差异。无机非金属材料可以定义为以离子键及共价键为主要结合力的含金属和非金属元素的复杂化合物和固溶体，是除有机高分子材料和金属材料以外的所有固体材料的统称。

不同的无机非金属材料之间存在成分、制造工艺、结构、性能和用途等方面的差异，但彼此之间又具有共性和内在联系，对其进行合理的分类有助于了解其内在的本质和规律，系统、全面地认识和研究材料。但是无机非金属材料品种繁多、用途各异，目前还没有一个统一而完善的分类方法。通常综合考虑其化学成分、原料、性能和用途、制造工艺等进行分类。表 1-1 为常见无机非金属材料的分类，包括陶瓷、玻璃、水泥、耐火材料、人工晶体、天然矿物岩石材料等。从大类上可以把它们分为普通的（传统的）和特种的（新型的）无机非金属材料两大类。传统无机非金属材料，如普通陶瓷、普通玻璃、水泥等，一般都含有硅酸盐，所以又被称为硅酸盐材料，通常以天然的硅酸盐矿物（黏土矿物、石英、长石等）及其组成的岩石为主要原料，经高温窑炉烧制而成，故有时也被称为窑业材料。在硅酸盐物质中，硅氧四面体（SiO_4）是其基本结构单元。由于硅—氧化学键强度大，结合牢固，因此硅酸盐材料一般都具有良好的化学稳定性以及较高的机械强度和耐高温性能，是工业和建筑必需的基础材料。例如，水泥是一种重要的建筑材料；各种规格的平板玻璃以及日用陶瓷、建筑陶瓷等与人们的生产、生活息息相关。特种无机非金属材料则是随着科学技术的发展和工业的进步，自 20 世纪中期以来涌现的一大类具有特殊性能和用途的无机非金属材料，包括特种陶瓷、非晶态材料、

人工晶体、无机涂层、无机纤维等，多数为非硅酸盐类新材料，如不含硅的氧化物、碳化物、氮化物等。

表1-1　常见无机非金属材料的分类

材　料		品种示例
传统无机非金属材料	普通陶瓷	黏土质、长石质、滑石质和骨灰质陶瓷等
	玻璃	硅酸盐
	水泥和其他胶凝材料	硅酸盐水泥、铝酸盐水泥、石膏、石灰等
	耐火材料	硅质、硅酸铝质、高铝质、镁质、铬镁质、镁碳质等
	铸石	辉绿岩、玄武岩、铸石
	多孔材料	硅藻土、蛭石、沸石、多孔硅酸盐和硅酸铝等
	非金属矿材料	黏土、石棉、石膏、云母、大理石等
特种无机非金属材料	结构陶瓷	氧化物、碳化物、氮化物等
	功能陶瓷　铁电和压电材料	钛酸铅（$PbTiO_3$）系压电材料、多元单晶压电体
	半导体材料	钛酸钡系、锆钛酸铅系材料等
	导电材料	固体电解质、离子－电子混合导体、超导体等
	磁性材料	锰—锌、镍—锌、锰—镁、锂—锰等铁氧体等
	光学材料	石英晶体、蓝宝石、单晶硅、单晶锗、氟化钙（CaF_2）等
	生物陶瓷	长石质齿材、氧化铝、磷酸盐骨材和酶的载体材料等
	碳素材料和超硬材料	碳纳米管、碳化钛、人造金刚石和立方氮化硼等
	无机涂层和薄膜	热障涂层、耐磨涂层等
	人工晶体	钇铝榴石、铝酸锂、钽酸锂、砷化镓、氟金云母等
	无机复合材料	陶瓷基、金属基、碳素基的复合材料

二、无机非金属材料的发展趋势

传统无机非金属材料与人类的生活密切相关，已成为人类生活、生产中不可缺少的材料。从经济建设和近代高技术的发展来看，无机非金属材料起着重要的基础和先导作用，特种无机非金属材料的发展对于许多高技术行业的发展起着至为关键的作用。例如，化合物半导体材料促进了光电子技术的发展，形成了半导体发光二极管和半导体激光器的新兴产业；在 La-Ba-Cu-O 化合物中观察到 30 K 以上的超导转变，开创了高温超导的新兴技术领域；碳富勒烯球和碳纳米管的诞生使纳米技术走向世纪的前沿；弛豫铁电、压电单晶和陶瓷的突破使高性能超声和水声换能器、压电驱动器等得到发展，在医学等高技术领域广泛应用；氧化物和超薄膜材料中巨磁电阻效应（GMR）和近 10 年隧道磁电阻效应的发现，使磁存储密度获得很大提高，磁记录产业得到迅速发展；高温结构陶瓷与复合材料推动了航空、航天、兵器与运载工具的技术向高速度、高搭载和长寿命方向发展。

现代的玻璃不仅是人类生活上不可缺少的用品，还将与其他材料竞争，成为工业生产和科学技术发展中极为重要的材料。玻璃可制成高效、廉价而耐用的太阳能收集器。例如，石英玻璃用于制作坩埚，微晶玻璃兼有金属、高分子材料的可切削性，多孔玻璃可作为生物活性材料的载体，如将固相酶保存在多孔玻璃中可长期保持活性。

水泥是当今世界上最重要的建筑材料之一，在社会发展和经济建设中发挥着重要作用，其加水后具有可塑性，与砂石混合后可浇筑成不同形状和尺寸的构件，可以丰富建筑项目，满足不同的工程设计需要。由水泥和钢筋、砂、石等材料制成的混凝土和预应力混凝土比钢筋要好得多，其特点是耐久性、耐腐蚀性和较强的适应性。它们可用于恶劣环境，如海洋、陆地或干热寒冷地区。

生物技术、新能源、信息技术、空间开发、海洋开发等新一代技术革命领域迫切需要大量的新材料，对各种无机非金属材料，特别是特种新材料的要求越来越高。《国家中长期科学和技术发展规划纲要（2006—2020 年）》对材料领域的建议如下：重点关注基础材料的转化和优化，新材料的物理和化学性质，以及新材料的探索、设计和制备，围绕新的物理框架形成和加工材料的新原则和方法，如低维、人工结构、集成和智能、材料表征和测量、材料服务行为和与环境的相互作用。毫无疑问，无机非金属材料的发展在 21 世纪也符合上述描述，应具有混合特性（功能混合和材料成分混合）、结构和功能集成、低维（宏观和微观）、智能、环境友好和在极端环境中使用等特征。

第一，从均质材料到复合材料。随着科学技术的发展，原本相对独立的无机非金属材料、金属材料和聚合物材料相互渗透、相互结合，跨学科已成为材料科学技术的重要特征。无机非金属材料与金属材料、有机高分子材料的混合具有广阔的发展前景，主要是优化三种主要材料的相应优势，并将其混合在宏观尺寸中。21 世纪会广泛应用传统无机非金属材料，如钢筋混凝土（金属和水泥）、玻璃纤维增强塑料（有机聚合物和无机玻璃纤维）等。这种复合材料主要是结构材料，将得到进一步优化和发展。材料的复合尺寸越来越小，因此在纳米和分子尺度上的复合或杂化将在未来的无机非金属功能材料中应用得非常明显。

第二，从结构材料到功能材料和多功能材料，结构与功能的一体化已成为材料发展的热点方向。功能的结合逐渐消除了结构材料和功能材料之间的界限。例如，平板玻璃被用作门、窗和墙的建筑材料，它具有阳光控制、辐射效率低的特点，是一种集节能、环保、安全、装饰于一体的多功能建筑玻璃。结构陶瓷也逐渐功能化，人们利用陶瓷优异的介电和光反射性能，开发了结构、耐热性、载波（或吸收）等陶瓷材料。例如，氮化铝陶瓷具有高导热性、低导电性、热膨胀性和优良的机械性能，可作为大功率半导体集成设备的衬底。

第三，物质结构的规模越来越小，即所谓的低维发展。从宏观上看，存在从块体材料到薄膜材料和纤维材料的低维发展。现代信息功能器件（微电子、光电子和光电子）是集成的，因此它们主要用作薄膜材料。结构材料也可以用涂层和薄膜进行改性，以提高耐磨性。无机涂料包括各种热控涂料、耐高温耐腐蚀涂料、抗氧化涂料、抗损伤涂料等，应用于航天器、核反应堆和车辆。特别是在建筑材料的功能化方面，薄膜起着特殊的作用。因此，研究无机非金属薄膜的制备、结构和性能以及新型薄膜材料的开发具有重要意义。微观层面的小尺寸，即无机非金属材料的纹理和结构尺寸往往是纳米和微米。光子晶体是 20 世纪末出现的一种新型的一维、二维和三维人工带隙材料，其介电常数随光的波长（微米和亚微米）周期性变化，并在 21 世纪得到迅速应用，特别是在光电子和光子学领域。

第四，从被动材料到主动智能材料，即所谓的智能材料。这表明材料接收到有关外部环境变化的信息，并可以提供实时反馈。最早的智能材料是被动的，如光致变色（photochromic）材料发射阳光并自动改变磁导率，但磁导率深度是不可控的。电致变色材料不仅在照明后变色，而且变色程度由施加的电压控制，这是动态和智能的。智能功能材料主要分为多层压电和铁电陶瓷复合结构。外部信号的感知和反馈是分离的，现在趋于精简和集成。纳米复合材料的出现可以将具有不同功能的材料从微平面上结合起来，形成致密的单体智能材料，这也是多功能无机非金属材料的主要发展趋势。

第五，材料的可回收性和环保材料的发展。随着人类经济活动的发展，环境保护已成为一个日益重要的问题。节能降耗、资源的大规模回收利用、废弃物的回收利用、有害气体和液体的低排放无害化处理、有毒有害元素的替代以及其他环境友好的无机非金属材料研究必将是未来的发展方向。需要对绿色生产过程进行全面、多学科的研究，大力发展制备环境协调材料的技术和理论基础。21 世纪应按照"综合、协调、可持续发展"的价值观，发展符合生态环境的传统无机非金属材料生产技术，将其转化为生态环境材料。同时，加强基础理论研究，探索低能耗、低污染的合成生产新工艺；提高产品性能、实现低消耗的技术途径；运用合理科学的废气处理技术；合理开发矿产资源并进行结构调整。

第六，通过仿生方法开发新型无机非金属材料。自然界中的所有生物都经历了数百万年的进化，探索和发现大自然的秘密为人类开发新材料提供了新思路。

随着科学技术的进步，新工艺、新技术的发展必将推动传统无机非金属材料产业的发展，必将开辟传统无机非金属材料应用的新领域。未来的主要建筑材料仍将是水泥和混凝土、玻璃和陶瓷。在 21 世纪，传统无机非金属材料的生产和研究十分重要。与历史悠久的传统无机非金属材料相比，特殊无机非金属材料在整个材料科学领域的研究还很年轻，许多科学问题没有被彻底研究，甚至有些问题没有被包括在内。特种无机非金属材料的发展需要冶金、物理、化学、数学等学科的交叉和联合研究，要深入进行研究，为特定无机非金属材料的性能和应用开发以及新材料和新功能的发现提供更强的科学依据。

第二节　典型无机非金属材料

一、陶瓷

陶瓷包括普通（传统）陶瓷和特殊（新）陶瓷。就传统技术而言，传统陶瓷是指将黏土、石英和长石等天然矿物和石材形成并加工成有用的多晶材料。从微观结构的角度来看，传统陶瓷材料是由晶相、玻璃相和孔隙组成的复杂系统，其数量变化对陶瓷的性能有一定的影响。就成分而言，陶瓷属于"硅酸盐"，因此传统陶瓷也被称为"硅酸盐陶瓷"。

随着对陶瓷材料性能要求的提高，人们进行了许多实验来改进硅酸盐陶瓷，不断增加配方中氧化铝的含量，并添加许多高纯度合成化合物来取代天然原料，以提高陶瓷的强度，改变其耐高温性和其他性能。后来发现，陶瓷可以不使用传统的天然原料和硅酸盐制成，且其具有优异的性能，适用于高科技领域。20世纪20年代以来，氧化物、非氧化物、金属陶瓷和纤维增强陶瓷等全新的现代特种陶瓷迅速发展。这也标志着以高科技陶瓷为代表的"新石器时代"逐渐到来。

可以看出，随着科学技术的进步和类似陶瓷技术的无机材料的不断出现，陶瓷的概念很难局限于传统意义上，其扩展也随之扩大。陶瓷最常见的概念几乎与无机非金属材料的概念相同。在本书中，"陶瓷"被定义为一种多晶固体材料，由金属和非金属元素的无机化合物组成，由天然或合成粉末化合物通过模塑和高温烧结制成，包括传统硅酸盐陶瓷和现代特种陶瓷。

为了便于学习，本书根据陶瓷的概念和用途将陶瓷产品分为两类，即普通陶瓷和特殊陶瓷。应注意的是，陶瓷分类方法仅考虑陶瓷品种的发展和应用，与传统方法不同，因为任何陶瓷之间都没有严格的界限。一些陶瓷品种可以以多种方式使用，而不限制其类别。

（一）普通陶瓷的概念和分类

普通陶瓷，即传统陶瓷，通常是陶瓷、石材、瓷器等。其以黏土、石英、长石等天然矿物石为主要原料，经成型和燃烧而成的产品是一种多晶多相（晶相、玻璃相、孔隙）硅酸盐材料。根据普通陶瓷外壳的不同结构和密度，可以将其分为三类：陶器、炻器和瓷器，如图1-1所示。此类陶瓷产品是人类生活和生产中最常见的陶瓷产品，使用的原材料和生产技术基本相同。这些都是典型的传统陶瓷生产工艺，仅根据需要制造适合不同应用要求的产品。

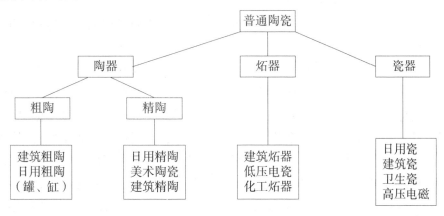

图1-1 普通陶瓷的分类

（二）特种陶瓷的概念和分类

1.特种陶瓷的概念

航空、传感器、能源等新技术的发展对材料的性能提出了更高的要求，对材料使用的环境要求也更高。传统材料难以满足要求，开发和有效利用高性能材料已成为材料科学发展的必然趋势。新型陶瓷材料的生产工艺不同于传统陶瓷，特别是其化学成分、微观结构和性能不同于传统普通陶瓷，因此被称为特种陶瓷，又称高科技陶瓷、高级陶瓷、精细陶瓷、新型陶瓷等。关于特种陶瓷的定义，还有一些问题值得探讨。本书定义如下：特种陶瓷是具有特定性能和尺寸精度的无机非金属材料，符合使用结构设计、精细化学计量、先进成型和燃烧方法以及相应系统的要求。这种陶瓷与普通陶瓷的主要区别如下：

（1）在原料方面，打破了以黏土等矿物石材为主要原料的界限，主要采用人工精制的化工原料。

（2）就成分而言，传统陶瓷的成分是由黏土等矿物原料的成分决定的，因此来自不同产地和烤炉的陶瓷具有不同的纹理，而特殊陶瓷的成分是由人工比例决定的，其性能的质量是由原材料的纯度和工艺决定的。

（3）在制备技术上，突破了传统陶瓷以黏土成型和塑性成型为主要成型介质和燃烧介质的界限，广泛采用新的成型和烧结工艺。

（4）在陶瓷材料的设计中，随着知识和经验收集及微观结构分析技术的发展，相关陶瓷理论得到了发展，在一定程度上达到了根据实际应用要求进行材料设计的目的，实现了工艺、微观结构和性能的协调。

（5）传统陶瓷和高性能陶瓷的特性有很大的差异，后者不仅比前者好得多，而且考察了传统陶瓷所缺乏的特性和用途。传统陶瓷材料一般局限于日常使用和建筑用途，而高性能陶瓷凭借其优异的机械性能，特别是高温机械性能和各种光学、热学、电学、声学和磁学功能，广泛应用于石油、化工、钢铁、电子、纺织和汽车等各种工业领域，以及航空、核和军事等许多尖端技术领域。

（6）传统陶瓷通常不需要加工，而特殊陶瓷通常需要精确加工，以达到满足其使用要求的尺寸精度。

虽然特种陶瓷的发展历史相对较短，但其潜力很大，发现新材料的可能性很高。就资源而言，其主要原料为氧化铝和二氧化硅，丰富且易于获取；另外，许多特种陶瓷材料具有优良的综合性能，特别是电磁功能、化学功能、半导体功能等。21世纪十分重视特种陶瓷的开发和研究，形成了全球陶瓷热。特殊陶瓷甚至被称为通用材料。特别是近年来，随着现代生产技术的推广，特种陶瓷发展迅速，新品种层出不穷。根据化学成分的不同，特种陶瓷可分为氧化物陶瓷、氮陶瓷、碳化物陶瓷、硼化物陶瓷、硅陶瓷、亚硒酸盐陶瓷、硫化物陶瓷、碲酸盐陶瓷等。除了主要由一种化合物组成的单相陶瓷外，它还包括由两种或两种以上化合物组成的多相陶瓷。例如，由氮化硅和氧化铝组合形成的氧化硅－氮化铝陶瓷，由锆石、氧化钛、氧化铅和氧化镧组合形成的锆钛酸铅镧陶瓷（PLZT）等。近年来，在陶瓷基体中加入金属或无机纤维以改善陶瓷的脆性，形成陶瓷基复合材料，已成为人们研究的新方向。

2. 特种陶瓷的分类

由于化学成分和微观结构的不同，特种陶瓷具有不同的特殊性能和功能。例如，高强度、高硬度、耐腐蚀性、磁性、透光性、压电性、铁电性、光电性、声学、磁光性、超导性、生物相容性等。为了便于生产、研究和研究，人们有时会根据不同的性能和用途，将特种陶瓷分为两类：结构陶瓷和功能陶瓷。此外，随着纳米技术的发展，纳米陶瓷越来越受到重视，已成为特种陶瓷的重要组成部分。

（1）结构陶瓷。结构陶瓷是一种致力于充分发挥其机械、热能和化学等效能的先进陶瓷材料，包括高强度陶瓷、高温陶瓷、高强度陶瓷、耐酸陶瓷等。由于其具有耐高温、耐磨、耐腐蚀、耐侵蚀、抗氧化、耐烧蚀等优良特性，可承受恶劣的工作环境，已被广泛应用于能源、航天、机械、汽车、化工等领域，主要用作刀具、模具、耐磨件、泵和阀门部件、发动机部件、热交换器、生物部件和装甲，如氮化硅、碳化硅、氧化锆、碳化硼、二硼化钛、氧化铝等。

高性能结构陶瓷具有许多优异的性能，已逐渐成为尖端技术不可或缺的关键材料。然而，它的缺点是比较脆弱，无法像金属一样使塑料变形。因此，改善和强化结构陶瓷的脆性一直是研究者关注的重要课题。此外，在强调特殊陶瓷材料的机械性能时，不仅应使用平均强度作为强度指标，还应从统计角度考虑其强度的可靠性和分散性。这种分散主要与生产和加工过程中的各种缺陷有关。在提高材料的平均强度方面，提高材料强度的可靠性已成为结构陶瓷材料开发和研究的重要课题。

（2）功能陶瓷。功能陶瓷主要是指利用电学、磁学、光学、声学、热学和力学性能以及它们之间的交叉连接效应来制造各种与能量转换有关的设备的陶瓷材料。由于材料晶体结构的不对称性，功能陶瓷具有自发极化。各种外部因素，包括电压、温度或电场等会产生自发极化变化和相应的电效应，从而产生压电、热电和光电效应。此外，磁畴效应、晶界效应、表面电导率、离子电导率、电子电导率、铁磁效应和相变的研究构成了力敏、热敏、气敏、声敏、湿敏、光敏等传感器的理论基础。功能陶瓷包括铁电陶瓷、压电陶瓷、电解质陶瓷、半导体陶瓷、光学陶瓷、磁性陶瓷、陶瓷薄膜等，广泛应用于电、磁、光、热、机械、化学、生物等信息的检测、转换、处理、存储和显示。

功能陶瓷的发展是多功能、智能化的，从其单独的机械、热、电、磁、光学等性能发展到复合功能是其研究的一个重要方向。多相复合是集成功能陶瓷传感和控制功能的有效途径，生产所谓的智能陶瓷，已成为功能陶瓷向更高水平发展的方向。

（3）纳米陶瓷。纳米陶瓷是一种纳米材料。它是 1980 年随着纳米技术的广泛应用而开发的一种新材料。陶瓷材料的微观结构处于纳米级（低于 100 nm），包括晶粒度、晶界宽度、第二相分布、孔径和缺陷尺寸。纳米陶瓷具有特殊的物理、化学和机械性能，为克服陶瓷材料研究领域长期未解决的一些问题（如陶瓷脆性）开辟了新的机遇，因此具有良好的实施前景。

与非纳米陶瓷相比，纳米陶瓷在性能上具有以下显著特点：

第一，更高的强度和韧性以及低温超塑性。纳米陶瓷刀片尺寸和孔径都是纳米级的，它们具有更高的强度和韧性，通常比普通陶瓷高 3 ～ 5 倍。例如，纳米二氧化硅（TiO_2）陶瓷在 100 ℃时的显微硬度为 130 Mpa，而普通 TiO_2 陶瓷的显微硬度低于 20 MPa。陶瓷的超塑性是由扩散蠕变引起的晶格滑动引起的。扩散蠕变率与扩散系数成正比，与晶粒度的立方幂成反比。研究发现，纳米 TiO_2 陶瓷材料在室温下具有优异的强度，能够承受 180 ℃的弯曲而不开裂。许多专家认为，如果能够解决烧结过程中抑制晶粒长大的技术问题，将陶瓷晶粒度控制在 50 nm 以下，那么纳米陶瓷将具有传统陶瓷无法比拟的优点，如高硬度、高韧性、低温超塑性、易于加工等。

第二，可以更好地扩散和烧结。纳米陶瓷材料中大量界面的存在使原子具有较短的扩散路径。与单晶材料相比，纳米陶瓷材料具有更高的扩散速率。通过增加扩散容量，纳米陶瓷材料的烧结温度显著降低。以氮化硅为例，在不添加任何添加剂的情况下，50 nm 氮化硅粉末的烧结温度比正常烧结温度低 200 ～ 400 ℃。

第三，纳米颗粒的尺寸非常小，它们的电学和磁学性质与粗粒材料有显著差异，表现出明显的小尺寸效应。此外，纳米材料包含许多界面成分。当晶粒度减小到纳米级时，晶粒之间的铁磁相互作用会影响材料的宏观磁性。与铁磁原子类似，纳米晶体可以根据相互作用的大小指示超顺磁性、铁磁性、超自旋玻璃和其他性质的状态。

纳米陶瓷的出现也带来了一些需要解决的新问题：纳米粉体的制备和表征研究；解决纳米粉体的分散和团聚以及非氧化物粉体的抗氧化性研究；研究纳米陶瓷的成型过程，以获得高质量的坯体；纳米陶瓷烧结，包括烧结动力学、烧结理论、快速烧结和高级烧结的研究。

虽然纳米陶瓷作为一种新型陶瓷材料还有许多关键技术有待解决，但其潜在的优异性能是其他陶瓷无法替代的。未来一个国家纳米技术产业的发展水平将决定该国在全球经济中的地位，纳米陶瓷作为纳米材料的重要组成部分，无疑将在 21 世纪发挥独特的作用。

二、玻璃

玻璃是以纯碱、石灰石、石英为原料，在高温下发生复杂的物理、化学变化，主要原料在熔融时形成连续网络结构，冷却过程中黏度逐渐增大并硬化而不结晶的无机非金属材料。普通玻璃的组成为 $Na_2O \cdot CaO \cdot 6SiO_2$，具有透明、强度及硬度高、不透气等特点，没有固定的熔、沸点，在日常环境中呈化学惰性，一般不溶于酸（氢氟酸例外），但溶于强碱，也不会与生物起作用。玻璃已发展出很多系列的品种，可以根据其化学组成或用途和性能进行分类，如表 1-2 所示。

表1-2　玻璃的分类

按化学组成分类	氧化物玻璃	硅酸盐玻璃；普通玻璃；石英玻璃；铅硅酸盐玻璃；硼硅酸盐玻璃；硼酸盐玻璃；磷酸盐玻璃；等等
	非氧化物玻璃	硫系玻璃；卤化物玻璃；等等
按用途和性能分类	普通玻璃	浮法玻璃
	特种玻璃	强化玻璃；防护玻璃；微晶玻璃；等等

（一）按化学组成分类

玻璃通常按主要化学组成可分为氧化物玻璃和非氧化物玻璃。非氧化物玻璃品种和数量很少，主要有硫系玻璃和卤化物玻璃。硫系玻璃的阴离子多为硫、硒、碲等，可阻挡短波长光线而通过黄、红光及近远红外线，其电阻低，具有开关与记忆特性。卤化物玻璃的折射率低，色散低，多用作光学玻璃。氧化物玻璃又分为硅酸盐玻璃、硼酸盐玻璃、磷酸盐玻璃等。其中，硅酸盐玻璃指基本成分为 SiO_2 的玻璃，又可按玻璃中 SiO_2 以及碱金属、碱土金属氧化物的不同含量进行如下进一步分类。

1. 普通玻璃（钠钙玻璃）

以 SiO_2 含量为主，还含有 15% 的 Na_2O 和 16% 的 CaO，其成本低廉，易成型，适宜大规模生产，其产量占实用玻璃的 90%。可生产平板玻璃、器皿、灯泡等。如果在普通玻璃制造过程中加入一些金属氧化物或稀土元素的氧化物作为着色剂，则可得到高级有色玻璃。例如，加入 Cu_2O 得到红色；加入 CuO 得到蓝绿色；加入 CdO 得到浅黄色；加入 Co_2O_3 得到蓝色；加入 Ni_2O_3 得到墨绿色；加入 MnO_2 得到紫色；加入胶体 Au 得到红色；加入胶体 Ag 得到黄色。另外，在普通玻璃原料中加入大量氟化物、少量的敏化剂和溴化物则可制成彩虹玻璃。

2. 石英玻璃

主要原料为 SiO_2 含量大于 99.5% 的纯石英玻璃，具有热膨胀系数低、耐高温、化学稳定性好、紫外线和红外线透过率高、熔融温度高、黏度高、成型重等特点。它主要用于半导体、电光源、光导通信、激光等技术和光学仪器。

3. 高硅玻璃

SiO_2 含量约 96%，其性质与石英玻璃相似。

4. 铅硅酸盐玻璃

主要成分为 SiO_2 和 PbO，具有独特的高折射率和高体积电阻，与金属有良好的浸润性，可用于制造灯泡、真空管芯柱、晶质玻璃器皿、火石光学玻璃等。含有大量 PbO 的铅玻璃能阻挡 X 射线和 γ 射线。

5. 铝硅酸盐玻璃

以 SiO_2 和 Al_2O_3 为主要成分，软化变形温度高，用于制作灯泡、高温玻璃温度计、化学燃烧管和玻璃纤维等。

6. 硼硅酸盐玻璃

以 SiO_2 和 B_2O_3 为主要成分，具有良好的耐热性和化学稳定性，用以制造烹饪器具、实验室仪器、金属焊封玻璃等。硼酸盐玻璃以 B_2O_3 为主要成分，熔融温度低，可抵抗钠蒸汽腐蚀。含稀土元素的硼酸盐玻璃折射率高、色散低，是一种新型光学玻璃。

7. 磷酸盐玻璃

以 P_2O_3 为主要成分，折射率低、色散低，用于光学仪器中。

（二）按用途和性能分类

根据其性能特点，玻璃可以分为平板玻璃和特殊玻璃。根据生产方式，平板玻璃主要分为三种类型，即引上法平板玻璃（分为有槽/无槽两种类型）、平拉法平板玻璃和浮法玻璃。其中，浮法玻璃因其厚度均匀、上下表面平整平行、劳动生产率高、管理方便，已成为玻璃生产的主流。

1. 浮法玻璃

世界上大约90%的平板玻璃是由皮尔金顿玻璃公司在1950年制造的，这种玻璃也称为退火玻璃。即将熔化的锡倒入熔池，玻璃漂浮在锡表面后，在两侧自然形成光滑表面，在离开池时缓慢冷却并生长成带状，然后抛光成几乎扁平的玻璃。通常，玻璃的标准厚度分为2 mm、3 mm、4 mm、5 mm、6 mm、8 mm、10 mm、12 mm、15 mm、19 mm和22 mm规格。

2. 强化玻璃

普通玻璃破裂时会变成大而锋利的碎片，在某些情况下会带来潜在风险。人们现在需要的是增强玻璃。增强玻璃又称淬火玻璃或钢化玻璃，是一种预应力玻璃。它的成分与普通玻璃相同。一般情况下，使用化学或物理方法在玻璃表面上形成压力电压。当玻璃承受外力时，它会先平衡表面张力，从而提高承载能力和抗拉强度。其弯曲强度是普通玻璃的3～5倍，冲击强度是普通玻璃的5～10倍。增强玻璃的高承载能力改善了玻璃的易碎性，即使钢化玻璃受损，也会出现无尖角的小碎片，从而减少对人体的伤害。钢化玻璃的阻尼和耐热性是普通玻璃的2～3倍。一般来说，它可以承受150 ℃以上的温差变化，并对防止热开裂有明显效果。与退火玻璃相比，增强玻璃的硬度较低，表面的任何损坏或裂纹都可能导致整个玻璃破碎。

3. 夹层玻璃

夹层玻璃通常由两块平板玻璃（也包括钢化玻璃或其他特殊玻璃）和玻璃之间的有机黏合层（主要是聚合物PVB）组成。夹层玻璃损坏时，夹层仍然黏附在两层玻璃上，以防止垃圾飞溅对人体造成伤害。因此，夹层玻璃也称为安全玻璃。夹层玻璃中间的PVB层也增强了玻璃的隔音效果，可以阻挡99%以上的紫外线辐射。

4. 自洁玻璃

玻璃的外表面涂有约50 nm厚的氧化钛，氧化钛在紫外光下催化玻璃上的有机物分解。此外，在下雨期间，玻璃表面的亲水基团有助于玻璃表面形成水膜，可以洗去分解的有机物质而不留下水的痕迹，从而达到自清洁的效果。

5. 光学玻璃

在普通硼硅酸盐玻璃原料中加入少量的感光物质，如氯化银、溴化银和极少量的敏感物质，如氧化铜等，可以使玻璃更加光敏。

6. 微晶玻璃

微晶玻璃也被称为水晶玻璃，通过在普通玻璃中添加金、银、铜和其他晶芯来代替不锈钢和宝石作为天线罩和火箭头。

7. 防护玻璃

防护玻璃是指在普通玻璃生产过程中添加合适的辅助材料，以防止强光、强热或辐射的通过，保护人身安全。添加氧化铅可以吸收 X 射线和 γ 射线；添加重铬酸盐、氧化铁和氧化铁可以吸收紫外线、红外线和大部分可见光；添加氧化镉和氧化硼可以吸收中子通量。

三、水泥

水泥是一种重要的水硬性水泥材料。所谓的水泥材料，即通过物理和化学的作用成为坚硬的泥浆块，并将其他材料结合成具有一定机械强度的材料，包括无机水泥和有机水泥。沥青和各种树脂是有机水泥材料。无机水泥材料根据其硬化条件可分为非水硬性和水硬性水泥材料。非水硬性水泥材料只能在空气中硬化，但不能在水中硬化。它们也被称为气动水泥材料，如石灰、石膏等。水硬性水泥材料在将塑料浆与水混合后，通过物理和化学作用使之形式坚硬的砌块，并且可以将砂、石和其他材料牢固地结合在一起。总之，水泥是一种粉状水硬性无机胶凝材料，是在发展胶凝材料的过程中逐渐发明的。

水泥有许多类型，可以从不同角度进行分类。

（一）按其主要水硬性物质名称分类

1. 硅酸盐水泥

根据国家标准 GB 175—2007《通用硅酸盐水泥》和 GB/T 4131—2014《水泥的命名、定义和术语》，水硬性水泥材料由硅酸盐水泥熟料、0% ~ 5% 石灰石或粒化高炉矿渣和适量石膏硅酸盐水泥（国外俗称"波特兰水泥"，portland cement）制成。硅酸盐水泥分为 I 型硅酸盐水泥和 II 型硅酸盐水泥。 I 型硅酸盐水泥是未混合的硅酸盐水泥，代码为 P·I ； II 型硅酸盐水泥是石灰石或粒化高炉矿渣的混合材料，其不超过研磨过程中添加的水泥质量的 5%，代码为 P·II 。

粉磨水泥时加入的人工或天然矿物材料称为混合材料，分为活性混合材料和非活性混合材料。其任务是改善水泥性能，增加品种，增加产量，节约熟料，降低成本，扩大水泥的应用。活性混合材料与水混合时不会硬化，但在与水混合后可与石灰、石膏或硅酸盐水泥发生化学反应，以生产具有一定水力硬度的胶凝性的水泥，这种混合材料称为活性混合材料。其主要成分为 SiO_2、Al_2O_3 等。活性混合材料具有火山灰性或潜在水硬性，激发剂一般为 $Ca(OH)_2$ 和石膏。常用的活性混合材料有如下几种：

（1）粒化高炉矿渣，主要化学组成为 CaO、SiO_2 和 Al_2O_3，具有潜在水硬性。

（2）火山灰混合材料，主要化学组成为 SiO_2 和 Al_2O_3，具有火山灰性，有天然和人工两种。火山灰、凝灰岩、浮石等属于天然火山灰混合材料，人工火山灰混合材料则包括煤矸石渣、烧页岩、烧黏土等。

（3）粉煤灰等，主要化学组成为 SiO_2 和 Al_2O_3，具有火山灰性。

非活性混合材料是无活性或活性极低的人造或天然矿物材料。研磨后，它们在与水泥混合中不起化学作用，仅在调节水泥性能、降低水化热、降低质量、增加产量等方面发挥作用，也称为填充混合材料。主要包括磨细的石英砂、石灰石、黏土、缓冷渣、矿渣等。不符合技术要求的活性混合材料可用作非活性材料。

2. 普通硅酸盐水泥（代号 P·O）

由硅酸盐水泥熟料、5% ～ 15% 的活性混合材料和适量的石膏制成的水硬性水泥材料称为普通硅酸盐水泥。普通硅酸盐水泥中活性物质的最大含量不得超过 15%，非活性物质的最大含量不得超过 10%。普通硅酸盐水泥的早期强度略低于硅酸盐水泥的性能，其耐寒性和耐磨性低于硅酸盐水泥的性能。其他性能与硅酸盐水泥相当。

3. 矿渣硅酸盐水泥（代号 P·S）

由硅酸盐水泥熟料、粒化高炉矿渣（剂量 20% ～ 70%）和适量石膏制成的水硬性水泥材料称为矿渣硅酸盐水泥或短矿渣水泥。水泥板的初凝时间不宜早于 45 min，实际为 2 ～ 5 h；终凝时间不宜晚于 10 h，一般为 5 ～ 9 h。早期强度低，后期强度增长速度快。硬化时，它对水分和热量非常敏感，水化热很低。硬化后密度为 2.8 ～ 3.1 g/cm³，体积密度略低于硅酸盐水泥密度 1 000 ～ 1 200 kg/m³，颜色较浅。矿渣硅酸盐水泥具有良好的化学稳定性，抗溶解侵蚀和硫酸盐侵蚀能力强，耐热性强。与钢筋的结合力良好，可防止钢筋生锈，但其干燥度大，保水性差。其耐寒性和耐磨性较差，对干湿交替循环的耐受性不如传统硅酸盐水泥。

4. 火山灰硅酸盐水泥（代号 P·P）

由硅酸盐水泥熟料和石灰混合料（20% ～ 40%）以及适量石膏制成的水硬性水泥材料称为火山灰硅酸盐水泥，简称火山灰水泥。火山灰水泥具有与矿渣水泥相似的性能，并具有自身的性能，如高耐水性和抗渗性。

5. 粉煤灰硅酸盐水泥（代号 P·F）

粉煤灰硅酸盐水泥是由硅酸盐水泥熟料、粉煤灰和适量石膏水硬性水泥材料混合制成的水硬性胶凝材料，简称粉煤灰水泥。粉煤灰水泥的凝结和硬化过程与火山灰非常相似，但有其自身的特点，如干缩的程度比较小，而且具有良好的抗裂性，配制的混凝土也具有良好的性能。

（二）按用途及性能分

1. 通用水泥

水泥通常用于一般土木工程。普通硅酸盐水泥主要指 GB 175—2007《通用硅酸盐水泥》中定义的以下六类：硅酸盐水泥、普通硅酸盐水泥、矿渣硅酸盐水泥、火山灰水泥硅酸盐水泥、粉煤灰硅酸盐水泥和复合波特兰水泥（由硅酸盐水泥熟料、两种或两种以上规定的混合材料和适量的石膏制成）。

2. 专用水泥

指专门用途的水泥。包括以下主要品种：

（1）道路硅酸盐水泥：由道路硅酸盐水泥熟料、0%～10% 活性混合材料和适量石膏磨细制成。

（2）砌筑水泥：由活性混合材料加入适量硅酸盐水泥熟料和石膏磨细制成，是主要用于砌筑砂浆的低标号水泥。

（3）油井水泥：由适当矿物组成的硅酸盐水泥熟料、适量石膏和混合材料等磨细制成的适用于一定井温条件下油、气井固井工程用的水泥。

3. 特性水泥

在实际施工中，人们经常会遇到一些有特殊要求的工程，如抢修工程、抗热耐酸工程、新旧混凝土劈裂工程等。对于这些项目，上述水泥难以满足要求，因此有必要使用以下性能优异的水泥之一：

（1）中热硅酸盐水泥是一种具有中等水力胶结的材料，由具有适当成分和适量石膏的硅酸盐水泥熟料制成。

（2）低热矿渣硅酸盐水泥是一种低水硬性水泥材料，由硅酸盐水泥熟料制成，具有适当的成分和适当的石膏用量。

（3）快速固化硅酸盐水泥由硅酸盐水泥熟料制成，添加适量的石膏，并磨细元素，表示为 3 d 的抗压强度（简称"快速固化水泥"）。初始凝固时间不应早于 45 min，最终凝固时间不应长于 10 h。然而，在储存和运输过程中应特别注意防潮，并且在施工期间不应与其他水泥混合。此外，水泥水化释放的热量大且快，不能用于大体积混凝土项目。

（4）速凝快硬硅酸盐水泥是一种速凝快硬的水硬性水泥材料，由熟料制成，主要由硅酸钙和氟铝酸钙组成，加入适量石膏，粒化高炉矿渣和无水硫酸钠，被称为速凝快硬硅酸盐水泥（简称双"快水泥"）。双水泥初凝不应早于 10 min，终凝不应迟于 60 min。主要用于军事装备、机场跑道、桥梁、隧道、管道等抢修工程。也不允许与其他类型的水泥混合，并注意高快速放热的特性。

（5）抗硫酸盐硅酸盐水泥是由硅酸盐水泥熟料和适量石膏制成的一种良好的抗硫酸盐侵蚀水泥。

（6）白硅酸盐水泥是由氧化铁含量较低的白硅酸盐水泥熟料加入适量石膏磨细而成

的白水泥。研磨水泥时，允许添加不超过水泥质量5%的石灰石或炉灰。白水泥具有高强度，可用于制作彩色砂浆和涂料、白色或彩色混凝土、水磨石、碎石块等，用于建筑内外设计。

（7）高铝水泥是铝水泥的一部分。它是一种由熟料制成的水硬性水泥材料（以前称为"铝土矿水泥"），其主要材料是铝酸钙，氧化铝含量约为50%。高铝水泥是一种硬化快、强度高、耐热、耐腐蚀的水泥材料。其主要特点是早期强度高、耐高温和耐腐蚀。高铝水泥主要用于施工期紧迫的项目，如国防、道路和特殊抢修项目，也可用于冬季建设的项目。

（8）膨胀水泥是一种水硬性水泥材料，由硅酸盐水泥熟料和适量的石膏和膨胀材料制成。按水泥的主要成分可分为硅酸盐、铝酸盐和硫铝酸盐膨胀水泥；根据水泥的膨胀值及其各种用途，可分为补偿收缩水泥和自应力水泥。膨胀水泥在硬化过程中不仅收缩，而且有不同程度的膨胀。它可用于制造大直径水管和各种油气管道，也常用于有抗渗要求的项目、需要补偿收缩的混凝土结构、需要早期强度的工程结构的接头铸件等。然而，这种水泥的工作温度不应过高。一般来说，工作温度低于60℃。

第三节　无机非金属复合材料

一、复合材料概述

目前，随着高科技的快速发展，特别是在航空、核能和海洋开发领域，人们对材料的要求越来越严格。例如，航天飞机等航天器在飞行过程中受到大气阻力、太阳辐射、空间热环境、宇宙辐射和灰尘的影响；飞机发动机影响热环境、内部电流形成的气动力、结构振动等，以及力、热、化学和物理等的复杂影响，最终需要重点关注构成飞机和发动机结构的材料；未来能源的解决方案被认为是核聚变能源，其表面受到高热流和中子的辐照，而另一侧需要强制冷却。传统的单一材料已不能满足如此恶劣的环境要求，迫使人们根据预定的性能研究、开发和设计新材料。为了突出材料的优点，弥补材料的不足，材料的混合已成为材料发展的必然趋势之一。复合材料的性能取决于组成材料的类型、性能、含量和分布，包括增强材料的性能及其表面的物理和化学条件；矩阵结构和特征；强度配置、分布和体积含量。复合材料不仅可以保持原始组分材料的基本特性，并通过复合效应获得原始组分材料不具备的特性，还可以通过材料的设计来补充和关联每个组分的特性，以获得新的特性。选择复合材料组件、分布钢筋和制造过程以达到所需性能的过程就是复合材料的设计过程。

从广义上讲，复合材料是由两种或两种以上具有不同物理和化学性质的成分组成的多相固体材料，其中每种材料都保留其特性。也就是说，复合材料是由两个或多个选定组分按一定量比人工混合而成的具有特定特性的材料，是多相、三维组合和明显的相界面。它原则上不同于一般材料的简单混合，不仅保持了原材料的基本特性，而且通过复合效应获得了原始成分不具备的特性。通过材料设计，原始部件的性能可以互补和互连，以实现更好的性能。复合材料具有以下特点：人工选择和设计复合材料及其相对含量；复合材料是人工制造的，而不是自然形成的；混合后，复合材料的某些成分仍保留其天然物理和化学性质（不同于化合物和合金）；复合材料的特性取决于每个组分特性的协调，复合材料具有新的、独特的和可用的特性，这些特性低于或不同于单个组分的特性；复合材料是组分之间具有明显界面的多相材料。

根据基体材料的性能，复合材料通常分为三类：金属材料复合材料、聚合物材料复合材料和无机非金属材料基复合材料。其中，无机非金属材料基复合材料主要包括陶瓷基复合材料、碳基复合材料、玻璃基复合材料和水泥基复合材料。陶瓷材料具有高强度、高硬度、耐高温、抗氧化、优异的耐磨性和耐化学腐蚀性，以及较低的热膨胀系数。这些优异的性能在一般金属材料、聚合物材料及其复合材料中是不可用的。但其对裂纹、气孔、杂质和其他微小缺陷敏感，并且容易突然失效。因此，陶瓷基复合材料的发展主要是为了改善陶瓷材料的脆性，包括氧化铝陶瓷基、碳化硅陶瓷基、锆陶瓷基、氮化硅陶瓷基复合材料等。在陶瓷中添加颗粒、短纤维或晶须可以显著提高陶瓷的韧性，但强度和模量没有显著提高；连续纤维（如碳纤维和陶瓷纤维）增强陶瓷可以在断裂前吸收大量断裂能量，从而提高韧性和冲击强度。这是陶瓷基体硬化最有效的方法，还可以通过同时向车辙中添加氧化锆和碳化硅晶须，获得 13.5 MPa·m$^{1/2}$ 的抗破损性。复合材料不仅提高了强度，而且提高了抗断裂性能。纤维增强玻璃的抗弯强度可达 1 000 MPa。

陶瓷基复合材料也可分为高温陶瓷基复合材料（基体多采用多晶陶瓷，电阻温度为 1 000 ~ 1 400 ℃）和低温陶瓷基复合材料（基体多采用玻璃和微晶玻璃，电阻温度低于 1 000 ℃）。无机非金属材料基复合材料的电流输出相对较小，具有耐高温和高机械性能的陶瓷基复合材料和碳基复合材料是首选材料。

二、复合材料的发展方向

为了保证复合材料的可持续发展，有必要找出一些新的增长点并加以推广，以便在复合材料的发展中逐渐获得新的力量。以前复合材料主要用于结构，事实上，其巨大的设计自由度更适合功能复合材料的发展，特别适合用于多功能智能复合材料的发展过程中，即从低级形式到高级形式。复合材料可以任意调整其复合水平、选择其连接形式并改变其对称性，从而实现功能材料的高质量价值，因此具有很大的设计自由度。

（一）功能复合材料

功能复合材料涵盖范围广泛。在电气功能方面，有导电、超导、绝缘、吸收（电磁波）、半导体、保护或传输电磁波、压电和电致伸缩等；在磁功能方面，有永磁体、软磁体、磁保护和磁致伸缩等；就光的功能而言，有光传输、选择性滤光片、光致变色、光致发光、抗激光、X 射线防护和 X 射线传输等；在声学功能方面，有吸声、声呐、反声呐等；在热功能方面，有热控制、绝缘和热保护、抗烧蚀、阻燃、热辐射等；在机械功能方面，有阻尼减振、自卷绕、耐磨、密封、防弹踏面等；在化学功能方面，有选择性吸附和分离、耐腐蚀性等。在上述功能中，复合材料可以作为主要材料或必要的辅助材料。可以预见，在不久的将来，功能复合材料和结构复合材料将携手共进。

（二）多功能复合材料

复合材料具有多组分特性，必将发展成为多功能复合材料。例如，美国军用飞机有一种隐藏的功能性复合材料，可以吸收电磁波，应用于飞机蒙皮以防止雷达跟踪，这种复合材料是一种高性能结构复合材料。目前正在开发能够吸收电磁波和红外线并可用作结构的多功能复合材料。

（三）机敏复合材料

目前，人们已开始尝试通过某种矩阵将传感器功能材料和执行功能材料结合起来，并连接外部信息处理系统传感器来传输给定信息，以产生与执行材料对应的动作。这就是智能复合材料及其系统的形成方式。智能复合材料（或材料和设备的复合结构）可以检测环境变化，并通过改变一个或多个性能参数来适应变化的环境，对环境变化做出响应。智能材料的功能是自诊断、自适应或自我改进，因此它必须是知识材料和执行材料的组合。例如，具有自诊断功能的智能复合材料由光纤和具有基体的增强纤维组成，每根光纤连接到一个独立的光源和检测系统。如果复合材料中的某个地方发生电压集中或故障，光波导将产生相应的应变或断裂，因此可以在此诊断情况。又如，能够产生振动自适应阻尼的智能复合材料由压电材料、形状记忆材料和聚合物组成。当压电材料检测到振动时，该信号触发外部电路的形状记忆以使合金变形，从而改变复合材料的固有振动模式并减少振动。智能复合材料已被用于主动检测振动和噪声，主动检测复合材料部件的损坏，并根据环境变化主动改变部件的几何尺寸。

（四）智能复合材料

智能复合材料是功能材料的最高形式。智能材料可以对环境做出线性反应，而智能材料可以根据环境变化的程度非线性地适应环境条件。当然，智能材料必须是复合材料，而不是传统的单一材料。正在研究的智能材料和系统包括自诊断断翼、自修复开裂混凝土、控制湍流和噪声的机械外壳、人造肌肉和皮肤等。它在航空、船舶、汽车、建筑、机器人、仿生学和医学等领域显示出潜在的应用前景。随着复合技术、集成技术和微机械技术的发展，智能材料越来越实用。

三、复合材料的复合原理及界面

（一）复合材料的复合效应

1. 平均效应

复合材料所显示的最典型的一种复合效应。

2. 平行效应

显示这一效应的复合材料的各组分在复合材料中均保留本身的作用，既无制约也无补偿。例如，对于增强体（如纤维）与基体界面结合很弱的复合材料所显示的复合效应可以看作平行效应。

3. 相补效应

组成复合材料的基体与增强体在性能上互补，从而提高了综合性能，则显示出相补效应。

4. 相抵效应

基体与增强体组成复合材料时，若组分间性能相互制约，限制了整体性能提高，则复合后显示出相抵效应。例如，脆性的纤维增强体与韧性基体组成的复合材料的界面结合很强时，其整体显示为脆性断裂。

5. 相乘效应

两种具有转换效应的材料复合在一起即可发生相乘效应。例如，把具有电磁效应的材料与没有磁光效应的材料复合时将可能产生复合材料的电光效应。因此，通常可以将一种具有两种性能互相转换的功能材料和另一种复合起来，可用下列通式来表示：

$$X/Y \cdot Y/Z = X/Z \qquad (1-1)$$

式中：X、Y、Z 为各种材料的物理性能。

上式符合乘积表达式，所以称为相乘效应。这样的组合非常广泛，已被用于设计功能复合材料。

6. 诱导效应

在某些条件下，复合材料的一个组分可以改变整体性能或产生新的效果，从而诱导第二个组分的结构。这种诱导行为已在许多实验中以及复合界面两侧发现。

7. 共振效应

在某些条件下，两种相邻材料会产生机械、电气和磁共振。由不同材料成分组成的复合材料的固有频率不同于原始成分，当复合材料成分的结构发生变化时，复合材料的固有频率也会发生变化。可以根据外部工作频率改变复合材料的固有频率，以防止材料在工作过程中被损坏。

8. 系统效应

这是材料的复杂作用。截至目前，这种效应的机制还不是很清楚，但在实际现象中已经发现了这种效应。

上述复合效应是复合材料科学研究的对象和重要内容，也是开发新型复合材料特别是功能复合材料的主要问题。

（二）增强原理

根据几何形状和尺寸，复合材料的增强主要有三种形式，分别是颗粒、粒子（纤维）和纤维（晶须）。颗粒增强和分散增强复合材料主要承载基体材料，而纤维增强复合材料和纤维承载载荷。

颗粒增强和弥散增强的原理应考虑陶瓷和金属材料的晶界。通常，接触的固体处于同一晶相，具有不同的结晶方向，称为晶界。金属叶片边界和陶瓷叶片边界有以下相似之处：两者都存在于界面能和界面张力中，可以从热力学角度进行分析；晶界添加剂对材料迁移有明显影响；钢边界扩散比晶格扩散重要得多；变形通常是由叶片边缘滑动引起的；叶片边界不仅是网格缺陷的"源"，也是网格缺陷的"壑"；位移的特征和状态（网格结构小角度叶片边界下的位移）基本相似。

粒子增强或弥散增强主要表现为弥散粒子阻止基体位移或阻止或削弱晶体中原子行和原子列之间相互滑动的能力；外来成分的引入涉及晶格节点的某些位置，破坏了矩阵点的放置顺序，导致周围势场畸变，并由于结构不完整而导致缺陷。这些缺陷的存在可能成为微裂纹下沉。这些微裂纹的末端是电压集中的地方，存储在其附近的残余能量逐渐成为断裂表面的能量，这导致微裂纹进一步膨胀，使强度逐渐降低。如果裂纹扩展在叶片边界缺陷处结束，无疑会提高材料的强度。

纤维增强基体几乎完全用作传输和分散纤维负载的环境。每根纤维都可以承受一定的张力，但很容易弯曲，并且没有直线和垂直刚度。例如，将纤维材料与树脂、金属、陶瓷等结合，可以获得具有高拉伸强度和一定压缩和弯曲强度的复合材料。其强度主要取决于纤维的强度、纤维与基体之间界面的黏结强度以及基体的剪切强度。

（三）复合材料界面

1. 界面的概念

如上所述，复合材料是由不同物质（材料）组成的多相系统，其相状态和性质相互独立，并且系统的相之间存在许多界面。通常，基体和增强相的化学成分发生显著变化的区域相互形成组合，并能传递荷载，称为界面。当钢筋和基体接触时，界面相的形成涉及在某些条件下复杂的物理和化学操作以及化学反应过程，还包括在钢筋表面预涂的表面涂层和在表面处理过程中反应的表面层。除了一定的厚度、一定的体积和复杂的形状外，界面层是一个独立的相，其性质在厚度方向上具有一定的梯度。随着环境条件的变化，其情况也在发生变化。通常，复合材料中界面层的厚度小于亚微米，但界面层的总表面积在复合材料中非常重要。因此，界面在复合材料中起着非常重要的作用，为生产综合性能最佳的复合材料而进行的研究称为复合材料的"界面工程"。

2. 界面的功能

界面是复合材料的特征，可将界面的功能归纳为以下几种效应：

（1）传递效应。界面可将复合材料体系中基体承受的外力传递给增强相，起到基体和增强相之间的桥梁作用。

（2）阻断效应。基体和增强相之间结合力适当的界面有阻止裂纹扩展、减缓应力集中的作用。

（3）不连续效应。在界面上产生物理性能的不连续性和界面摩擦出现的现象，如抗电性、电感应性、磁性、耐热性和磁场尺寸稳定性等。

（4）散射和吸收效应。光波、声波、热弹性波、冲击波等在界面产生散射和吸收，如透光性、隔热性、隔音性、耐机械冲击性等。

（5）诱导效应。一种物质（通常是增强剂）的表面结构使另一种（通常是聚合物基体）与之接触的物质的结构由于诱导作用而发生改变，由此产生一些现象，如强弹性、低膨胀性、耐热性和抗冲击性等。

3. 界面的结合形式

一般来讲，复合材料界面结合形式分为以下三种类型：

（1）黏结结合。基体与增强相之间既不产生化学反应，也不产生相互溶解。

（2）扩散、溶解结合。基体与增强相之间没有化学反应，但可进行相互扩散或溶解。溶解结合是基体与强化相之间在充分润湿的情况下产生一定的相互溶解的界面结合形式，但同时也可能因强化相的溶解而受损。例如，连续溶解很容易导致纤维增强复合材料中的界面不稳定，从而降低复合材料的强度。

（3）反应结合。基体和增强相的化学反应在界面中产生化合物。这种结合在金属基和陶瓷基复合材料中尤其常见。形成反应键的界面的结合强度取决于试剂的类型和反应层的厚度。

上述三种界面结合形式主要取决于增强相和基体的物理和化学性质。对于不同的基体和增强体，复合后它们之间的相互作用不同，因此界面结合形式也不同。

4. 陶瓷基复合材料的界面

在陶瓷基复合材料中，增强纤维和基体之间形成的反应层纹理相对均匀，可以与纤维和基体很好地结合，但它们通常很脆。由于增强纤维的横截面大多为圆形，因此界面的反应层通常为空心或圆形，并且厚度可以控制。当反应层达到一定厚度时，复合材料的抗拉强度开始降低，此时反应层的厚度可以定义为第一临界厚度。随着反应层的厚度继续增加，材料的强度也会降低，直到达到一定的强度。此时，反应层的厚度称为第二临界厚度。例如，用 CAD 技术制造碳纤维/硅材料时，第一临界厚度为 0.05 μm，此时出现 SiC 反应层，复合材料的抗拉强度为 1 800 MPa；第二临界厚度为 0.58 μm，抗拉强度降至 600 MPa。

氮化硅具有高强度、高硬度、良好的耐腐蚀性、抗氧化性和抗热冲击性，但其抗断裂性能较差，限制了其性能。在氮化硅中加入纤维或晶须，可以有效地提高其抗断裂性能。由于氮化硅具有共价键结构且不易烧结，因此在生产复合材料时有必要添加烧结助剂。在氮化硅基碳纤维复合材料的生产过程中，成型工艺对界面结构有重大影响。例如，当采用无压烧结工艺时，碳和硅之间的反应非常严重。扫描电镜可以观察到纤维表面非常粗糙，纤维周围仍有大量空洞；若采用高温等静压工艺，则由于压力较高和温度较低，使得反应 $Si_3N_4+3C \rightarrow 3SiC+2N_2$、$SiO_2+C \rightarrow SiO \uparrow +CO$ 受到抑制，在碳纤维与氮化硅之间的界面上不发生化学反应、无裂纹或空隙才是比较理想的物理结合。

四、纳米复合材料

当材料的尺寸进入纳米范围时，材料的主要成分集中在表面。例如，直径为 2 nm 的粒子表面上的原子数占总原子数的 80%。巨大的比表面产生的表面可以使纳米物体具有很强的团聚效应，使颗粒尺寸更大。如果这些纳米单元可以分散在基质中形成复合材料，使其不会凝聚或保持一个物体（颗粒或其他形状物体）的纳米尺寸，则可以发挥其自身的纳米效应。这种效应是由于原子在其表面的混合分布具有特殊的性质，包括量子尺寸效应、宏观量子隧道效应、表面和界面效应等。由于这些效应，纳米复合材料不仅具有优异的力学性能，而且具有光学、非线性光学、光化学和电学功能。

（一）有机 - 无机纳米复合材料

目前，具有有机和无机分子相互作用的纳米复合材料发展迅速，因为这种材料在结构和功能上都具有良好的应用前景，并且具有工业化的潜力。有机和无机分子之间的相互作用包括共价键、配位键和离子键。例如，在制造共价纳米复合材料时，基本上使用凝胶 - 溶胶法。该复合系统的无机组分使用硅或金属烷氧基化合物通过水解、缩聚和其他反应形成硅或金属氧化物纳米颗粒网络，而有机组分与聚合物单体插入该网络，并在现场聚合形成纳米复合物。该材料可以达到分子水平的分散，因此可以赋予其优异的性能。对于配位纳米复合材料，功能性无机盐溶解在有机单体中，与配位基团形成配位键，然后聚合，使无机物质分散在聚合物中，在纳米相中形成纳米复合材料。这种材料具有很强的纳米功能效应，是一种具有竞争力的功能复合材料。最近开发的离子型有机 - 无机纳米复合材料是在无机层状材料之间制造的，因此无机纳米相在纳米尺寸上只有一维。由于层状硅酸盐层间表面带负电，因此阳离子交换树脂可通过静电吸引进行交替，树脂可与某些聚合物单体或熔体相互作用，形成纳米复合材料。研究表明，这种复合材料不仅可以用作结构材料，还可以用作功能材料，并显示出工业化的可能性。

（二）无机 - 无机纳米复合材料

虽然人们过去对无机 - 无机纳米复合材料进行了研究，但其发展依旧缓慢。通过原位生长纳米相可以制备陶瓷基纳米复合材料和金属基纳米复合材料，其性能得到了显著改善。这种方法的问题在于难以准确控制现场反应产生的钢筋含量和产品的化学成分，需要进一步改进。

五、仿生复合材料

天然生物材料基本上是复合材料。对这些复合材料的分析表明，它们的形成结构、布局和分布非常合理。例如，竹子由管状纤维组成，纤维外密内薄，呈正负螺旋状排列，已成为一种长期使用的优质天然材料。又如，贝壳是由无机和有机成分的交替层形成的，它们具有高强度和良好的韧性。这些是生物体在长期进化过程中形成的优化结构形式。大量生物体以各种形式适应自然环境，最强生物体的生存为人们提供了学习的机会。因此，通过系统的分析和比较，人们可以吸收有用的规律，形成概念，将生物材料的知识与材料科学的理论和工具相结合，设计和制造新材料。

六、纤维增强无机非金属基复合材料

无机非金属材料的优点是耐高温、高硬度、高耐磨性、耐化学腐蚀性等，但其也有致命的弱点，即材料表现出脆性，无法承受强烈的机械影响和热影响，限制其范围。除了控制晶粒度和相变硬化外，纤维增强是重要的工具之一。

纤维增强无机非金属基复合材料的一般规律如下：要将载荷从基体传递到纤维，应选择高强度、高模量的纤维；为了预压基体，应选择与热膨胀系数对应的序列；一般来说，纤维的热膨胀系数应高于基体；为了防止裂纹扩展，应选择断裂阻力大于基体的纤维；为了弯曲扩展裂纹，应考虑合适的弱纤维－基体界面或检查合适的纤维材料直径（小于基体的典型裂纹尺寸）；考虑到相变韧化，体积应在位移变形后膨胀，即 $\Delta V>0$；纤维与基体在制备条件下不发生有害反应，纤维性能不降低。

（一）金属纤维增强材料

钢筋用金属纤维应具有特殊的机械和物理性能，如高抗拉强度、高弹性模量、低密度、合适的热膨胀系数、不溶于基体或与基体发生化学反应等。它们取决于纤维的制造工艺和化学成分。目前认为只有难熔金属钽、钛、钨、钼、铍和不锈钢具有研究和应用前景。

金属和基体之间的不相容性很难解决。只有少数金属纤维可以与无机非金属基质结合。除特殊用途外，金属纤维作为结构材料在无机非金属基体系列中并不十分先进，它们都集中于定向凝固共晶复合材料的研究。

（二）无机非金属纤维增强材料

无机非金属基复合材料的基体主要包括 Al_2O_3、ZrO_2、SiC、Si_3N_4 等陶瓷、石英玻璃 SiO_2 和 $Li_2O\text{-}Al_2O_3\text{-}SiO_2$（LAS）、$Li_2O\text{-}CaO\text{-}Al_2O_3\text{-}SiO_2$（LCAS）、$Li_2O\text{-}CaO\text{-}MgO\text{-}$

Al_2O_3–SiO_2（LCMAS）等体系的微晶玻璃和水泥等。这些材料用作结构设备的最大缺点是容易发生不可预测的脆性破坏。为了改善陶瓷的脆性，人们采用了纤维增强和硬化（连续纤维、短纤维）、相变硬化、微观切割、平板硬化和颗粒弥散强化的方法。纤维增强和硬化无机非金属材料是重要的发展之一。

1. 玻璃纤维及其复合材料

玻璃纤维制品可分为短纤维制品和长纤维制品。短纤维重量轻，易于使用和加工，不燃烧，隔热吸声，可作为隔热吸声材料。长纤维具有高抗拉强度、优异的耐热性和耐久性，可以用作增强材料。例如，使用混凝土和砂浆等硬化材料作为民用建筑材料有许多优点，是用量最大的材料，但其抗拉强度低，韧性差，吸收的电压能量小，无法承受较大的外力，因此是典型的易碎材料。如果想要改善脆性，改变抗拉强度和韧性以达到所需的结构材料指标，还需要考虑新的复合材料和方法。玻璃纤维增强水泥（GRC）就是其中之一。水泥加固材料必须满足以下要求：抗拉强度大于 490～960 MPa，弹性模量大于 19 600～34 300 MPa；水泥附着力强；水泥在水化反应过程中形成大量 $Ca(OH)_2$，这表明其具有强碱性，因此增强纤维材料必须具有耐碱性；水泥脱水温度为 300～700 ℃，纤维的耐高温性必须达到这一水平。满足这些要求在很大程度上取决于玻璃纤维的成分、纤维直径、形状、表面状况和纤维分布。此外，模板方法也很重要。纤维增强水泥的生产方法包括喷雾干燥、手动喷雾和预混合，喷雾干燥得到的复合材料具有较高的弯曲强度。模制品的拉伸强度、弯曲强度和冲击强度随着纤维含量的增加而增加，直到纤维含量达到 10% 左右。

2. 陶瓷纤维及其复合材料

在狭义上，陶瓷纤维是指 SiO_2–Al_2O_3 系统的纤维。20 世纪 50 年代中期，美国开发了陶瓷纤维并进行了工业生产。起初，它们只是原棉产品。1957 年，日本开始测试陶瓷纤维的生产并在市场上销售。由于国内技术和进口技术的完美结合，中国在探索新产品和新用途方面取得了一定的进展。

在用作助焊剂的陶瓷纤维的生产中，人们一般将硼酸、氧化锆、氧化铬等添加到预烧高岭土、氧化铝、二氧化硅和其他原料的混合物中，在电阻炉、电炉或感应炉中加热至 2 200～2 300 ℃ 的熔融状态，使熔体流出，用压缩空气或高压蒸汽喷涂，通过离心力在旋转的圆形板上形成纤维，同时去除非纤维化的成分。

用杂质较少的 SiO_2 和 Al_2O_3 从高温熔融状态下以极短时间纤维化并冷却到室温后得到的纤维处于玻璃状态，将玻璃态纤维长时间置于一定温度下进行热处理，就会析出晶体。通常从 1 000 ℃附近开始析出莫来石（$3Al_2O_3 \cdot 2SiO_2$），随着时间延长和温度上升析出量增加，1 300 ℃附近出现方石英结晶，晶体的析出量不多时，在纤维中产生应力，加热到 1 200 ℃以上，由于存在结晶的第三种物质，促进了晶体生长，纤维变得硬直，容易折断。

随着技术的进步，陶瓷纤维的范围正在扩大。目前，人们正在重点研究耐高温、高强度和优异性能的纤维。这些新纤维包括氧化物系列纤维，如石英玻璃、氧化铝和氧化锆，以及非氧化物纤维，如碳、碳化硅、氮化硼和硼。该材料在空气中的高温应力下仍具有实用性能的条件如下：良好的飞行稳定性、较低的内部化学活性、良好的高温刚度、纤维蠕变率低于 $10^{-7}/s$。当碳作为纤维材料时，还应检查碳纤维的抗氧化性。为了提高碳纤维与陶瓷基体的结合强度，降低氧化速率，必须对碳纤维进行表面处理。该技术在化学气相沉积、化学气相浸渍、化学反应沉积、熔融浸渍、等离子喷涂和镀锌等方面取得了很大进展。

陶瓷纤维增强无机非金属基复合材料的发展主要取决于高温下强纤维的发展。它包括寻找新纤维、改善纤维与陶瓷基体的化学相容性、纤维预处理、研究新的基体配方、研究新工艺等。随着先进技术的发展，纤维增强无机非金属基复合材料的研究发展得越来越迅速。

七、颗粒增强无机非金属基复合材料

对于颗粒增强无机非金属基复合材料，颗粒的作用是阻碍分子链或位错的运动。增强的效果同样与颗粒的体积分数、分布、尺寸等密切相关，其复合原则可概括为如下内容：

（1）颗粒相应高度均匀弥散分布在基体中。

（2）颗粒大小应适当。颗粒过大本身易断裂，同时会引起应力集中，从而导致材料的强度降低；颗粒过小，位错容易绕过，起不到强化的作用。通常，颗粒直径为几微米到几十微米。

（3）颗粒的体积分数应控制在 20% 以上，否则达不到最佳强化效果。

（4）颗粒与基体之间应有一定的结合强度。

（一）金属 – 陶瓷复合材料

许多关于金属 – 陶瓷复合材料的研究表明，在第二次世界大战期间，有人试图用一种综合了金属（优良的韧性、抗冲击性和抗热冲击性）和陶瓷（高温强度、高温抗氧化性和耐腐蚀性）优点的完整材料来取代相对罕见的金属合金，准备燃气涡轮机的叶片和喷嘴。虽然上述目标尚未完全实现，但金属陶瓷具有独特的优势，已在许多方面得到应用。

该复合材料是一种多相结构多晶材料，由多个分散且均匀混合的相组成，其中至少有一个相是金属或其合金，至少有一个相是陶瓷相，陶瓷相占体积的 15% ~ 85%。金属相通常是指过渡金属元素或其合金，而陶瓷相是指在高温陶瓷范围内具有高熔点的氧化物或难熔化物。

金属相和陶瓷相的结合和匹配应满足以下条件：金属和陶瓷相互渗透，金属相可以穿透陶瓷之间的间隙，包裹陶瓷相，形成连续的膜结构；金属和陶瓷之间没有剧烈反应，即不会改变金属和陶瓷相的性质或产生新的有害相；金属和陶瓷的热膨胀相似，否则在加热或冷却过程中会产生应力，从而对材料的强度造成影响。

1.金属 – 陶瓷复合材料的制备

材料的制备可分为几个主要阶段，如粉末原料（陶瓷粉和金属粉）的制备、混合、成型、烧结和加工。

氧化物陶瓷粉末通常是通过氢氧化物和盐的热分解获得的；碳化物陶瓷粉末可与碳发生金属或金属氧化物固态反应，或与气态碳化氢发生气固反应，以及与碳化氢发生金属卤化物气相反应。硼化物的生产方法类似，氮化物是由氮与金属或金属氧化物或卤化物反应生成的。

金属粉末是通过金属盐氢还原、电解和熔盐喷雾生产的。

将制造的精制陶瓷粉、金属粉和标记合金石蜡（成型剂）研磨并混合。碳化钨超硬球用于研磨，以避免混合杂质。

独特的混合材料通常通过机械压力或油压成型。它可以直接在空气、氢气、氨分解气体等气氛中烧结，也可以使用热压方法，即在压力和加热条件下进行烧结。与传统压力烧结相比，热压制品的烧结温度低、密度高。也有一些特殊的方法，如使用压力法软化金属相，然后通过挤压任何形状的材料进行加工。在加压过程中，材料直接通电，因此可以在较短的时间内完成烧结。除上述方法外，还有一种金属化方法，即先烧结陶瓷材料，然后将熔融金属浸入或放入金属块中并加热，使金属通过扩散表面穿透陶瓷。但如果使用这种方法，陶瓷中就会形成连续孔隙网络。

金属陶瓷材料的烧结温度高于金属的熔点，低于陶瓷的熔点，属于液相参与烧结。高熔点氧化物基金属陶瓷材料的烧结形式大致与固液非活性烧结的形式类似，而碳化物基金属陶瓷材料的烧结形式是固液反应烧结的形式。

2.金属 – 陶瓷复合材料的微观结构和性能

金属形成连续的塑性相，均匀、精细地分散，陶瓷颗粒被填充，陶瓷相颗粒呈岛状。这种微结构使精细分散的易碎陶瓷相快速转移到均匀的金属连续相，以在欠压（机械电压、热电压）时耗散电压。同时，通过陶瓷相包裹增强金属相，提高了整个复合材料的高温强度、抗冲击性和热冲击性。

（二）碳 – 陶瓷复合材料

碳材料以其优异的性能，如较高的热稳定性、耐腐蚀性和热冲击性，得到了广泛的应用。然而，在生产过程中必须使用通常是多孔和低强度材料的黏合剂，这就是为什么研究了高密度和强碳材料的制造方法。科学家们已经用长期研磨的原焦生产出了高密度和高强度的碳材料，而无需形成和焙烧黏结剂，但仅考虑强度，碳材料与陶瓷或金属相比是有限的。以前提高碳材料强度的方法，如浸金属、树脂等，虽然其强度上有所提高，但韧性却不如之前，因此有必要在不破坏耐热性的情况下提高强度，即采用陶瓷与碳结合的方法。这类材料主要是用沥青或黏土作为黏合剂制造碳和砖的模制产品，用于不需要高强度的部件，如用于制铁和扭曲材料的耐火砖。

第四节　混凝土与无机复合材料

一、纤维混凝土

纤维混凝土是一种复合材料，其基体为水泥浆或混凝土，并以金属纤维、无机非金属纤维、合成纤维和天然有机纤维为增强材料。

根据基质的不同，纤维混凝土可分为纤维水泥和纤维砂浆；根据纤维弹性模量是否高于混凝土基体，可分为高模量纤维混凝土（如钢纤维、玻璃纤维和碳纤维混凝土）和低模量纤维混凝土（如聚丙烯纤维和聚乙烯醇纤维混凝土）。有时在混合纤维混凝土中使用两种或两种以上的纤维。一般来说，纤维在混凝土基体中被切割，规则且均匀地分布，但有时连续纤维用于分布在被称为连续纤维混凝土的基体中。

（一）纤维混凝土的特性

纤维混凝土是研究混凝土改性的重要工具，其主要工作机理是使用均匀分散的短纤维来纠正素混凝土的抗拉强度低、韧性差、易开裂等缺陷。添加纤维后，短纤维在应力下使混凝土具有高抗压强度，这大大提高了混凝土的技术性能。

与普通混凝土相比，纤维混凝土具有以下特点：混合料具有良好的施工性能，可以满足一些施工需要；高抗拉强度、弯曲抗拉强度和剪切强度；可以减少各种裂纹；开裂后，变形性能显著改善，强度和最终电压提高，断裂时裂纹不会断裂；减少变形和蠕变；抗疲劳性、抗冲击性和防爆性显著提高；可以显著提高部件的强度；延缓裂缝的形成，提高构件的柔韧性和开裂后的刚度；提高混凝土的耐磨性、抗冻融性和渗透性，这将有助于防止构件钢筋的腐蚀；一些特殊纤维混凝土的热性能、电气性能和耐久性发生变化。

（二）纤维混凝土的工程应用和发展前景

在隧道衬砌、铁路轨枕、核反应堆维修、管道设计、长期建筑、大型国防工程、大型桥梁、道路、机场、水利建筑等军民建筑的建设上，纤维混凝土有着非常广泛的应用。大量工程在建设的时候选择使用石棉纤维水泥产品、玻璃纤维水泥产品、钢纤维混凝土和合成纤维混凝土（如聚丙烯纤维混凝土），许多项目也使用碳纤维混凝土。近年来，新型纤维和混凝土材料不断出现，纤维混凝土的相关理论和应用技术得到了深入发展，工程对混凝土的力学性能和耐久性的要求也越来越高，这极大地促进了纤维混凝土的发展，其前景十分广阔。

（三）纤维混凝土研究现状

目前处于研究与发展阶段的纤维混凝土主要有钢纤维混凝土、碳纤维混凝土、玄武岩纤维混凝土、玻璃纤维混凝土、合成纤维混凝土和混杂纤维混凝土。

1. 钢纤维混凝土

目前，技术上较成熟、应用上较广泛、市场化程度相对来说较高的一种纤维混凝土是钢纤维混凝土（steel fiber reinforced concrete，SFRC）。它有许多相关的工程规范、专利和标准，其研究和实施相对成熟，但日后仍然需要不断地进行研究和改进。

人们研究较多的 SFRC 有短切 SFRC、活性粉末 SFRC、高性能 SFRC、喷射 SFRC、层布式 SFRC、泵送有机 SFRC、超高强度 SFRC、三维编织 SFRC、钢管 SFRC、大流动度超高强 SFRC、三维编织钢纤维增强渍浆混凝土、预应力钢筋 SFRC、橡胶 – 钢纤维混凝土、塑钢纤维混凝土、高流态泵送大掺量 SFRC、离心成型 SFRC、补偿收缩 SFRC 等。

对于钢纤维混凝土，现有的研究主要集中在以下方面：各种钢纤维混凝土的制备、混合料的设计、物理性能、静态和动态力学性能的测试研究、耐久性研究、抗侵入和爆炸研究等；钢纤维混凝土本构关系的研究及其在工程设计和数值模拟中的应用研究；钢纤维混凝土在公路桥梁工程、机场工程、地下工程、水电工程、渠道工程、梯田工程、隧道工程、矿山工程、边坡防护施工、支护结构及构件加固和应急工程维修中的应用研究；钢纤维混凝土结构和构件（楼板结构、位移墙结构、梁、柱、板、沟板、井盖、框架接头、框架、闸门、井壁、储罐、牛腿等）的实验研究、数值模拟、分析方法、计算方法、设计方法、寿命评估和技术应用研究；钢纤维混凝土的施工技术、施工方法和质量控制研究；等等。

2. 碳纤维混凝土

碳纤维混凝土（carbon fiber reinforced concrete，CFRC）是一种重要的混凝土改性方法。碳纤维具有强度高、弹性模量高、重量轻、耐腐蚀、耐疲劳、高温稳定性好等突出优点，在土木工程中的应用广泛。在水泥基体中加入碳纤维制备碳纤维增强水泥基复合材料，不仅可以纠正水泥本身力学性能的缺陷，使其具有高强度、高模量和高韧性，而且可以使普通水泥建筑材料成为对温度和压力敏感的智能材料，具有自感应内部电压和损坏以及一系列电磁保护特性。

CFRC 是一种集结构性能和各种功能于一体的复合材料，具有良好的压力接触、温度敏感性和电磁防护性能。其良好的机械性能和独特的智能性能使其具有广泛的研究价值和应用潜力。

对于碳纤维混凝土，现有的研究主要集中在以下几个方面：材料的制备和宏观力学性能的实验研究，如强度、断裂抗力、疲劳性能、弹性模量等；材料成分研究；不同温度下的性能研究；微观结构和损伤分析研究；碳纤维混凝土的压敏应用研究；温度敏感性、压力敏感性及其在三维压力、循环载荷、动载荷等条件下的应用研究；不同负载条件下材料和部件的导电性、机电性能、电热效应和应用研究；不同环境下材料的渗透性、柔韧性和导电性的机理研究；CFRC 构件的准备和应力研究；CFRC 电热效应对承载能力的影响研究；传导压力敏感性研究；材料、组件和结构的智能研究；构件承载力研究；材料和部件的耐久性研究；障碍物变化速度的研究；电磁防护特性研究；碳纤维增强混凝土结构健康自监测系统和结构安全监测方法的研究；部件的无损检测分析研究；
等等。

3. 玄武岩纤维混凝土

玄武岩纤维增强混凝土（basalt fiber reinforced concrete，BFRC）是一种由高性能玄
武岩和混凝土组成的新型纤维混凝土材料，它以高模量、耐冲击、高抗拉强度、耐高
温、耐辐射、良好的绝缘性和稳定的化学性能，被广泛应用于民用、化工、消防、环
保、航空、医疗、电子、农业等军事和民用领域。

目前，BFRC 类型正处于短轨 BFRC、连续 BFRC 和高强度 BFRC 的研究阶段。

对于玄武岩纤维混凝土，现有的研究主要集中在以下几个方面：基本力学性能的试
验研究；动态力学性能和组成关系的研究；元件电压的实验研究；部件耐久性研究；部
件动态响应研究；断裂阻力、强度测试研究；等等。

4. 玻璃纤维混凝土

玻璃纤维混凝土（glass fiber reinforced concrete，GFRC）具有较高的抗拉、抗弯强度，
抗裂能力比素混凝土高 3～4 倍，黏结力强，变形性能和抗老化性能好，特别适用于薄
壳渡槽、钢丝网水泥闸门等建筑物的补强加固。为了防止或减缓水泥水化产生的氢氧化
钙对玻璃纤维的侵蚀，一般要求采用低碱水泥；若使用普通水泥，则必须采用抗碱玻璃
纤维，如对玻璃纤维涂覆抗碱涂料等。

目前，处于研究阶段的 GFRC 有无碱 GFRC、金属网抗碱 GFRC、耐碱 GFRC。

现有的对 GFRC 的研究主要集中在以下几方面：配合比设计和基本力学性能试验研
究；纤维含量对玻璃纤维混凝土力学性能的影响；部分力学指标的选取和计算方法研
究；抗弯冲击性能、单轴拉伸特性、弯曲韧性试验及应用研究；GFRC 模板应用研究；
GFRC 构件的力学性能及承载力计算研究；GFRC 在渡槽修补、建筑装饰、屋面板、薄壳
结构、路面中的应用研究；高温下 GFRC 的强度研究；GFRC 梁挠度和裂缝宽度计算方
法研究；等等。

5. 合成纤维混凝土

随着化学工业的发展，合成纤维的应用范围不断扩大。合成纤维混凝土在工程领域
的应用已成为一个重要的研究课题。与钢纤维钢筋混凝土相比，合成纤维混凝土具有纤
维尺寸小、成本低、耐化学腐蚀等优点，但其强度优于钢纤维混凝土。随着合成纤维性
能的不断提高，混凝土合成纤维性能将不断提高。合成纤维已成为混凝土改性的主要技
术之一，具有广阔的发展前景和应用空间。

目前，聚丙烯纤维混凝土、聚丙烯腈纶纤维混凝土、芳纶混凝土、聚乙烯纤维混凝
土和大纤维混凝土已得到广泛应用和研究。

对于合成纤维混凝土，现有的研究重点在以下几个方面：合成纤维混凝土的制备、
精细型硬化机理、基本力学性能、冲击性能及工程应用研究；粗合成纤维混凝土的力学
性能及界面黏结行为研究；注射合成纤维混凝土的技术发展与应用研究；合成纤维混凝
土的耐久性研究；合成纤维混凝土结构的钢筋、抗裂和抗震性能研究；合成纤维混凝土

的弯曲性能、疲劳性能等力学作用及其在工程中的应用研究；合成纤维混凝土在路面、机场路面、桥梁施工和工厂工程中的应用研究；合成纤维混凝土高温后强度研究；粗纤维混凝土抗弯强度研究；等等。

6.混杂纤维混凝土

混杂纤维混凝土（hybrid fiber reinforced concrete，HFRC）也叫复合纤维混凝土，是将两种或两种以上不同性能、不同尺寸的纤维掺入混凝土中形成的一种高性能复合混凝土材料，目的是使各种纤维之间的优势得以优化组合，提高综合效果。利用混杂纤维对混凝土进行改性研究已成为目前研制高性能纤维混凝土材料的主要方式之一，也是未来高性能水泥基复合材料的发展方向之一。

目前，研究较多的混杂纤维混凝土有钢纤维–聚丙烯纤维混凝土、钢纤维–聚内烯仿钢丝纤维混凝土、碳纤维–聚丙烯纤维混凝土、玻璃纤维–聚乙烯纤维混凝土、碳纤维–钢纤维混凝土、层布式混凝土、粗合成纤维–钢纤维混凝土、异型塑钢纤维–钢纤维混凝土、钢纤维–改性聚丙烯纤维混凝土、钢纤维–玄武岩纤维混凝土。

对于混合纤维混凝土，现有的研究主要集中在以下几个方面：加强混合纤维混凝土的机理、抗裂机理、组合比和主要力学性能试验研究；动态压缩性能、劈裂拉伸性能、弯曲冲击性能、疲劳损伤、弯曲韧性、弯曲拉伸性能和弯曲疲劳性能的实验研究；地下建筑、桥梁、隧道、水利工程等保护领域的主要技术研究；抗拉强度、防渗性、干燥性和抗冻性的研究；耐高温性研究；动力特性实验研究；强度预测研究；混凝土纤维混合力学性能的影响研究；强度研究；等等。

二、聚合物混凝土

（一）聚合物混凝土的组成

聚合物混凝土主要由有机黏结剂、填料和粗细骨料组成。为了改善某些性能，必要时可以添加短纤维、减水剂、黏合剂、阻燃剂、抗氧化剂和其他添加剂。

常见的有机黏合剂包括环氧树脂、不饱和聚酯树脂、呋喃树脂、脲醛树脂、甲基丙烯酸甲酯单体、苯乙烯单体等。以树脂为黏结剂，选择合适的硬化剂和硬化促进剂是必要的。在选择水泥材料时应注意以下几点：在满足使用要求的情况下，应尽可能使用低成本树脂；黏合剂的黏度必须较小，可以适当调整，以便于与骨料混合；可正确调整固化时间，使固化过程中不会产生低相对分子质量物质和有害物质，固化收缩小；养护过程受现场环境条件（如温度和湿度）的影响较小；黏合剂应与骨料结合良好，具有良好的耐水性和化学稳定性以及良好的耐老化性，且不易燃烧。

添加填料的目的是减少树脂用量并降低成本。使用的填料是无机填料，如玻璃纤维、石棉纤维、玻璃珠等。纤维填料有助于提高材料的冲击强度和弯曲强度。使用石英粉、滑石粉、水泥、砂和小石头可以提高材料的硬度和抗压强度。在选择填料时，必须要先解决填料和聚合物之间的黏附问题，如果填料对所用聚合物没有良好的黏附力，则

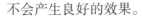

不会产生良好的效果。

使用的骨料包括河砂、河砾石和人造轻骨料。一般来说，骨料中的含水量应小于1%，且排名良好。为了增加水泥材料和骨料界面之间的黏附力，可以选择合适的黏合剂来提高聚合物混凝土的耐久性和强度。应添加还原剂以减少树脂硬化过程中产生的收缩，因为收缩速度过快容易引起混凝土应力收缩，导致裂缝收缩，影响混凝土性能。

聚合物混凝土的配合比直接影响材料的生产率和成本。配合比的设计包括以下几个方面：确定合适的树脂和硬化剂的比例，目的是使硬化聚合物材料具有最佳的技术特性，并适当调整混合物的使用时间；最大固体体积法用于选择最佳骨料级配（粉尘骨料、砂、石）。

在配比设计时常把树脂和固化剂一起算作胶结料，按比例计算填料，填料应采用最密实级配；配比中骨料的比例要尽量大，颗粒级配要适当。选用的树脂不同和使用目的不同，聚合物混凝土和树脂砂浆的配合比是不同的，通常聚合物混凝土的配合比为胶结料：填料：粗细骨料 =1 ：（0.5 ～ 1.5）：（4.5 ～ 14.5），树脂砂浆的配合比为胶结料：填料：细骨料 =1 ：（0 ～ 0.5）：（3 ～ 7）。

通常聚合物质量占总质量的 9% ～ 25%，树脂用量为 4% ～ 10%（用 10 mm 粒径的骨料）或者 10% ～ 16%（用 1 mm 粒径的粉状骨料）。

（二）聚合物混凝土的生产工艺

聚合物混凝土的生产过程基本上与普通混凝土相同，可以通过普通混凝土的搅拌设备和浇筑设备来完成。聚合物混凝土具有高黏度，因此必须采用机械搅拌，使液体聚合物和硬化剂在搅拌机中完全混合，然后将骨料加入搅拌机进行强制搅拌。搅拌过程中混合气体不可避免地会形成气泡，因此有时会在真空下进行搅拌。在零件制造中有许多成型方法，如铸造成型、振动成型、压缩成型、挤压成型等。

聚合物混凝土的硬化有两种方式，一种是常温淬火硬化，另一种是加热硬化。常温淬火硬化适用于大型部件或形状复杂的产品。这种硬化方法对混凝土的硬化程度很低，并且在生产过程中不需要加热设备，因此节省能源和成本。加热硬化主要用于压制和挤压产品。这种方法不受环境温度的影响，但需要加热设备并消耗能源，因此成本较高。

（三）聚合物混凝土的性能

与普通混凝土相比，聚合物混凝土是一种具有极好耐久性和良好力学性能的多功能材料。其抗拉强度、抗压强度、抗弯强度均高于普通混凝土，其耐磨性、抗冻性、抗渗性、耐水性、耐化学腐蚀性良好。

1.强度

聚合物混凝土的早期强度高，1 d 强度可达 18 d 强度的 50% 以上，3 d 强度可达 28 d 强度的 70% 以上，因此可以缩短养护期，有利于冬季施工和快速修补，且对金属、水泥混凝土、石材、木材等有很高的黏结强度。值得注意的是，聚合物混凝土的强度对温度很敏感，耐热性差，强度随温度升高而降低。

2. 固化收缩

聚合物的硬化过程是放热反应，产生的热量导致混凝土温度升高。在放热反应开始后的一段时间内，聚合物混凝土仍处于主流动到凝胶状态阶段，释放不会导致收缩电压的产生。达到放热峰值后，聚合物混凝土开始冷却和收缩，此时混凝土硬化，收缩越大，拉应力越大。不同的聚合物具有不同的收缩值，如环氧树脂浇筑体积的收缩为 3% ~ 5%，而不饱和聚酯浇筑体积的收缩为 8% ~ 10%。由于聚合物混凝土的收缩率是普通混凝土的数倍到几十倍，聚合物混凝土在工程应用中经常出现裂缝和孔隙。研究发现，添加弹性体可以降低聚合物混凝土的收缩率，提高聚合物混凝土的完整性和抗裂性。

3. 变形性能和徐变

聚合物不是易碎材料，其变形相对较好，因此聚合物混凝土的变形比水泥混凝土大得多，并且明显受到温度的影响。

滑动是指聚合物砂浆的非弹性变形，除了在一定载荷下的弹性变形外，还随时间缓慢增加。这种非弹性变形本质上是粒子黏性滑动到聚合物溶液中的现象，这是拉伸或压缩聚合物分子链的结果。因此，聚合物混凝土的蠕变值远高于水泥混凝土，并且随着温度的升高而增加。在 18 ~ 49 ℃的温度时，徐变值变化了几个百分点。

4. 吸水率、抗渗性和抗冻性

聚合物混凝土的组织结构致密，显气孔率一般只有 0.3% ~ 0.7%，为水泥混凝土的几十分之一。聚合物混凝土是一种几乎不透水的材料，吸水率极低，水很难侵入其内部，抵抗水蒸气、空气和其他气体渗透的性能良好，所以抗渗性特别好。另外，聚合物混凝土的抗冻性能也很好。

5. 抗冲击性、耐磨性

聚合物混凝土的抗冲击性和耐磨性分别是普通混凝土的 6 倍和 2 ~ 3 倍。环氧砂浆和环氧混凝土具有较高的强度，因此它们具有较高的冲击和耐磨性以及较强的抗气蚀性。环氧砂浆的抗冲击耐磨性通常是高强水泥砂浆的 2 ~ 3 倍，抗气蚀性是高强混凝土的 4 ~ 5 倍。由于混凝土中水泥材料的含量低于砂浆，环氧混凝土的冲击和磨损强度通常不超过高强混凝土。

由于聚合物混凝土组成材料的结构紧密，孔隙率低，耐腐蚀稳定性好，聚合物混凝土的化学稳定性远高于水泥混凝土，改善程度因树脂类型而异。聚合物混凝土的抗大气影响能力取决于树脂类型、骨料类型、用量和比例。根据多年室外暴露试验的结果，一般认为聚合物混凝土的耐久性可以保证 20 年。

三、聚合物浸渍混凝土

聚合物浸渍混凝土是一种新型的有机 - 无机复合材料，在混凝土表面的孔隙中浸渍有机单体,并整体聚合。其主要特点是强度高,比普通混凝土高 2～4 倍;混凝土的密实度大大提高,可以防水,因此抗冻性和耐化学腐蚀性得到提高。

聚合物浸渍混凝土的原材料主要是普通混凝土制品和浸渍液。浸渍溶液由一个或多个单体加上适量的引发剂和添加剂组成。混凝土基材和浸渍液的成分和性能直接影响聚合物浸渍混凝土的性能。

在聚合物浸渍混凝土中,聚合物主要起黏结和填充混凝土内表面孔隙和裂缝的作用。浸渍液的主要功能如下:黏结裂缝消除混凝土裂缝顶部的应力集中;提高混凝土的密实度;形成连续的网络结构。可以看出,聚合物填充了混凝土中的孔隙和裂缝,将多孔系统变成一个致密的整体,提高了强度和各种性能。由于聚合物的黏结作用,混凝土各相之间的黏结强度增加,用于混凝土聚合物互连的网络形成结构提高了力学性能,混凝土的耐久性、防水性、耐磨性、耐腐蚀性等性能都得到了不同程度的改善。

(一)聚合物浸渍混凝土的材料组成和制备工艺

1. 材料组成

聚合物浸渍混凝土主要由基材和浸渍液两部分组成。

(1)基材。国内外使用的主要材料主要是水泥混凝土(包括钢筋混凝土制品),其生产和成型方法与普通混凝土预制构件相同。作为浸渍基材,它必须满足以下要求:具有合适的孔隙,可以填充浸渍溶液;具有一定的基本强度,能承受干燥、浸渍和聚合过程中的作用应力,不会因运动而产生裂纹等缺陷;不包含溶解浸渍溶液或阻止浸渍溶液聚合的成分;组件的尺寸和形状必须与浸渍和聚合设备兼容;完全干燥、无水分。

(2)浸渍液。浸渍液的选择主要取决于聚合物浸渍混凝土的使用、浸渍技术和生产成本。用作浸渍溶液的单体必须满足以下要求:具有适当的黏度,并且在浸渍过程中容易渗透到基材内部;具有较高的沸点和较低的蒸汽压力,以减少浸渍后和聚合过程中的损失;经过加热和其他处理后,可以在基板内部聚合,并与基板形成一个整体;由单体形成的聚合物玻璃的转变温度必须超过材料的工作温度;单体形成的聚合物应具有更高的强度和更好的耐水性、耐碱性、耐热性、耐老化性等性能。

常用的单体和聚合物包括苯乙烯、甲基丙烯酸甲酯、丙烯酸甲酯、不饱和聚酯树脂和环氧树脂。此外,应根据不同的单体添加引发剂、促进剂和稀释剂。

2. 制备工艺

聚合物浸渍混凝土,无论是内部加工还是现场施工,都有一个复杂的过程,需要消耗更多的能源。制备过程的主要步骤包括干燥、抽真空、浸渍和聚合。

要浸渍的混凝土必须先干燥,以除去基质中的水分,以确保单体浸渍量和聚合物对混凝土的黏附力。这是浸渍成功的关键,通常要求混凝土中的含水量不超过 0.5%。干燥方法通常为热风干燥。温度和干燥时间与产品的形状和厚度以及浸渍混凝土的性能有关。干燥温度通常控制在 105～150 ℃。

抽真空的目的是去除阻止单体渗透混凝土孔隙的空气,以加快浸渍速度。浸渍率是衡量浸渍程度的重要指标。真空清洗在密闭容器中进行，真空度为 50 mmHg。浸渍前混凝土是否需要真空处理取决于聚合物浸渍混凝土的目的。当强度要求不高时，不能抽真空。

浸渍可分为完全浸渍和部分浸渍。完全浸渍是指混凝土截面完全被单体饱和，浸渍量通常约为 6%。浸渍方法应为真空常压浸渍或真空压力浸渍，并应选择低黏度单体。完全浸渍可以改善混凝土的性能，显著提高混凝土的强度，而局部浸渍深度通常小于 10 mm，浸没量约为 2%，主要目标是改善混凝土的表面性能，如耐腐蚀性、耐磨性、抗渗透性等。浸渍方法采用刷涂法或浸泡法。浸渍时间取决于单体类型、浸渍方法、基质状态和尺寸。施工现场采用的浸渍处理主要为局部浸渍。

在某种程度上，渗透混凝土孔隙的单体从液体单体变为固体聚合物的过程称为聚合。聚合方法包括辐射法、加热法和化学法。辐射聚合依赖高能辐射，无需添加引发剂；加热方法需要添加引发剂加热聚合；化学方法不需要辐射和加热，可用促进剂来引发聚合。

（二）聚合物浸渍混凝土的性能

聚合物混凝土经浸渍后性能得到明显的改善。下面从结构与性能的关系上介绍聚合物浸渍混凝土的性能。

1. 强度

浸泡后聚合物混凝土的强度大大提高，提高程度与基材的类型和性质有关，单体的类型与聚合方法有关。微观研究表明，提高聚合物浸渍混凝土强度的主要原因如下：①聚合物填充混凝土中的孔隙，包括水泥石的孔隙，骨料的微裂缝、骨料与水泥石之间的接触裂缝等，从而提高连接混凝土中不同相的强度，并使混凝土密实；②由聚合物形成的连续网格大大提高了混凝土的强度，并减少了混凝土应力集中的影响。

2. 弹性模量

聚合物浸渍混凝土的弹性模量比普通混凝土高 50% 左右，应力 – 应变曲线近似于直线。

3. 吸水率与抗渗性

普通混凝土中的孔隙在浸渍之后被聚合物填充，吸水率、渗透率显著减小，抗渗性显著提高。

4. 耐化学腐蚀性

聚合物浸渍混凝土的耐化学腐蚀性采用快干湿循环试验测定，将试件在各种介质中浸泡 1 h，再经 80 ℃ 干燥 6 h，交替一次为一个循环。试验结果表明，聚合物浸渍混凝土对碱和盐类有良好的耐腐蚀稳定性，对无机酸的耐蚀能力也有一定程度的提高。

5. 抗磨性能

在聚合物浸渍混凝土中，聚合物使水泥之间的黏聚力增大，而且使水泥对骨料的黏结力增大，这两种作用都可明显提高混凝土的抗磨性能。

四、聚合物改性混凝土

（一）聚合物改性混凝土概述

在新拌混凝土中添加聚合物乳液可以显著改善混凝土性能。这种材料被称为聚合物改性混凝土。用于水泥混凝土改性的聚合物有很多种，基本上分为三类：聚合物乳液、水溶性聚合物和液体树脂。

当聚合物乳液用作水泥材料的改性剂时，它可以部分或完全代替搅拌水。聚合物乳液具有以下特点：作为减水增塑剂，可以降低水灰比，同时保持砂浆的良好性能和较小收缩；可以提高砂浆与旧混凝土之间的黏结能力；可以提高修补液对水、二氧化碳和石油物质的抗渗性，并提高某些化学物质的抗侵蚀性；在某种程度上，可以用作硬化剂；可以提高砂浆的弯曲强度和抗拉强度。

选择聚合物作为混凝土或砂浆的改性剂必须满足以下要求：提高性能和弹性；提高机械强度，尤其是弯曲强度、黏接强度和断裂伸长率；减少收缩；提高耐磨性；提高化学介质（尤其是冰盐、水和油）的耐受性；提高耐力。

在制备聚合物分散体系时应注意以下问题：对水泥的水化和胶结没有不利影响；在水泥的碱性介质中不会水解或破坏；对钢筋没有腐蚀影响。

（二）聚合物改性混凝土的性能

1. 减水性

聚合物乳液有较好的减水性，使砂浆的和易性大大改善。聚灰比越大，减水效果越明显，最大减水率可达到43%。

2. 坍落度

聚合物改性混凝土的落差随着单位用水量（即水灰比和聚合物水泥比）的增加而增加。当水灰比恒定时，骨料水泥比越高，下降越大。随着聚合物水泥比的增加，聚合物改性混凝土达到预定下降所需的水灰比将显著降低。这种减水效果对于锻炼早期混凝土强度和减少干燥收缩非常有用。

3. 含气量

聚合物水泥砂浆含气量高，可达10%～30%。搅拌聚合物改性混凝土时，只要使用优质洗涤器，空气含量就会低得多，可以降低到2%以下，与普通混凝土基本相同。这是因为混凝土的骨料颗粒比砂浆的骨料颗粒粗，并且空气易于消除。

4. 密度和孔隙率

聚合物水泥溶液的平均密度取决于许多因素，主要包括骨料的性质和数量、密封方法、水灰比等。当聚合物分散体的密度为0.2～0.25时，密度达到最大，因为在此剂量下聚合物分散体的塑化提高了成型性，并有利于混合物的密封。

聚合物乳液的加入导致了材料中孔隙的重新分布，提高了孔隙度，因此当聚合物水泥溶液的密度降低时，孔隙明显变小，总体分布均匀。例如，在无聚合物混凝土中，半径为 30～45 cm 的孔隙率最高。加入丁苯胶乳后，半径为 3～10 cm 的孔径增大，大孔数量减少。

5. 凝结时间

聚合物改性混凝土的凝结时间随聚合物水泥比的增加而延长，这可能是由以下事实引起的：聚合物悬浮液中的表面活性剂和其他成分干扰水泥的水化反应；在聚合物改性混凝土中，混凝土表面的水分蒸发和水泥的水化导致聚合物悬浮液脱水，因此聚合物颗粒相互黏附，形成黏性聚合物膜，加强水泥硬化剂作为黏合剂的作用。

6. 强度

聚合物改性混凝土的抗压强度、抗折强度、抗拉强度和抗剪强度均随聚合物水泥比的增加而增加，特别是抗拉强度和弯曲强度。

养护条件直接影响聚合物水泥砂浆的强度。理想的硬化条件是早期在水中硬化，促进水泥水化，然后干燥并固化，以促进聚合物膜的形成。

在无机水泥材料中加入有机聚合物添加剂可以显著提高与其他材料的黏结强度。聚合物改性水泥材料与多孔基质之间的黏附强度取决于亲水性聚合物和水泥悬浮液液相渗透到基质的孔隙和毛细管中。孔隙和毛细管充满水泥水化产物，水化产物由聚合物增强，从而确保水泥材料和模具之间具有良好的黏结强度。黏结强度受聚合物类型和聚合物与水泥的比例的影响。

7. 变形性能

在乳胶改性砂浆横截面的扫描照片中可以清楚地看到，乳胶形成的纤维作为桥梁覆盖了微裂缝，可有效防止上部裂纹的形成和扩展。因此，乳胶改性砂浆的断裂强度和变形远高于水泥砂浆，弹性模量也显著降低。

8. 徐变行为

聚合物改性水泥溶液在没有外力的情况下随时间发生的变形称为蠕变。蠕变的总趋势随着聚合物含量的增加而增加。硬化条件和聚合物类型影响蠕变。在干固化过程中，蠕变随着聚合物含量的增加而增加，聚合物改性混凝土在湿养护过程中的徐变是普通混凝土的两倍以上。

9. 耐水性和抗冻性

可以用吸水率、防水性和软化系数来描述水对聚合物改性混凝土的影响。吸水率是指样品在水中放置一定时间后吸收的水量；防水性是指材料织物的透水性；软化系数是指湿样品与干样品的强度比。

任何聚合物添加剂都可以降低混凝土的吸水率，因为聚合物填充了孔隙，减少了总孔隙体积、大直径孔隙体积和开孔体积。在较好的条件下，吸水率可以降低 50%，软化系数可以达到 0.80～0.85 mm。这种聚合物改性混凝土是一种防水材料。

聚合物改性水泥砂浆的吸水性和抗冻性与改性砂浆的微观结构有关，这取决于乳液中聚合物的类型以及聚合物与水泥的比例。一般来说，随着聚合物水泥比的增加，聚合物改性水泥溶液的吸水率和渗透性显著降低，因为大孔被连续的聚合物膜填充或密封。聚合物改性水泥溶液的吸水率随聚合物类型和聚合物水泥比的不同而变化。一般来说，随着聚合物含量的增加，聚合物改性水泥溶液的吸水率和渗透性下降更为显著。

10. 收缩与耐磨性

聚合物改性混凝土的收缩受聚合物类型和添加剂的影响。例如，聚合物水泥比为12%的丙烯酸共聚物乳液溶液的收缩率比空溶液的收缩率低60%，而氯丁胶乳水泥溶液的干收缩大于空溶液。聚合物添加剂可以显著提高水泥砂浆的耐磨性。提高材料耐磨性的本质不是由于结构中矿物部分的密度和强度增加，而是磨损表面上有一定量的有机聚合物，起到黏结作用，可防止水泥颗粒从表面脱落。

11. 化学稳定性

聚合物改性混凝土的另一个重要特点是其抗碳性和化学稳定性高于普通混凝土。在聚合物改性水泥溶液中，可以通过减少气体（如空气）的渗透来确认聚合物的填充效果和聚合物膜的密封效果，随着聚合物水泥比例的增加，抗碳化和耐腐蚀的效果逐渐明显。

第二章　混凝土的原料及其选择

第一节　混凝土中的水泥及其选择

一、水泥的生产和组成

硅酸盐水泥是硅酸盐系列水泥品种中最重要的一种，由水泥熟料和适量石膏共同粉磨制成，其生产工艺流程如图2-1所示。

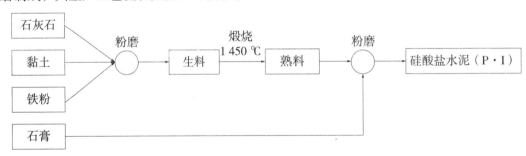

图2-1　硅酸盐水泥生产工艺流程

（一）硅酸盐水泥熟料

硅酸盐水泥熟料的生产是以适当比例的石灰质原料（如石灰岩）、黏土质原料（如黏土、黏土质页岩）和少量校正原料（如铁矿粉）共同磨制成生料，将生料送入水泥窑（立窑或回转窑）中进行高温煅烧（约1 450 ℃），生料经烧结成为熟料。

（二）石膏缓凝剂

为调节水泥的凝结时间，在水泥生产过程中，要将适量石膏与熟料共同粉磨。石膏的加入可以使水泥凝结速度减缓，使之便于施工操作。作为缓凝剂的石膏采用天然二水

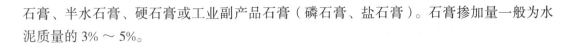

石膏、半水石膏、硬石膏或工业副产品石膏（磷石膏、盐石膏）。石膏掺加量一般为水泥质量的 3% ～ 5%。

（三）水泥混合材料

在水泥混合材料中，除硅酸盐水泥不与任何混合材料混合外，其他类型的水泥均与一定量的混合材料混合。根据其性质和功能，混合材料可分为活性混合材料和非活性混合材料。

1. 活性混合材料

具有盐性或潜在水力特性的矿物材料称为活性混合材料。盐性是指将细粉研磨后与熟石灰和水混合，在潮湿空气中凝结硬化，并在水中继续硬化的性质；潜在水力特性是指将其磨成细粉，与石膏粉和水混合后，在潮湿空气中凝结硬化，并在水中继续硬化的特性。活性混合材料通常包含活性二氧化硅、活性氧化铝等。大多数常用的活性混合材料是工业废渣或天然矿物材料，如粒状高炉矿渣、火山灰质混合材料、粉煤灰等。

（1）粒化高炉矿渣。在高炉中铸造铸铁时，通过淬火浮在铁水表面的熔融材料获得的大块粒状材料称为高炉粒状炉渣。如果接受水冷处理，高炉产生的粒状炉渣通常称为水冷炉渣。高炉颗粒渣的主要成分为 Al_2O_3、CaO 和 SiO_2，质量分数可达 90% 以上。冷却处理后，高炉的粒状炉渣呈玻璃状，具有大量的化学势。玻璃结构中的活性 SiO_2 和活性 Al_2O_3 在 $Ca(OH)_2$ 的作用下与水形成新的水合产物（水合硅酸钙、水合铝酸钙）以获得所需的水分。作为一种活性混合水泥材料，这种水泥用于将炼铁厂的废渣转化为有用的材料。用作活性混合材料的粒状高炉炉渣和粉末炉渣，必须符合国家标准《用于水泥中的粒化高炉矿渣》（GB/T 2013—2008）和《用于水泥、砂浆和混凝土中的粒化高炉矿渣粉》（GB/T 18046—2017）的有关规定。

（2）火山灰质混合材料。天然矿物材料包括火山灰、凝灰岩、浮石、沸石、硅藻土等。工业废物和人工制造的矿物材料的残留物包括自燃煤帮、煅烧煤帮、煤灰、燃烧页岩、燃烧黏土、硅烟等。此类材料的活性成分也是活性 Al_2O_3 和活性 SiO_2。

（3）粉煤灰。从煤粉炉的烟气中收集的粉尘称为飞灰。飞灰的主要成分是 Al_2O_3、SiO_2 和少量授粉的 CaO。飞灰含碳量越低，球形玻璃越细，45 μg 以下颗粒越细，活性越高。粉煤灰的化学成分与盐渍土相似。与自然极化相比，粉煤灰具有结构致密、比表面积小的特点。

2. 非活性混合材料

添加到水泥中主要用于填充而不破坏水泥性能的矿物材料称为非活性混合材料，也称为惰性混合材料和填充混合材料。通常使用不符合质量要求的石灰石、石英、黏土、缓冷炉渣和活性混合材料。具体要求参见《用于水泥和混凝土中的铁尾矿粉》（YB/T 4561—2016）等。

二、水泥的水化和凝结硬化

与水混合后，水泥成为塑性水泥悬浮液，水泥颗粒表面的矿物开始溶解在水中并与水反应。随着水化反应的进行，水泥悬浮液逐渐变稠并失去可塑性。随着水泥的进一步水化，铺设的水泥悬浮液开始产生强度，并逐渐变成固体水泥石，称为硬化。水泥悬浮液的凝结和硬化是水泥水化的外在反映，是一个连续、复杂的物理化学变化过程。

（一）熟料矿物的水化反应

当硅酸盐水泥熟料粉末与水接触时，熟料矿物立即开始与水反应，在这个过程中生成水化产物并释放热量。

在四种主要矿物的水化反应中，硅酸三钙的水化反应快，水化放热大。生成的水合硅酸钙不溶于水，以胶体颗粒的形式沉淀，逐渐变成高强度的凝胶。生成的氢氧化钙在初始阶段溶水，很快达到饱和并结晶。随后的水合反应在氢氧化钙的饱和溶液中进行。

硅酸二钙与水的反应类似于硅酸三钙，只是反应速率较低，水合放热很小，产品中的氢氧化钙更少。

铝酸三钙与水的反应速度很快，水化放出很多的热量，生成的水合铝酸三钙可溶于水。它的一部分与石膏反应，形成水合硫酸铝钙晶体，不溶于水，其余部分吸收氢氧化钙到溶液中，最终成为强度非常低的铝酸四钙水合晶体。

铝铁酸四钙与水反应的水化率高，水化热和强度低。除了生产水合三钙铝外，它还生产水合铁酸钙，铁酸钙还将吸收溶液中的氢氧化钙以提高碱度。水合铁酸钙的溶解度很小，显示出胶体颗粒的沉淀并最终形成凝胶。

（二）石膏的缓凝作用

石膏在水泥水化过程初期参与水化反应，与最初生成的水化铝酸钙反应，反应式如下：

$$3CaO \cdot Al_2O_3 \cdot 6H_2O + 3(CaSO_4 \cdot 2H_2O) + 19H_2O \longrightarrow 3CaO \cdot A_2O_3 \cdot 3CaSO_4 \cdot 31H_2O$$

上述反应生成的三硫型水化硫铝酸钙（$3CaO \cdot Al_2O_3 \cdot 3CaSO_4 \cdot 31H_2O$，又称高硫型水化硫铝酸钙、钙矾石，简称 AFt）不溶于水，呈针状晶体沉积在水泥颗粒表面，抑制了水化速度极快的铝酸三钙与水的反应，使水泥凝结速度减慢，起到可靠的缓凝作用。水化硫铝酸钙晶体也称为钙矾石晶体，水泥完全硬化后，钙矾石晶体约占 7%，它不仅在水泥水化初期起着缓凝作用，而且会提高水泥的早期强度，待水化过程中硫消耗后，高硫型水化硫铝酸钙将转化为单硫型水化硫铝酸钙（$3CaO \cdot Al_2O_3 \cdot CaSO_4 \cdot 12H_2O$，又称低硫型水化硫铝酸钙，简称 AFm）。

（三）硅酸盐水泥的凝结硬化

水泥的水化、铺设和硬化是一个非常复杂的过程。1882 年，Ray Chaderi 提出了结晶理论，根据该理论，水泥的水化过程是水泥在水中的溶解以及水合物在溶液中的结晶和沉淀导致的。1892 年，Michaelis 提出了胶体理论，指出水泥的水化反应是由于水直接进入熟料矿物形成新的水合物，导致棒料重新排列。后来，水泥铺设和硬化理论不断发展和完善，但仍有许多问题需要进一步研究。下面简要介绍当前的一般观点。

硅酸盐水泥的凝结硬化过程一般按水化反应速率和水泥浆体结构特征分为初始反应期、潜伏期、凝结期和硬化期四个阶段，如表 2-1 所示。

表2-1 水泥凝结硬化的几个划分阶段

凝结硬化过程	一般放热反应速度	一般持续时间	主要的物理化学变化
初始反应期	168 J/（g·h）	5 ~ 10 min	初始溶解
潜伏期	4.2 J/（g·h）	1 h	凝胶体膜层围绕水泥颗粒成长
凝结期	在 6 h 内逐渐增加到 21 J/（g·h）	6 h	膜层破裂，水泥颗粒进一步水化
硬化期	在 24 h 内逐渐降低到 4.2 J/（g·h）	6 h 至若干年	凝胶体填充毛细孔

1. 初始反应期

水泥与水接触后，水化反应立即发生。当溶液达到过饱和时，氢氧化钙开始结晶和沉淀。同时，铝酸三钙（C_3A）暴露在颗粒表面，溶解在水中，与溶解在水中的石膏反应，形成附着在水泥颗粒表面的钙矾石晶体沉淀。

2. 潜伏期

在初始反应期后，水泥颗粒表面形成由水化硅酸钙盐和水滑石晶体组成的膜，因此可以防止与水接触，所以水化反应的速度很慢。在这个阶段，水化会释放一点热量，水化产物不会增加太多，水泥浆体保持塑性。

3. 凝结期

在潜伏期内，由于水缓慢渗透到水泥颗粒表面的包裹膜中，水化产物穿透膜的速度小于水穿透膜的速度，形成渗透压，这导致水泥颗粒面罩破裂，暴露的矿物进一步水合，潜伏期结束。水泥水化产物的体积约为水泥的 2.2 倍，产生的大量水化产物可以填充水泥颗粒之间的空间。水化产物的耗水量和填充逐渐使水泥浆变稠，失去可塑性。

4. 硬化期

进入硬化期后，水泥的水化反应继续，这使结构更加密实，但放热速率逐渐降低，因此水泥的水化反应变得越来越困难。在适当的温度和湿度条件下，水泥硬化过程可以持续数年。硬化水泥浆体形成固体水泥石，是由胶体、晶体、未水化的水泥颗粒和固体颗粒之间的孔隙组成的不均匀结构。

（四）掺混合材料的硅酸盐水泥的凝结硬化

1. 活性混合材料在水泥水化中的作用

活性混合材料与水混合后不会硬化，也没有凝胶作用。即使某些品种可以硬化，其固化速度也非常慢，强度非常低。然而，在氢氧化钙溶液中，活性混合材料将发生水合反应，并且在氢氧化钙饱和溶液中的水合速度更快。

活性混合材料如粒化高炉矿渣、火山灰质混合材、粉煤灰，主要含有活性 SiO_2 和活性 Al_2O_3。在遇到 $Ca(OH)_2$ 和 H_2O 的情况下，其水化反应如下：

$$xCa(OH)_2 + SiO_2 + mH_2O \longrightarrow xCaO \cdot SiO_2 \cdot (m+x)H_2O$$

$$yCa(OH)_2 + Al_2O_3 + nH_2O \longrightarrow yCaO \cdot Al_2O_3 \cdot (n+y)H_2O$$

上述反应生成的水化产物能在空气中凝结硬化，并能在水中继续硬化，产生较高强度。当石膏存在于液相中时，还可与水合铝酸钙反应形成水合硫铝酸钙。

氢氧化钙和石膏分别用作碱性活化剂和硫酸盐活化剂，以发挥活性混合物的火山灰和潜在水力特性。

混合材料硅酸盐水泥的水化首先是熟料矿物的水化。熟料矿物水合产生的氢氧化钙与活性混合材料反应，生成水合硅酸钙和水合铝酸钙；当石膏存在时，它还会与之发生反应，形成水合硫酸铝钙。通常，涉及活性混合材料的水合反应称为二次反应。

2. 活性混合材料对水泥性质的影响

对于掺有大量活性混合材料的水泥，由于熟料量相对减少，水泥中快速水合的矿物相应减少，二次反应取决于一次反应产物，二次反应本身的速度很慢，因此这种水泥的凝结和硬化过程会减慢，强度增长率低，早期强度低。然而，二次反应最终将低强度氢氧化钙和水合铝酸钙转化为水合硅酸钙和水合硫酸铝酸钙，因此这种水泥的后期强度将达到甚至超过同等强度的硅酸盐水泥。

二次反应消耗了水化产物中的大部分氢氧化钙，这种水泥硬化后的碱度较低。低碱度水泥具有更好的耐酸性和耐水性。

三、水泥石的侵蚀与防治

水泥石在通常使用条件下有较好的耐久性。水泥石长时间处于侵蚀性介质中，如流动的淡水、酸和酸性水、硫酸盐和镁盐溶液、强碱等，会逐渐受到侵蚀，变得疏松，从而使强度下降。

（一）侵蚀类型

1. 软水侵蚀（溶出性侵蚀）

硅酸盐水泥属于典型的水硬性胶凝材料，对于一般江、河、湖水和地下水等"硬水"

具有足够的抵抗能力，尤其是在不流动的水中，水泥石不会受到明显的侵蚀。

但是，当水泥石受到冷凝水、雪水、冰川水等比较纯净的"软水"，尤其是流动的"软水"作用时，水泥石中的氢氧化钙（溶解度：25 ℃时约为 1.2 g CaO/L）首先溶解，并被流水带走。氢氧化钙的溶解将导致水化硅酸盐和水化铝的分解，最终它将成为低碱性硅酸盐凝胶和氢氧化铝，而不具有胶结能力。这种侵蚀首先是由氢氧化钙的溶解损失引起的，称为溶解侵蚀。

在硅酸盐水泥水化形成的水泥石中，氢氧化钙的质量分数高达 20%，因此它尤其受到溶解侵蚀的影响。由于硬化水泥石中氢氧化钙的质量分数较小，因此掺有混合材料的水泥在一定程度上提高了软水的抗侵蚀性。

2. 酸类侵蚀（溶解性侵蚀）

硅酸盐水泥水化生成物显碱性，其中含有较多的氢氧化钙，当遇到酸类或酸性水时会发生中和反应，生成比氢氧化钙溶解度大的盐类，导致水泥石受损破坏。

（1）碳酸的侵蚀。在工业污水、地下水中常溶解有较多的二氧化碳，这种碳酸水对水泥石的侵蚀作用如下：

$$Ca（OH）_2 + CO_2 + nH_2O \longrightarrow CaCO_3 + （n+1）H_2O$$

最初生成的 $CaCO_3$ 溶解度不大，但继续处于浓度较高的碳酸水中，则碳酸钙与碳酸水进一步反应：

$$CaCO_3 + CO_2 + H_2O \longrightarrow Ca（HCO_3）_2$$

此反应为可逆反应，当水中溶有较多的 CO_2 时，则上述反应向右进行，所生成的重碳酸钙溶解度大。水泥石中的氢氧化钙与碳酸水反应生成重碳酸钙而溶失，氢氧化钙浓度的降低又会导致其他水化产物的分解，侵蚀作用加剧。

（2）一般酸的侵蚀。工业废水、地下水和沼泽水通常含有各种无机酸和有机酸。工业炉的烟气通常含有二氧化硫，当其与水接触时会生成硫酸。不同的酸会对水泥石造成不同程度的损坏。其无害作用是水泥石中酸和氢氧化钙之间的化学反应。产品或易溶于水，或体积膨胀导致水泥石产生内应力而引起水泥石破坏。无机酸和乙酸中的盐酸、硝酸、硫酸、氢氟酸以及甲酸和乳酸对有机酸的侵蚀尤为严重。例如，盐酸、硫酸和氢氧化钙在水中的作用的反应式如下：

$$Ca（OH）_2 + 2HCl \longrightarrow CaCl_2 + 2H_2O$$

$$Ca（OH）_2 + H_2SO_4 \longrightarrow CaSO_4 \cdot 2H_2O$$

反应生成的 $CaCl_2$ 易溶于水，生成的二水石膏（$CaSO_4 \cdot 2H_2O$）结晶膨胀，还会进一步引起硫酸盐的侵蚀作用。

3. 盐类侵蚀

（1）硫酸盐的侵蚀（膨胀性侵蚀）。海水、湖水、盐沼水、地下水和某些工业污水中常含有钾、钠、氨的硫酸盐，它们与水泥石中的氢氧化钙发生置换反应生成硫酸钙。硫酸钙再与水泥石中固态水化铝酸钙作用生成高硫型水化硫铝酸钙。其反应式如下：

$$3CaO \cdot Al_2O_3 \cdot 6H_2O + 3（CaSO_4 \cdot 2H_2O）+ 19H_2O \longrightarrow$$

$$3CaO \cdot Al_2O_3 \cdot 3CaSO_4 \cdot 31H_2O$$

生成的高硫硫铝酸钙中含有大量结晶水，体积膨胀大于 1.5 倍；水泥石中产生内应力，造成较大的膨胀破坏。高硫水合硫酸铝钙晶体呈针状，对水泥石有着严重的消极影响，所以称其为"水泥杆菌"，具体试验方法参见《水泥抗硫酸盐侵蚀试验方法》（GB/T 749—2008）。

（2）镁盐的侵蚀（双重侵蚀）。海水、盐沼水、地下水中常含有大量的镁盐，如硫酸镁、氯化镁。它们会与水泥石中的氢氧化钙发生复分解反应，其反应式如下：

$$Ca（OH）_2 + MgSO_4 + 2H_2O \longrightarrow CaSO_4 \cdot 2H_2O + Mg（OH）_2$$

$$Ca（OH）_2 + MgCl_2 \longrightarrow CaCl_2 + Mg（OH）_2$$

反应生成的二水石膏会进一步引起硫酸盐的膨胀性破坏，氯化钙易溶于水，而氢氧化镁疏松无胶凝作用。因此，镁盐的侵蚀又称双重侵蚀。

4. 强碱侵蚀

硅酸盐水泥水化产物显碱性，一般碱类溶液浓度不大时不会造成明显损害。但铝酸盐（C_3A）含量较高的硅酸盐水泥遇到强碱（如 NaOH）会发生反应，生成的铝酸钠易溶于水。

$$3CaO \cdot Al_2O_3 + 6NaOH \longrightarrow 3Na_2O \cdot Al_2O_3 + 3Ca（OH）_2$$

当水泥石被氢氧化钠饱和然后在空气中干燥时，溶解在水中的铝酸钠与空气中的二氧化碳反应，生成碳酸钠。由于失水，碳酸钠在水泥石的毛细管中结晶和膨胀，导致水泥石松动和开裂。

除上述四种侵蚀外，糖、酒精、脂肪、氨盐和含有环烷酸的石油产品也对水泥石有侵蚀作用。

水泥石的侵蚀往往是多种侵蚀介质同时存在的一个极其复杂的物理化学作用过程。引起水泥石侵蚀的外部因素是侵蚀介质，而内在因素有两种：一是水泥石中含有易引起侵蚀的组分，即 $Ca（OH）_2$ 和水化铝酸钙（$3CaO \cdot Al_2O_3 \cdot 6H_2O$）；二是水泥石不密实。水泥水化反应理论需水量仅为水泥质量的 23%，而实际应用时拌和用水量多为水泥质量的 40% ~ 70%，多余水分会形成毛细管和孔隙存在于水泥石中，侵蚀介质不仅在水泥石表面起作用，而且易于进入水泥石内部引起严重破坏。

硅酸盐水泥水化产物中氢氧化钙和水合铝酸钙的含量较高，其耐腐蚀性不如其他水泥。与硅酸盐水泥相比，掺有混合材料的水泥水化反应产物中的氢氧化钙显著减少，其耐腐蚀性显著提高。

（二）防止水泥石侵蚀的措施

针对水泥石侵蚀的原理，防止水泥石侵蚀的措施如下。

1. 合理选择水泥品种

例如，在软水或小浓度一般酸侵蚀的条件下，应选择水化产物中氢氧化钙含量低的水泥（即掺有大量混合材料的水泥）；对于硫酸盐侵蚀项目，应选择铝酸钙（C_3A）质量分数小于5%的抗硫酸盐水泥；就耐腐蚀性而言，波特兰水泥是较差的普通水泥类型，如果没有可靠的保护措施，则不适合在发生侵蚀的情况下使用。

2. 提高水泥石密度

水泥石中的毛细血管和孔隙是水泥石侵蚀加剧的内在原因之一。因此，应采取适当的技术措施，如强制混合、振动成型、真空吸水等。在进行施工作业的前提下，应尽量降低水灰比，提高水泥石的密实度，以提高水泥石的耐腐蚀性。

3. 表面加做保护层

当侵蚀相对强烈时，应在水泥制品表面添加保护层。保护层材料通常使用耐酸石材（石英、辉绿岩）、耐酸陶瓷、玻璃、塑料、沥青等。

四、硅酸盐水泥的技术性能

（一）细度

水泥细度表示水泥颗粒的粗细程度。水泥颗粒越细，水化反应速度越快，水化放热越快，凝结硬化速度越快，早期强度越高。但水泥颗粒过细，则粉磨过程能耗高、成本高，而且过细的水泥硬化过程收缩率大，易引起开裂。

硅酸盐水泥的细度以比表面积法表示，水泥比表面积是指单位质量的水泥粉末所具有的总表面积，该方法是用勃氏透气仪测定的，以 m²/kg 表示。比表面积越大，表示粉末越细。普通硅酸盐水泥及其他几种通用水泥的细度用筛析法表示，筛析法以筛余粗颗粒的百分比表示粗细程度，表明水泥中较粗的惰性颗粒所占的比例。

比表面积和细度测定参见《水泥比表面积测定方法 勃氏法》（GB/T 8074—2008）和《水泥细度检验方法筛析法》（GB/T 1345—2005）。

（二）凝结时间

水泥从塑性状态发展到固态所需的时间称为水泥凝结时间。水泥凝结时间可分为初凝时间和终凝时间。与水混合直到水泥混合物开始凝结所花费的时间称为最初凝结时间。从加水到搅拌直到水泥液完全沉降（完全失去塑性）并开始产生强度的时间称为最终凝固时间。

为确保施工过程能在水泥悬浮液具有可塑性的条件下进行，初凝时间不能太短。因此，初始设置时间不符合标准要求，应作为废物处理。终凝时间不应太长，因为水泥的强度在最终铺设后开始产生，涂层只有在达到一定强度后才能对水泥产品进行浇水和硬化以及其他过程。凝结时间不合格的水泥称为不合格产品。

凝结时间的确定必须满足两个特定条件：一是在规定的恒温恒湿环境中；二是测试的水泥悬浮液应具有标准稠度。由于研磨不同水泥的矿物组成和细度不同，混合标准稠度的水泥汤时的耗水量也不同。标准稠度用水量是指水泥浆体达到规定稠度（标准稠度）时所需的搅拌用水，以水泥质量百分比表示。水泥标准稠度的耗水量通常为 24% ～ 33%。

（三）安定性

水泥强度是指在铺设和硬化过程中水泥体积变化的均匀性。水泥浆体的养护过程发生不均匀变化时会导致产品膨胀、开裂和变形，即稳定性差。稳定性不合格的水泥被视为不合格水泥，不得用于建设项目。

引起水泥安定性不良的因素如下：其一，在生产熟料矿物时残留较多的游离氧化钙（f—CaO），这种高温煅烧过的 CaO（即烧过的石灰）在水泥凝结硬化后会缓慢与水生成氢氧化钙而体积膨胀，使水泥石开裂。其二，原料中过多的 MgO 经高温煅烧后生成游离氧化镁（f—MgO），它与水的反应更加缓慢，会在水泥硬化几个月后膨胀引起开裂。其三，水泥中含有过多的 SO_3 时，也会在水泥硬化很长时间以后发生硫酸盐类侵蚀而引起膨胀开裂。后两种有害成分引起的水泥安定性不良，常称为长期安定性不良。

对过量 f—CaO 引起的安定性不良，《通用硅酸盐水泥》（GB 175—2007）规定用沸煮法检验。沸煮法检验又分为两种：一种是试饼法，将标准稠度的水泥净浆制成规定尺寸形状的试饼，凝结后经沸水煮 3 h，不开裂、不翘曲为合格。另一种方法为雷氏法，将标准稠度的水泥净浆装入雷氏夹，凝结并沸煮后，雷氏夹张开幅度不超过规定为合格。雷氏法为标准方法，当两种方法测定结果发生争议时以雷氏法为准。

由于 f—MgO、SO_3 会引起长期安定性不良，上述沸煮法检验难以奏效。国家标准规定通用水泥 f—MgO 质量分数不得超过 5%（若水泥经压蒸法快速检验合格，f—MgO 质量分数可放宽到 6%），SO_3 质量分数不超过 3.5%。水泥生产厂通过定量化学分析，控制 f—MgO、SO_3 质量分数，保证长期安定性合格。

水泥凝结时间和安定性测试参见《水泥标准稠度用水量、凝结时间、安定性检验方法》（GB/T 17671—2011）。

（四）强度和强度等级

水泥的强度取决于水泥熟料的矿物成分、混合材料的种类和数量以及水泥的细度。由于水泥很少单独使用，水泥的强度是根据确定的比例将水泥、标准砂和水混合成砂浆 – 水泥混合物，然后根据确定的不同龄期强度测定方法进行水泥砂浆软清洁试验。一

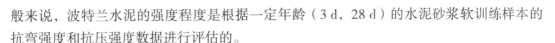

般来说，波特兰水泥的强度程度是根据一定年龄（3 d，28 d）的水泥砂浆软训练样本的抗弯强度和抗压强度数据进行评估的。

水泥强度检测参见《水泥胶砂强度检验方法（ISO法）》（GB/T 17671—2021）。

（五）水化热

水泥和水之间的水化反应是放热反应，释放的热量称为水化热。水化热的释放量和速度取决于水泥熟料的矿物成分、混合材料的种类和数量、水泥的细度和硬化条件。大部分水化热在水泥水化的初始阶段释放。

水泥具有非常高的水化热，有利于冬季施工，可以在一定程度上防止冻伤。大量水合热在内部积聚，导致内部和表面之间的温差很大，内部热膨胀，表面冷却和收缩，在温度应力作用下会对大体积混凝土造成严重破坏。虽然《通用硅酸盐水泥》（GB 175—2007）不能确定总水泥的水化热极限，但在选择水泥时应充分考虑水化热对项目的影响。

水泥的水化热测试参见《水泥水化热测定方法》（GB/T 12959—2008）。

（六）密度和堆积密度

硅酸盐水泥密度一般为 3.1 ～ 3.2 g/cm³，普通水泥、复合水泥的密度略低，矿渣水泥、火山灰水泥、粉煤灰水泥的密度一般为 2.8 ～ 3.0 g/cm³。水泥的密度主要与熟料的质量、混合材料的掺量有关。

水泥的堆积密度除与水泥组成、细度有关外，主要取决于堆积的紧密程度。根据堆积的疏密程度不同，堆积密度为 1 000 ～ 1 600 kg/m³，通常采用 1 300 kg/m³。

水泥密度测定方法参见《水泥密度测定方法》（GB/T 208—2014）。

五、通用水泥

根据《通用硅酸盐水泥》（GB 175—2007），由硅酸盐水泥熟料、适量石膏和指定混合物制成的水硬性水泥材料称为普通硅酸盐水泥，简称普通水泥。本标准规定的水泥分为硅酸盐水泥、普通硅酸盐水泥、矿渣硅酸盐水泥、火山灰质硅酸盐水泥、粉煤灰硅酸盐水泥和复合硅酸盐水泥，最后四种类型也称为混合材料硅酸盐水泥。

（一）硅酸盐水泥

凡由硅酸盐水泥熟料、质量分数为 0% ～ 5% 的石灰石或粒化高炉矿渣、适量石膏磨细制成的水硬性胶凝材料称为硅酸盐水泥（国外通称为波特兰水泥）。硅酸盐水泥分两类：不掺加混合材料的称Ⅰ型硅酸盐水泥，代号为 P·Ⅰ；掺入不超过水泥质量5%的石灰石或粒化高炉矿渣的称Ⅱ型硅酸盐水泥，代号为 P·Ⅱ。硅酸盐水泥的特性与应用如下：

（1）凝结硬化快，早期及后期强度均较高。适用于有早期强度要求的工程（如冬季施工、预制、现浇等工程）和高强度混凝土工程（如预应力钢筋混凝土、大坝溢流面部位混凝土）。

（2）抗冻性好。适用于水工混凝土和抗冻性要求高的工程。

（3）耐磨性好。适用于高速公路、道路和地面工程。

（4）抗碳化性好。因水化后氢氧化钙含量较多，故水泥石的碱度较高，对钢筋的保护作用强。适用于空气中二氧化碳浓度较大的环境。

（5）耐侵蚀性差。因水化后氢氧化钙和水化铝酸钙的含量较多，不适用于有侵蚀性要求的工程，特别是硫酸盐浓度较高的环境。

（6）水化热高。不适用于大体积混凝土工程（如采用硅酸盐水泥配制大体积混凝土时，需加入大量的矿物掺合料），但有利于低温季节蓄热法施工。

（7）耐热性差。因水化后氢氧化钙含量高，不适用于承受高温作用的混凝土工程。

（二）掺混合材料的硅酸盐水泥

1. 普通硅酸盐水泥

凡由硅酸盐水泥熟料、质量分数大于 5% 且不大于 20% 的活性混合材料和适量石膏磨细制成的水硬性胶凝材料称为普通硅酸盐水泥，简称普硅水泥，代号为 P·O。其中允许用不超过水泥质量 8% 且符合规定的非活性混合材料或不超过水泥质量 5% 且符合规定的窑灰代替活性混合材料。

《通用硅酸盐水泥》（GB 175—2007）规定，普通硅酸盐水泥分为 42.5、42.5R、52.5、52.5R 共 4 个强度等级。

普通硅酸盐水泥与水混合后，先发生水泥熟料中各种矿物的水化反应。硅酸盐矿物水合形成的氢氧化钙用作活化剂，以加速混合材料的溶解，显著改善混合材料的化学反应，并与混合材料中的活性二氧化硅或氧化铝反应，合成水合硅酸钙或水合硫酸铝钙（存在石膏）。这种水化过程发生在熟料水化之后，因此称为"二次水化"，可以显著提高水泥石的密实度、强度和抗渗性，但由于二次水化发生在相对较晚的阶段，随着水泥中熟料含量的减少，它对水泥浆体的早期强度有一定影响。

与硅酸盐水泥相比，普通硅酸盐水泥的主要性能特点如下：早期强度略低，后期强度较高；水化热略低；抗渗抗冻性较好，抗碳化能力较强；具有良好的抗侵蚀性；具有良好的耐磨性和耐热性。

普通硅酸盐水泥的应用范围和硅酸盐水泥基本相同。

2. 矿渣硅酸盐水泥、火山灰质硅酸盐水泥、粉煤灰硅酸盐水泥和复合硅酸盐水泥

（1）定义及组成。

①矿渣硅酸盐水泥：凡由硅酸盐水泥熟料、质量分数大于 20% 且不大于 70% 的粒化高炉矿渣和适量石膏磨细制成的水硬性胶凝材料称为矿渣硅酸盐水泥（简称矿渣水泥），代号为 P·S，它分为 A 型和 B 型。矿渣掺量大于 20% 且不大于 50% 的水泥称为 A 型，

代号为 P·S·A；矿渣掺量大于 50% 且不大于 70% 的水泥称为 B 型，代号为 P·S·B。其中允许用不超过水泥质量 8% 且符合规定的活性混合材料、非活性混合材料或窑灰代替。

②火山灰质硅酸盐水泥：凡由硅酸盐水泥熟料、质量分数大于 20% 且不大于 40% 的火山灰质混合材料和适量石膏磨细制成的水硬性胶凝材料称为火山灰质硅酸盐水泥（简称火山灰水泥），代号为 P·P。

③粉煤灰硅酸盐水泥：凡由硅酸盐水泥熟料、质量分数大于 20% 且不大于 40% 的粉煤灰和适量石膏磨细制成的水硬性胶凝材料称为粉煤灰硅酸盐水泥（简称粉煤灰水泥），代号为 P·F。

④复合硅酸盐水泥：凡由硅酸盐水泥熟料、两种或两种以上符合规定的活性混合材料和／或非活性混合材料（质量分数之和大于 20% 且不大于 50%）以及适量石膏磨细制成的水硬性胶凝材料称为复合硅酸盐水泥（简称复合水泥），代号为 P·C。其中允许用不超过水泥质量 8% 且符合规定的窑灰代替。

（2）技术要求。细度、凝结时间和体积安定性要求与普通硅酸盐水泥相同。水泥中氧化镁的质量分数不超过 6.0%。如超过 6.0%，需进行水泥压蒸安定性试验。矿渣水泥中三氧化硫的质量分数不得超过 4.0%。火山灰质水泥、粉煤灰水泥和复合水泥中三氧化硫的质量分数不得超过 3.5%。水泥强度等级按规定龄期的抗压强度和抗折强度来划分，分为 32.5、32.5R、42.5、42.5R、52.5、52.5R。

（3）水化过程。矿渣硅酸盐水泥、火山灰硅酸盐水泥、粉煤灰硅酸盐水泥和复合硅酸盐水泥的水化过程与普通硅酸盐水泥相似，包括水泥熟料的水化和混合材料的"二次水化"过程。然而，由于混合材料数量较多，熟料较少，各水泥的水化反应速度较慢，早期强度较低，水化热也较低。

（4）性能与使用。矿渣硅酸盐水泥、火山灰质硅酸盐水泥、粉煤灰硅酸盐水泥和复合硅酸盐水泥是用活性更高的混合料和适量的石膏磨制硅酸盐水泥熟料。由于大量的活性混合材料和相同的化学成分（主要是活性二氧化硅和氧化铝），它们具有一些相似的性质。这些性能明显不同于硅酸盐水泥或普通水泥。由于每种混合材料的结构不同，它们彼此具有一些不同的特性，这决定了它们的使用特性和应用范围。

矿渣硅酸盐水泥、火山灰质硅酸盐水泥、粉煤灰硅酸盐水泥和复合硅酸盐水泥具有如下共性：

①密度较小。由于大量低密度活性混合材料的掺入，这些水泥的密度一般为 2.70 ~ 3.10 g/cm³。

②早期强度比较低，后期强度增长较快。由于这些水泥中水泥熟料含量相对减少，加水拌和以后，熟料水化后析出的氢氧化钙作为碱性激发剂激发活性混合材料水化，生成水化硅酸钙、水化硫铝酸钙等水化产物。早期强度比较低，后期由于二次水化的不断进行，水化产物逐渐增多，因此强度发展较快。

③对养护温、湿度敏感，适合蒸汽养护。这些水泥在温度较低时的水化速度明显小

于硅酸盐水泥和普通硅酸盐水泥，强度增长较慢。提高养护温度可以促进活性混合材料的水化，提高早期强度，且对后期强度发展影响不大。

④水化热小。由于这几种水泥掺入了大量混合材料，水泥熟料含量较少，因此水化热小且放热缓慢，适合于大体积混凝土施工。

⑤耐侵蚀性较好。由于熟料含量少，水化以后生成的 $Ca(OH)_2$ 少，而且二次水化还要进一步消耗 $Ca(OH)_2$，使水泥石结构中 $Ca(OH)_2$ 的含量更低。因此，抵抗海水、软水及硫酸盐等侵蚀性介质的能力较强。但如果火山灰质混合材料中氧化铝含量较高，水化后生成的水化铝酸钙数量较多，则抵抗硫酸盐侵蚀的能力变差。

⑥抗冻性、耐磨性不及硅酸盐水泥或普通硅酸盐水泥。

矿渣硅酸盐水泥、火山灰质硅酸盐水泥、粉煤灰硅酸盐水泥和复合硅酸盐水泥的特性如下：

①矿渣硅酸盐水泥：矿渣为高温熔渣在快速冷却条件下形成的玻璃态物质，致密坚固，难以磨细，对水的吸附能力差，因此矿渣硅酸盐水泥的保水性差，泌水率高。在混凝土施工中会由于泌水而形成毛细管通道及水囊，水分的蒸发又容易引起混凝土干缩，影响混凝土的抗渗性、抗冻性及耐磨性等。由于矿渣在高温下形成，矿渣硅酸盐水泥硬化后的 $Ca(OH)_2$ 含量也比较少，因此矿渣硅酸盐水泥的耐热性比较好。

②火山灰质硅酸盐水泥：火山灰质混合材料的结构特点是疏松多孔，内比表面积大。火山灰水泥的特点是易吸水、易反应。在潮湿的条件下养护，可以形成较多的水化产物，水泥石结构较为致密，从而具有较高的抗渗性和耐水性。如果处于干燥环境中，其所吸收的水分会蒸发，体积收缩，产生裂缝。因此，火山灰质硅酸盐水泥不宜用于长期处于干燥环境和水位变化区的混凝土工程。火山灰质硅酸盐水泥的抗硫酸盐性能随成分而异，如活性混合材料中氧化铝含量较多，熟料中又含有较多的 C_3A 时，其抗硫酸盐能力变差。

③粉煤灰硅酸盐水泥：与其他火山灰质混合材料相比，粉煤灰结构较致密，内比表面积小，有很多球形颗粒，吸水能力较弱，所以粉煤灰硅酸盐水泥的需水量比较低，抗裂性较好。尤其适用于大体积水工混凝土以及地下和海港工程等。

④复合硅酸盐水泥：复合硅酸盐水泥与两种或两种以上的混合材料混合，相互补充。例如，在硅酸盐水泥渣中加入石灰石不仅可以改善硅酸盐水泥渣的泌水性，提高早期强度，而且可以保证后期强度的增长；在高耗水硅酸盐水泥中掺入矿渣可以有效降低水泥耗水量。当矿渣用作主要混合材料时，硅酸盐复合水泥的性能与矿渣硅酸盐水泥相似。当以盐渍土为主要混合料时，其性能接近盐渍硅酸盐水泥。因此，在使用硅酸盐复合水泥时，应该先确定主要混合材料。主要混合材料的名称标记在复合水泥包装袋上。为了便于识别，波特兰水泥包装袋和普通波特兰水泥应以红色印刷，矿渣硅酸盐水泥包装袋应采用绿色印刷，盐渍硅酸盐水泥、粉煤灰硅酸盐水泥和复合硅酸盐水泥则必须以黑色或蓝色印刷。

第二节　混凝土中的骨料及其选择

混凝土的骨料是指在混凝土或砂浆中起骨架和填充作用的岩石颗粒等散状颗粒材料，又称集料。骨料的总体积占混凝土体积的 70% ～ 80%。在技术上，惰性、高强骨料的存在使混凝土比单纯的水泥浆具有更高的体积稳定性和更好的耐久性（良好的骨料级配可获得较好的混凝土拌合物的工作性）；在经济上，骨料比水泥便宜得多，可作为水泥浆的廉价填充材料，使混凝土获得经济上的效益。

一、骨料来源

一般情况下，混凝土用骨料主要采用自然形成的各种岩石。根据成因不同，这些天然岩石可分为火成岩、水成岩和变质岩三大类。

（一）火成岩

缓岩或岩浆岩是指岩浆冷却后形成的岩石。目前已发现 700 多种镁砂岩，包括花岗岩、安山岩和玄武岩，主要是硅酸盐。地下磁冷却和凝固形成的岩石称为破裂岩。一般来说，岩石埋藏越深，鳞片的粒度越大，结构越致密，强度和硬度越高。表面快速冷却和凝固后形成的岩石称为喷发岩或火山岩。由于冷却速度快，挤压岩石通常是相对松散的玻璃或细粒岩石，甚至形成浮石和珍珠岩等轻质多孔岩石。

（二）水成岩

水成岩，也称为沉积岩，是指由气流或冰川迁移形成的火山喷发产生的其他岩石和大气产物。地表最常见的岩石是沉积岩和岩性岩。沉积岩主要包括石灰岩、砂岩、板岩等。板岩含量最高，但由于其层状结构，并非所有板岩都适合搅拌混凝土。

（三）变质岩

变质岩是一种新的岩石，其材料成分在温度、压力等内部因素的影响下移动或再结晶，如石英、大理石、蛇纹岩等。

近年来，随着自然资源的日益稀缺和人们环保意识的提高，工业废物回收的重要途径之一就是将工业废物直接作为混凝土废物处理，或由成年工人将其粉碎和焚烧，这也是建筑业健康可持续发展的一个主流。

二、骨料分类

（一）按尺寸分类

按尺寸分类是最简单、最常见的混凝土骨料分类方法。根据粒径大小的不同，混凝土骨料可分为细骨料和粗骨料，其中粒径小于 4.75 mm 的骨料称为细骨料或砂，粒径大于 4.75 mm 的骨料称为粗骨料或石子。

1. 细骨料（砂）

混凝土的细骨料主要采用天然砂和人工砂，《建设用砂》（GB/T 14684—2022）规定，砂的表观密度不小于 2 500 kg/m³，松散密度不小于 1 400 kg/m³，空隙率不大于 44%。

天然砂是指人工开采和筛选的直径小于 4.75 mm 的自然形成的岩石颗粒，包括河砂、湖砂、山砂和海砂，但不包括软质或多风的岩石颗粒。河砂和海砂的清洗时间长，颗粒表面相对光滑，生产来源清洁、广阔，但海砂通常含有有害杂质，如贝壳碎片和可溶性盐。

人工砂被称为机制砂，砂混合物机械砂由岩石、矿渣或工业废物制成，具有机械破碎、屏蔽作用，粒径小于 4.75 mm。其粒度锐利，棱角丰富，相对清洁，但块状和细粉含量大，成本较高。一般来说，在当地缺乏自然资源的情况下，可以使用人工砂。

2. 粗骨料（石子）

《建设用卵石、碎石》（GB/T 14685—2022）规定，粗骨料（石子）的表观密度大于 2 600 kg/m³，空隙率不大于 47%。

普通混凝土通常由大骨料组成，这些骨料分为碎石和卵石。大多数情况下，碎石是通过破碎和分选天然岩石开采的，而卵石是通过自然风化、崩塌和水流传输产生的。相比之下，碎石表面粗糙，具有更大的角度比表面积、高孔隙率和与水泥的高黏结强度。因此，水灰比相同的时候，掺碎石的混凝土流动性较小，但有着较高的强度；另一方面，卵石具有更大的流动性，但强度较低。

（二）按加工方式分类

骨料按加工方式的不同可分为天然骨料和人工骨料。

天然骨料是一种未经处理（分选和洗涤除外）的天然填料。目前，用于制备混凝土的天然骨料仅由天然砂和碎石组成，而碎石和机械砂由于采用了破碎处理而被应用于人工骨料类别。

除碎石和机械砂外，人工骨料还包括各种工业废物、可直接用作填料的废物以及由天然岩石或废物焚烧产生的工业废物制成的人工填料。

（三）按密度分类

按密度大小不同，混凝土骨料又可分为重骨料、普通骨料及轻骨料。其中，普通骨料的堆积密度一般为 1 500～1 800 kg/m³，而堆积密度不大于 1 200 kg/m³ 的骨料称为轻骨料。

三、骨料的技术性能

骨料的技术性能包括颗粒级配与粗细程度、颗粒形态和表面特征、强度、坚固性、含泥量、泥块含量、有害物质质量分数以及碱反应活性等。这些性能指标可直接影响混凝土的施工性能和使用性能，因此必须符合《建设用砂》（GB/T 14684—2022）、《建设用卵石、碎石》（GB/T 14685—2022）和《普通混凝土用砂、石质量及检验方法标准》（JGJ 52—2006）的相关规定。

（一）颗粒级配

粒度组成是骨料中不同粒度的组合。如果混凝土骨料由相同尺寸的颗粒组成，则孔隙系数保持在较高水平，如大而光滑的球形颗粒。即使在最密集的堆积状态下，孔隙系数也达到约 0.26。由于混凝土骨料是粒装松散材料，因此污泥的体积会增加，这不利于混凝土的经济性和体积稳定性。根据霍斯菲尔德填充理论，为了降低不同尺寸颗粒填料的孔隙率，可以确定成比例的组合。例如，大的光滑颗粒在最初形成最致密的颗粒后，将根据漏涂的大小逐渐填充适当尺寸的球，并且不会被固体层占据，它可以逐渐形成更紧密的填充结构。

值得注意的是，颗粒的实际尺寸与霍斯菲尔德填充理论所依据的假设之间存在显著差异：一方面，即使是卵石或天然砂，真正的各种类型的填料也不是理想的球体，因此相对孔隙度较高；另一方面，骨料的粒径变化很大，其粒径分布符合正态分布规律，即骨料的体积分布在不同的范围内。此外，霍斯菲尔德填充理论有助于获得最致密的填料结构，减少孔隙率，比表面积有助于提高混凝土的密度和机械强度并节省水泥。在混凝土生产实践中，也要适当增加细颗粒的含量。

（二）粗细程度

粗细程度是混合后不同直径骨料颗粒的总粒径。在一定的工作性能和水泥用量下，可以减少用水量，提高混凝土强度。因此，在混凝土制备过程中，可以选择粒径较大的混凝土骨料，前提是确保充分的颗粒级配。细骨料（砂）的粗细程度可采用细度模数 μ 加以定量衡量，其计算公式为

$$\mu_i = \frac{(A_2 + A_3 + A_4 + A_5 + A_6) - 5A_1}{100 - A_1} \qquad (2-1)$$

根据细度模数大小，细骨料（砂）分为粗、中、细三种规格，其中粗砂的细度模数 μ=3.1 ～ 3.7，中砂 μ=2.3 ～ 3.0，细砂 μ=1.6 ～ 2.2，特细砂 μ=0.7 ～ 1.5。

粗骨料的粗细程度则主要通过最大粒径加以控制。最大粒径是指骨料公称粒径的上限，即累计筛余不大于 10% 的方孔筛的最大公称边长。对中低强度的混凝土，尽量选择最大粒径较大的粗骨料，但通常不宜大于 40 mm。

混凝土用粗骨料的最大粒径不得大于结构截面最小尺寸的 1/4，同时不得大于钢筋最小净距的 3/4；对于混凝土实心板，可允许采用最大粒径达 1/3 板厚的骨料，但最大粒径不得超过 40 mm。对于泵送混凝土，碎石最大粒径与输送管道内径之比宜小于或等于 1：3，一般取 25 mm；卵石宜小于或等于 1：2.5。

（三）颗粒形态和表面特征

骨料颗粒通常为球形、棱角状、针状和片状，并且趋向于球形或多边形。具有明显取向特征的针状和片状颗粒对混凝土的工作性能和强度有不利影响。当岩石颗粒的长度超过平均颗粒直径（上限和下限的平均值）时，厚度将小于平均粒径的 0.4 倍，就像片状颗粒一样。当骨料中针状和破碎颗粒的含量超过一定限度时，骨料孔隙率的增加不仅会影响混凝土混合物的搅拌和性能，还会在不同程度上影响混凝土的强度和耐久性。

骨料的表面特性主要包括表面的粗糙度和孔隙率。它影响骨料和水泥污泥之间的黏结强度，从而影响混凝土强度，尤其是断裂强度。一般来说，粗多孔石与水泥浆之间的黏结强度较大。另外，表面集料滑动面的收敛性能低于水泥浆。在水灰水平相同的条件下，碎石混凝土的强度比卵石混凝土的强度高约 10%。

（四）强度

作为混凝土框架的支撑，骨料必须具有足够的强度。岩石的抗压强度和压碎指数由碎石的硬度测试方法确定。岩石的强度必须先由生产单位保证。一般情况下，岩石的抗压强度必须至少比混凝土的规定强度高 20%。如果混凝土强度超过或等于 C_{60}，则进行岩石抗压强度试验。碎石对立方体的强度试验是使用直径和高度为 50 mm 的母石形成长度为 50 mm 的圆柱体或立方体边缘，以确定水饱和时的抗压强度。

（五）坚固性

坚固性是骨料抵抗气候、环境变化或其他物理因素破坏的能力。填料密度越高，强度越高，吸力越小，坚固性越高；结构越弱，矿物成分越复杂，结构越不均匀，坚固性越弱。《建设用砂》（GB/T 14684—2022）和《建设用卵石、碎石》（GB/T 14685—2022）中规定，骨料的坚固性应采用硫酸钠溶液法进行检验，试样经 5 次循环后，其质量损失应符合表 2-2 的规定。

表2-2　骨料的坚固性指标

混凝土所处的环境条件及其性能要求	5 次循环后的质量损失 /%	
	细骨科（砂）	粗骨科（碎石或卵石）
在严寒及寒冷地区室外使用，并经常处于潮湿或干湿状态下使用的混凝土，对于有抗疲劳、抗冲击使用要求的混凝土，有侵蚀介质作用或经常处于水位变化区的地下结构的混凝土	≤ 8	≤ 8
其他条件下使用的混凝土	≤ 10	≤ 12

机制砂除满足坚固性外，还应满足压碎指标，如表 2-3 所示。

表2-3　砂的压碎指标

类　别	I	II	III
单击最大压碎指标 /%	≤ 20	≤ 25	≤ 30

（六）碱反应活性

碱性活性骨料是指在一定条件下能与混凝土中的碱发生反应，导致混凝土膨胀、开裂甚至断裂的骨料。

对于长期处于潮湿环境的混凝土结构，应检查其碱性活性，以确定是否使用碎石。测试碱性活性时，应先通过光刻法确定活性碱性骨料的类型和数量。测定填料中活性二氧化硅含量时，应通过快速泥浆法和泥浆长度检测碱性活性；检测骨料中活性碳酸盐含量时，应使用岩柱法检测碱性活性。

（七）含泥量、泥块含量

含泥量是指骨料中公称粒径小于 80 μm 的颗粒的含量，而泥块尺寸的规定对于粗细骨料略有不同。细骨料（砂）中泥块含量则是指公称粒径大于 1.25 mm，经水洗、手捏后变成小于公称粒径 630 μm 的颗粒的含量；对于粗骨料（石子）来说，泥块含量是指原粒径大于公称粒径 5.00 mm，经水洗、手捏后变成小于公称粒径 2.50 mm 的颗粒含量。泥质颗粒通常包裹在骨料颗粒表面，妨碍水泥浆与骨料的黏结，使混凝土的强度、耐久性降低。《建设用砂》（GB/T 14684—2022）规定，I、II、III 类砂的含泥量按质量计应不高于 1.0%、3.0% 和 5.0%，泥块质量分数按质量计应不高于 0%、1.0% 和 2.0%。《建设用卵石、碎石》（GB/T 14685—2022）规定，I、II、III 类粗骨料的含泥量按质量计应小于 0.5%、1.0% 和 1.5%，泥块质量分数按质量计应不高于 0%、0.5% 和 0.7%。

四、轻骨料

凡堆积密度小于或等于 1 200 kg/m³ 的人工或天然多孔材料，具有一定力学强度且可以用作混凝土的骨料都称为轻骨料，包括轻粗骨料（公称粒径大于或等于 5 mm）和轻细骨料（也称轻砂，公称粒径小于 5 mm）。

（一）分类

按骨料来源不同，轻骨料可分为以下三种：

（1）天然轻骨料，如浮石（一种火山爆发岩浆喷出后，由于气体作用发生膨胀冷却后形成的多孔岩石），经破碎成一定粒度即可作为轻质骨料。

（2）人造轻骨料，主要有陶粒和膨胀珍珠岩等。陶粒是一种由黏土质材料（如黏土、页岩、粉煤灰、煤矸石）经破碎、粉磨等工序制成生料，然后加适量水成球，经 1 100

℃煅烧而形成的具有陶瓷性能的多孔球粒，粒径一般为 2 ～ 20 mm，其中 5 mm 以下的为陶砂，5 mm 以上的为陶粒；膨胀珍珠岩是由天然珍珠岩矿经加热膨胀而成的多孔材料，密度很小，仅为 200 ～ 300 kg/m³，是一种优良的保温隔热材料，但强度较低，用作骨料时不能用于配制结构用轻质混凝土。

（3）工业废渣轻骨料，主要有矿渣、膨胀矿渣珠、自燃煤矸石等。

（二）技术性质

轻骨料的技术性质有颗粒级配、堆积密度、强度和软化系数等。《轻骨料及其试验方法　第 1 部分：轻骨料》（GB/T 17431.1—2010）给出了相应的技术指标，《轻骨料及其试验方法　第 2 部分：轻骨料试验方法》（GB/T 17431.2—2010）给出了相应的试验方法。轻粗骨料级配是用标准筛的筛余值控制的，而且用途不同，级配要求也不同，保温及结构保温轻骨料混凝土用的轻粗骨料，其最大粒径不宜大于 40 mm；结构轻骨料混凝土也是用的轻粗骨料，其最大粒径不宜大于 20 mm。轻粗骨料的自然级配的空隙率不应大于 50%。轻砂的细度模数应为 2.3 ～ 4.0，其大于 5 mm 的累计筛余量不宜大于 10%（按质量计）。

轻骨料的强度不是通过一个颗粒的强度来衡量的，而是通过筒压强度和强度标号来衡量的。筒压强度是指用轻骨料填充特殊载体圆柱体并以 300 ～ 500 N 组等速加载压模而获得的强度。强度名称是指由砂浆或混凝土样品中的轻骨料制成的骨料，通过测量砂浆或混凝土的强度重新计算。

轻骨料具有高孔隙率，因此其吸水率显著高于传统骨料。由于孔隙度和孔径的不同，吸水率往往存在显著差异。

第三节　混凝土中的外加剂及其选择

一、概述

混凝土添加剂是搅拌混凝土之前或期间的成分之一，该材料改善了新拌混凝土的工作性能和硬化混凝土的物理力学性能。其主要特点如下：改善新拌混凝土的工作性能，特别是提高混凝土混合物的流动性，减少搅拌用水，方便混凝土混合物的浇筑；容易振动；允许新拌混凝土不产生裂缝、分裂或分层，保持混凝土的均匀性并提高其可泵性；调整混凝土凝固的开始和结束时间，以减少或减缓水泥水的加热；均衡收缩或轻微膨胀。改善硬化混凝土的物理力学性能包括提高混凝土强度，包括改善早期和后期；增加混凝土密度；收缩减小，变化缓慢，混凝土体积稳定性提高；提高混凝土的抗渗性和抗冻性，提高混凝土的耐久性；在混凝土中合理使用外加剂也可以带来显著的经济效益，如在保证相同强度的条件下，水泥用量可以减少 10% ～ 20%；通过降低水胶比和提高混凝土强度，可以减少结构尺寸、重量和施工成本。

混凝土外加剂已成为生产高性能混凝土的必要手段。其使用大大提高了混凝土的利用率。在混凝土中广泛使用外加剂已成为提高混凝土强度、改善混凝土组合性能、降低生产能耗、确保环境保护的最有效措施。

（一）定义

根据《混凝土外加剂定义、分类、命名与术语》（GB/T 8075—2017）的定义，混凝土外加剂是一种在混凝土拌制之前或拌制过程中加入的、用以改善新拌混凝土和（或）硬化混凝土性能且不能对人、生物、环境安全及混凝土耐久性造成有害影响的材料，应符合相关国家标准和规范的规定。该定义与原标准定义相比更符合国家对环境保护、安全生产的要求。

（二）分类

根据《混凝土外加剂定义、分类、命名与术语》（GB/T 8075—2017），混凝土外加剂有两种分类方法。

1. 按主要组分分类

（1）化学外加剂。以无机盐或有机聚合物为主要组分，用以改善新拌和（或）硬化混凝土性能的产品。掺量一般为 0.2%～5%，主要改善混凝土的流动性能、凝结硬化速度等。

（2）矿物外加剂。具有适宜组成和特定细度的矿物类物质，用以改善新拌和（或）硬化混凝土性能的产品。掺量一般为 15% 左右，主要改善混凝土的耐久性等。

2. 按主要使用功能分类

（1）改善混凝土混合料流变性能的外加剂，包括各种减水剂和泵送剂等。

（2）调节混凝土凝结时间、硬化性能的外加剂，包括缓凝剂、促凝剂和速凝剂等。

（3）改善混凝土耐久性的外加剂，包括引气剂、防水剂和阻锈剂 / 矿物外加剂等。

（4）改善混凝土其他性能的外加剂，包括防冻剂、膨胀剂和着色剂等。

3. 按化学成分分类

（1）有机类。这类产品种类众多，大部分属于表面活性剂，多用作减水剂、引气剂等。

（2）无机类。这类产品包括各种无机盐类、一些金属单质和少量氢氧化物等，主要用作早强剂、膨胀剂、速凝剂、着色剂及加气剂等。

（3）有机无机复合类。这类物质主要用作早强减水剂、防冻剂和灌浆剂等。

（三）技术性质

根据《混凝土外加剂》（GB 8076—2008）要求，混凝土外加剂的主要技术性质如下。

1. 减水率

减水率为坍落度基本相同时基准混凝土和掺外加剂混凝土单位用水量之差与基准混凝土单位用水量之比。

2. 泌水率比

泌水率比为掺外加剂混凝土的泌水率与基准混凝土的泌水率之比。

3. 含气量

按《普通混凝土拌合物性能试验方法标准》(GB/T 50080—2016)用气水混合式含气量测定仪进行操作，但混凝土混合料应一次装满并稍高于容器，用振动台振实 $15 \sim 20$ s。

4. 凝结时间差

掺外加剂混凝土的初凝或终凝时间与基准混凝土的初凝或终凝时间之差。

5. 抗压强度比

抗压强度比为掺外加剂混凝土与基准混凝土同龄期抗压强度之比。

6. 收缩率比

收缩率比为龄期 28 d 掺外加剂混凝土与基准混凝土收缩率的比值。

7. 相对耐久性指标

相对耐久性指标是以掺外加剂混凝土冻融 200 次后的动弹性模量的实际保留值降低至 80% 来评定外加剂质量。

在生产过程中控制的项目有含固量或含水量、密度、氯离子含量、细度、pH、表面张力、还原糖、总碱量（$Na_2O + 0.658K_2O$）、硫酸钠、泡沫性能、水泥净浆流动度或砂浆减水率，其匀质性应符合《混凝土外加剂》(GB 8076—2008)的要求。

（四）选用

（1）外加剂的品种应根据工程设计和施工要求选择，通过试验及技术经济比较确定。

（2）严禁使用对人体有害、对环境产生污染的外加剂。

（3）掺外加剂混凝土所用水泥，宜采用符合《通用硅酸盐水泥》(GB 175—2007)规定的水泥，并应检验外加剂与水泥的适应性，符合要求方可使用。

（4）掺外加剂混凝土所用材料，如水泥、砂、石、掺合料、外加剂等均应符合国家现行的有关标准的规定。试配掺外加剂的混凝土时，应采用工程使用的原材料，检测项目应根据设计及施工要求确定，检测条件应与施工条件相同，当工程所用原材料或混凝土性能要求发生变化时，应再进行试配试验。

（5）不同品种外加剂复合使用时，应注意其相容性及对混凝土性能的影响，使用时应进行试验，满足要求方可使用。

（6）外加剂的掺量以胶凝材料总量的百分比表示，应按供货生产单位推荐掺量、使用要求、施工条件、混凝土原材料等因素通过试验确定。

（7）含有氯离子、硫酸根离子的外加剂应符合有关规范及标准的规定。

（8）处于与水相接触或潮湿环境中的混凝土，当使用碱活性骨料时，有外加剂带入的碱含量（以当量氧化钠计算）不宜超过 1 kg/m³ 混凝土，混凝土总碱含量也应符合有关标准的规定。

具体要求参见《混凝土外加剂应用技术规范》（GB 50119—2013）。

二、减水剂

减水剂是应用最广泛的添加剂之一。减水剂也称为塑化剂或水泥分散剂，可以显著减少新拌混凝土时的用水量。减水剂的主要成分是表面活性物质，主要是阴离子交换表面活性剂，在混凝土中加入适量的水可以保持混凝土的新凝结性和舒适性。同时，它可以减少用水量，显著降低水灰比，提高强度，改善物理力学性能，如抗冻性和抗渗漏性。

早在 20 世纪 30 年代初，美国就使用亚硫酸盐纤维素废料制备混凝土，以提高其重量、强度和耐久性。20 世纪 50 年代和 60 年代，木质素作为沉淀剂和均匀型沉淀剂的开发和研究逐渐发展起来。20 世纪 60 年代初，在日本成功开发萘沉淀添加剂和德国成功开发三聚氰胺作为高效沉淀剂进行大规模应用之后，混凝土添加剂进入了现代科学时代。高效沉淀剂的研究和应用为高强混凝土、流化剂和高功率混凝土的发展提供了支持。20 世纪 90 年代，日本聚碳酸酯的发明者利用高性能清洁剂和现代混凝土技术将其提升到了一个新的水平。

通常假设水泥的水化需要理论水泥比是 0.20 ～ 0.25，但在混凝土搅拌、浇筑和振捣过程中需要增加耗水量，以达到一定的工作性能，并确保施工顺利进行。随着混凝土龄期的增加，水分将继续从混凝土内部蒸发，从而在混凝土内部留下许多空洞和毛细管通道，导致混凝土结构松散，收缩增加，强度和耐久性降低。

（一）作用机理

虽然不同的减水剂有不同的成分，但它们都是表面活性剂，因此它们的水培机理是相似的。表面活性剂是指能显著改变（通常降低）液体表面张力或由亲水和疏水化合物组成的具有界面张力的物质。向水溶液中添加表面活性剂后，亲水基团将其分子指向溶液，疏水基团将其分子指向空气、固体或非极性液体，并确定其方向，创建一个定向吸附膜，降低水的表面张力和相间应力，显示液体中的表面活性。基于胶体理论和表面化学理论，国内外科学家提出了两种公认的理论：静电斥力理论和空间位阻稳定理论。

1. 静电斥力理论

高效减水剂大多属于阴离子表面活性剂，由于水泥颗粒在水化初期，其表面带有正电荷（Ca^{2+}），减水剂分子中的负离子基—SO_3^-、—COO^- 就会吸附于水泥颗粒上，形成吸附双电层，使得水泥颗粒相互排斥，这防止了凝聚的产生。电动电位绝对值越大，减水效果越好，这就是静电斥力理论。该理论主要是用于萘系、三聚氰胺系、脂肪族及改性木质素等传统高效减水剂。

根据静电斥力理论，当水泥颗粒因吸水剂的吸附而在表面形成双电层时，相邻水泥颗粒同时经历静电斥力和范德华重力粒子。随着绝对电动电位的增加，颗粒逐渐浓缩和排斥，从而防止分子间冷凝，使水泥颗粒分散，系统处于稳定的分散状态。静电驱避剂还可以释放与水泥板结构混合的游离水。同时，脱水分子由水泥颗粒表面吸收控制，亲水基质表示水溶液，该水溶液增加了水泥颗粒表面溶液的厚度以及水泥颗粒之间的滑动能力。随着水泥水化过程的进行，水泥颗粒表面的吸附力逐渐减小，电动电位的绝对值减小，系统不稳定，水泥颗粒趋于物理累积。

2.空间位阻稳定理论

在形成聚碳酸酯作为高性能减水剂（PCE）后，人们发现掺有多氯联苯的水泥污泥中的电动电位没有变化，但具有比高效滞留剂更高的流动性和流动性，这无法用静态排斥理论解释。因此，在胶体稳定性理论中引入了空间势垒的概念，即当粒子接近水分子的脱氧吸附层时，粒子在重叠时会产生无与伦比的分界面力，这称为稳定空间电阻的效果。

虽然其饱和吸附容量不高，绝对电动电位值不高，但空间阻力可以有效防止水泥颗粒的积聚，在水泥表面形成较大的吸附面积，提高吸附容量。因此，高性能聚碳酸酯减水分子很可能从颗粒表面分离，即从颗粒表面分离。

水培的作用机理与其在水泥颗粒表面的吸附状态密切相关，它们之间的相互作用也是水培合成和应用的基础，这一直是国内外科学研究的热点。减水剂的分子结构不同于水泥颗粒表面的吸附结构。

（二）功效

1.提高流动性

在不改变配合比的情况下，加入混凝土后可以明显地提高拌合物的流动性，而且不影响混凝土的强度。

2.提高强度

在保持流动性不变的情况下，掺入减水剂可以减少拌和用水量，若不改变水泥用量，可以降低水灰比，使混凝土的强度提高。

3.节省水泥

在保持混凝土的流动性和强度不变的情况下，可以减少水泥用量。

4.改变混凝土性能

在拌合物中加入适量减水剂后，可以减少拌合物的泌水、离析现象；延缓拌合物的凝结时间，降低水泥水化放热速度，显著提高混凝土的抗渗性及抗冻性，使耐久性能得到提高。

（三）常用减水剂

根据《混凝土外加剂》（GB 8076—2008）中减水率的指标以及《混凝土外加剂定义、分类、命名与术语》（GB/T 8075—2017），可以将减水剂分为普通减水剂、高效减水剂和高性能减水剂，具体分类如图2-2所示。

图 2-2　减水剂分类

1. 普通减水剂

《混凝土外加剂定义、分类、命名与术语》（GB/T 8075—2017）规定，在混凝土坍落度基本相同的条件下，减水率不小于 8% 的减水剂为普通减水剂。《混凝土外加剂应用技术规范》（GB 50119—2013），规定普通减水剂宜用于日最低气温 5 ℃ 以上强度等级为 C_{40} 以下的混凝土，不宜单独用于蒸养混凝土。

目前，最常用的减水剂是二磺酸，其次是聚氨酯，如糖浆、糖钙、淀粉水解等。也有报道称，腐殖酸对水资源的影响已经减轻，但事实上，由于缺乏资源和相关成本，它们的利用率较低。

木质素磺酸盐是近 80 年来世界上第一种用于混凝土的常规添加剂。目前，木质素磺酸盐仍然是中国最大、最便宜、应用最广泛的通用净水物。市场上有许多木质素磺酸盐，包括木质素磺酸钙、木质素磺酸钠、木质素磺酸镁和碱木质素，最常用的是木质素磺酸钙和木质素磺酸钠。木质磺酸素钠在低温下仍具有高溶解度和在溶液中的高电离度，这意味着使用恒定的钠可以获得高浓度的木质素磺酸钙。

木质素磺酸盐是一种阴离子型表面活性剂，它能吸附在固液界面上形成界面吸附层，此吸附膜厚度约为 20×10^{-10} m，可以使界面层上的分子与介质内部分子具有不同能量。木质素磺酸盐水溶液的表面张力小于纯水溶液（1% 水溶液中，表面张力为 57×10^{-3} N/m，而纯水为 71×10^{-3} N/m），说明界面能小于内部位能，因而能起到分散和起泡作用。木质素磺酸盐在水溶液中解离成有机大分子阴离子和金属阳离子。大部分阴离子吸附在水泥固体颗粒表面，使水泥粒子带负电，静电斥力使水泥颗粒分散开来。水膜还能减小粒子间的摩擦力起到润滑作用，表面张力的降低使木质素磺酸盐具有一定引气性，气泡的滚动和托浮作用也会改进固液分散体系的和易性。另外，由于木质素磺酸盐分子中存在羟基（—OH）和醚键（—O—），因而具有缓凝作用，在水泥水化初期可以减少结合水消耗而增加和易性。总之，木质素磺酸盐的分散性、引气性和缓凝性能起到改善混凝土性能的作用，这就是木质素磺酸盐类减水剂的特点。

标准普通减水剂是指对混凝土凝结时间没有明显影响的普通防水剂。它通常在合适的施工条件下使用，对混凝土的凝结时间没有特殊要求。

早强型普通减水剂是由早强剂和减水剂复合而成的。在恒温、低温和最低温度不低于 -5 ℃的条件下，要求较高的混凝土工程采用常规早强净水器。在高温条件下，不应使用传统的早强净水器。

2. 高效减水剂

《混凝土外加剂定义、分类、命名与术语》（GB/T 8075—2017）规定，在混凝土坍落度基本相同的条件下，减水率不小于 14% 的减水剂为高效减水剂。

《混凝土外加剂应用技术规范》（GB 50119—2013）规定，高效减水剂可用于素混凝土、钢筋混凝土、预应力混凝土，并可用于制备高强混凝土。标准型高效减水剂宜用于日最高气温 0 ℃以上施工的混凝土，也可用于蒸养混凝土。

与传统净水器不同，高效沉淀剂具有较高的节水率，不存在凝结水缓凝剂和过度气化的严重问题。高效保水剂主要包括萘沉淀添加剂、氨基磺酸体系、脂质添加剂（丙酮缩合物）、三聚氰胺和改性三聚氰胺体系、水合蒽和精油净化器。前三种用途在中国较为常见。蒽醌和洗油脱水系统由于对原材料和产品来源控制不力等因素，在室内混凝土领域没有得到广泛应用，主要用作水和溶液分散剂。

（1）萘系高效减水剂。萘系高效减水剂通常被称为第一代高效减水剂，其主要成分为 β–萘磺酸甲醛缩合物，化学名称为聚次甲基萘磺酸盐。

β–萘磺酸甲醛缩合物属于阴离子表面活性剂，最初用作染料分散剂，有悠久的历史。1913 年，德国巴斯夫公司申请了使用萘磺酸甲醛作为分散剂的专利。在萘有效含水之前，萘磺酸盐作为水泥的分散剂于 20 世纪 30 年代在美国获得专利。将萘磺酸盐–甲醛用作混凝土有效防水剂的研究则始于 20 世纪 60 年代。日本高石公司成功地将 β–萘磺酸盐甲醛鉴定为一种有效的防水剂，以萘为主要成分，世界各国都进行了广泛的研究，并于 20 世纪 70 年代开始广泛使用。

萘是一种高效沉淀剂，以萘和萘同系物为原料，经浓硫酸磺化、水解、甲醛缩合、氢氧化钠或部分氢氧化钠中和、石灰水中和后，萘可以作为液体产品的有效减水剂，液体产品可以在喷雾干燥后形成粉末产品。萘是一种高效沉淀产物，可分为高浓度和常规浓度（低浓度）。通过氢氧化钠中和获得的粉末中硫酸钠的含量通常约为 20%，称为总产物；中和时，先加入适量的钙乳和残余硫酸，最后后用冷凝液中和氢氧化钠，这样就可以得到硫酸钠重量小于 5% 的高浓度产品。

萘是一种高效的吸水剂，具有较高的液相界面活性。水泥颗粒表面的吸附可以增加水泥颗粒中的绝对电动电位值。萘是一种表面气体活性低的沉淀剂，几乎不会降低水的表面张力，因此泡沫量小，混凝土中几乎没有气化；不含亲水基团和醚基的极性自由基对水泥没有抑制作用。

萘是一种有效的防水添加剂，水泥质量含量为 0.3%～0.8%，最佳添加剂为 0.5%～0.8%，吸水率为 15%～25%。在保持相同水泥用量和坍落度的情况下，随着水量的增加，混凝土的水速下降和抗压强度会增加，在开始时增加得更快。

萘作为防水添加剂适用于不同品种的水泥，适应性强。它可用于制备预制实心、高强度和煮沸混凝土，也可用于防止密实混凝土高压釜的振动。萘是一种有效的防水剂，可以减少混凝土中的用水量，提高水泥强度或节约水泥，并且混凝土的收缩小于未混合粉末的混合物。同时，萘是混凝土中缓慢变化的有效沉淀剂。只有在不节省水泥的情况下与有效沉淀剂混合时，抗压强度才会显著增加并缓慢降低。此外，高效萘沉淀剂不仅显著改善了混凝土的抗渗性，还改善了防冻和碳化性能。

（2）氨基磺酸盐系减水剂。氨基磺酸盐系减水剂的主要成分是氨基芳基磺酸—苯酚—甲醛缩合物，是一种非引气型高效减水剂，具有多支链、疏水基链短、极性较强等结构特点。由于该类减水剂的分子结构中含有大量的磺酸基（—SO_3M）、氨基（—NH_2）、羟基（—OH）等活性基团，因此对水泥—水体系具有较好的减水分散作用，减水率可达 30%，而且分散保持性能好。

硫酸盐—水—硫酸盐是一种棕红色液体产品以及浅黄褐色粉末状粉剂产品，重量为 25%～55%。其含量低于萘系减水剂的含量。根据活性成分，磺酸盐添加剂通常为 0.5%～1%（凝胶材料重量）和 0.5%～0.75%，排水系数为 20%～30%。

硫酸是一种水合物，它对水泥颗粒表面的环、线和齿轮有吸附作用，可以显著降低水泥颗粒表面的电动电位。硫酸盐—水磺酸盐没有析气作用，具有明显的早期强化作用。混凝土和这种防水剂的搅拌速度比早期混凝土和萘的搅拌速度快。在相同的初始流动条件下，掺有这种防水剂的混凝土在坍塌过程中的损失明显低于掺有萘防水剂的混凝土，但与其他有效防水添加剂相比，当用量过大时，混凝土更容易释放水分。

（3）脂肪族减水剂。脂肪族减水剂是以羰基化合物为主要原料缩合得到的一种高分子聚合物，又称为磺化丙酮甲醛树脂或醛酮缩合物。

脂肪族减水剂的结构特点是憎水基主链为脂肪族的烃类，而亲水基则主要为—SO_3H、—COOH、—OH 等。

脂肪族减水剂的成品一般为红棕色液体，具有一定黏性，固含量为 35%～40%，同掺量下流动度高于萘系高效减水剂。在配制高强流态混凝土时，掺脂肪族减水剂对早期强度的增长非常有利。一般 3 d 强度可达到 28 d 强度的 70%～80%，7 d 强度可达到 28 d 强度的 80%～90%。

脂肪族减水剂应用的主要问题在于混凝土坍落度损失较大，需要通过复配其他化学品改进；掺有脂肪族减水剂的混凝土表面颜色较深，影响外观，限制了其广泛应用。

（4）三聚氰胺系减水剂。三聚氰胺系减水剂也称为密胺系减水剂，是以三聚氰胺、甲醛、亚硫酸氢钠为主要原料，在一定条件下经羟甲基化、磺化、缩聚而成的一种外加剂，别名三聚氰胺磺酸盐甲醛缩合物。

三聚氰胺系减水剂也是一种阴离子交换表面活性剂。这种减水剂接近萘系减水剂，且减水率降低到25%，早期效果很强，基本不影响混凝土的新拌时间和凝结及含气量，可大大提高硬化混凝土的耐久性。它对水泥品种适应性强，与其他外加剂相容性好，尤其适用于蒸发法制备的高强混凝土和预制混凝土。然而，三聚氰胺的高生产成本限制了其使用和发展。

3. 高性能减水剂

《混凝土外加剂定义、分类、命名与术语》（GB/T 8075—2017）规定，在混凝土坍落度基本相同的条件下，减水率不小于25%、坍落度保持性能好、干燥收缩小且具有一定引气性能的减水剂为高性能减水剂。

高性能减水剂是近年来国内外开发的一种新型添加剂，目前主要是聚羧酸盐类产品。它具有"梳状"结构，由羧酸的独立阴离子交换基的主链和聚乙烯基的侧链组成。改变单片微机的类型、规模和反应条件可以产生具有不同性质的高性能水培试剂。标准型、早强型、慢冷凝型和减水型的高性能可以通过分子设计引入不同的生产功能基团，也可以掺杂到不同的组分组合中。

（1）聚羧酸高性能减水剂的主要特点。

①掺量低（按照固体含量计算，一般为胶凝材料质量的0.15%～0.25%），减水率高。

②混凝土混合料工作性与保持性较好。

③外加剂中氯离子和碱含量较低。

④用其配制的混凝土收缩率较小，可改善混凝土的体积稳定性和耐久性。

⑤对水泥的适应性较好。

⑥生产和使用过程中不污染环境，是环保型的外加剂。

⑦可用于高强超高强特种混凝土，如 150 MPa 超高强流动性混凝土等。

⑧分子结构变化自由度大，原材料品种多样，实现分子设计成为可能性。

具体技术指标参见《聚羧酸系高性能减水剂》（JG/T 223—2017）和《公路工程聚羧酸系高性能减水剂》（JT/T 769—2009）。

（2）聚羧酸高性能减水剂的种类。聚羧酸高性能减水剂主要分为两类：酯类聚羧酸高性能减水剂和醚类聚羧酸高性能减水剂。

酯类聚羧酸高性能减水剂的合成分为两步，首先通过甲基丙烯酸和聚乙二醇单甲醚进行酯化反应，制备酯化大单体，然后将大单体与丙烯酸、甲基烯丙基磺酸钠等单体进行水溶解自由基聚合，制得棕色减水剂产品。由于反应需要两步，生产成本较高，减水率较低，目前酯类减水剂在市场应用较少。

醚类聚羧酸高性能减水剂是通过丙烯酸、甲基内烯酸或马来酸酐等小分子功能单体与不饱和聚醚进行自由基共聚得到无色或淡黄色透明液体。

三、引气剂

引气剂是指在搅拌混凝土过程中引入大量均匀分布、稳定而封闭的微小气泡的外加剂。引气剂宜用于有抗冻融要求的混凝土、泵送混凝土和易产生泌水的混凝土，适宜掺量为 0.002% ～ 0.005%。

（一）作用机理

引气剂也是一种表面活性剂，其相间活性几乎与沉淀相同。不同之处在于慢化剂的相间活性主要发生在液体表面，而空气导体的相间活性主要发生在液体表面。混合混凝土混合物时，混合物与气体和空气混合，溶解在水中，并在液体界面被气态溶液吸附，形成大量微气泡。这些大小均匀（直径为 20 ～ 100 mm）的气泡均匀分散在未连接的混合物中，可以改善混凝土的许多性能。

（二）功效

1. 改善和易性

在混合物中，独立的小气泡可以充当滚珠轴承，减少颗粒之间的摩擦阻力，并显著提高混合物的流动性。如果液体恒定，水含量可以减少约 10%。由于存在大量微气泡，水分均匀分布在气泡表面，因此混合物具有良好的保水性和附着力。

2. 提高耐久性

混凝土硬化后，由于气泡分隔了混凝土中的毛细渗漏通道，混凝土的孔隙率得到改善，混凝土的抗渗性、抗冻性和耐腐蚀性可以显著提高。

3. 对强度及变形的影响

气泡的存在于一定程度上降低了混凝土的弹性模量，这有利于混凝土的抗裂性，但气泡也降低了混凝土的有效荷载，从而降低了混凝土的强度和耐磨性。一般来说，含气量增加 1%，混凝土强度降低 3% ～ 5%。

引气剂常用于混凝土工程、道路、大坝、港口、桥梁和其他有过滤要求的耐寒结构。

（三）常用引气剂

目前使用最多的是松香类、烷基苯磺酸盐类、皂苷类、脂肪醇磺酸盐类、其他类等。

1. 松香类引气剂

松香类引气剂是以松香为主要原料，经过各种改性工艺生产的混凝土引气剂。松香的化学结构复杂，含有松脂酸类、芳香烃类、芳香醇类、芳香醛类及氧化物等。

目前，市场上生产供应的松香类引气剂主要有松香皂引气剂和松香热聚物引气剂。

（1）松香皂引气剂。松香皂引气剂的主要成分是松香酸钠（$C_{19}H_{29}COONa$），是由松香酸皂化生成的，皂化反应比较简单，且易于控制，是非常典型的酸碱中和反应。松香皂引气剂的引气性能比较优越，但这种产品的水溶性较差，且与其他外加剂的配伍性能不是很好，制备出的混凝土强度较低。

（2）松香热聚物引气剂。将松香与苯酚、硫酸等以适当比例混合投入反应釜，在 70 ～ 80 ℃反应 6 h 后得到的钠盐缩聚物即为松香热聚物引气剂。松香皂引气剂和松香热聚物引气剂所用的主要原料虽然相同，但它们的各项性能却有一定差异。一般来说，松香皂引气剂的起泡量比松香热聚物引气剂多，但消泡快，如做消泡试验对比可以发现，松香皂引气剂可能 0.5 h 就会无泡，而松香热聚物引气剂则在 7 ～ 8 h 后才会出现无泡状态；松香热聚物引气剂的减水率较高，相同掺量时，混凝土强度损失较小，但其水溶性较差，使用起来不如松香皂引气剂方便。因为松香热聚物引气剂的生产成本较高，不利于市场竞争，且生产过程中需使用苯酚，也不利于环境保护，因此其推广受到限制，目前用量越来越少。

2. 烷基苯磺酸盐类引气剂

许多合成洗涤剂均属此类，主要有烷基苯磺酸钠和烷基硫酸钠，一般将烷基苯用浓硫酸、发烟硫酸或液体三氧化硫磺化而成。烷基苯磺酸盐类引气剂是比较常用的、成本较低且易制得的阴离子型表面活性剂，其代表产品是十二烷基苯磺酸钠。烷基苯磺酸盐发泡速度很快，可以瞬间起泡，泡沫量大而丰富，但其稳泡性能很差，气泡发起后，细小气泡很快融合成较大气泡，并且可能在几分钟内全部消失，即使掺入一定量的稳泡剂或采取其他稳泡措施，稳泡性能仍得不到明显改善。

3. 皂苷类引气剂

皂苷类引气剂最初来自多年生乔木皂荚树果实皂角或皂荚中含有的一种辛辣刺鼻的提取物，主要成分为三萜皂苷，具有良好的引气性能。三萜皂苷由苷基、苷元和单糖基组成，每个苷基由 2 个相连接的苷元组成，一般情形下每个苷元又可连接 3 个或 3 个以上单糖，从而形成一个较大的五环三萜空间结构。单糖基中的单糖具有很多羟基，这些羟基能与水分子形成氢键，因此具有很强的亲水性。皂苷类引气剂相对分子质量较大，形成气泡的膜较厚，气泡表面的黏弹性和强度较高，因而其稳泡能力较强。皂荚苷类引气剂水溶性好，掺入混凝土后引入的气泡细小、稳定、结构良好，因而混凝土强度损失小。其与各种减水剂的配伍性能也很好，可应用于各类混凝土工程中。但是，这类引气剂的起泡性能较弱，因而使用时需较高掺量。

4. 脂肪醇磺酸盐类引气剂

脂肪醇磺酸盐类引气剂主要有脂肪醇聚氧乙烯醚、脂肪醇聚氧乙烯磺酸钠和脂肪醇硫酸钠等。脂肪醇聚氧乙烯醚简称醇醚，是非离子型表面活性剂中发展较快、用量较大的品种。与阴离子表面活性剂相比，醇醚发泡能力虽然较差，但稳泡性能较好，原因在于所引气泡泡膜比较密实，不易破裂。醇醚是各种同分异构体的总称，是环氧乙烷加成而得的多种聚氧乙烯醚的混合物，主要可分为十醇聚氧乙烯醚、十一醇聚氧乙烯醚和十三醇聚氧乙烯醚等。用亚硫酸钠和亚硫酸氢钠混合物作为磺化剂，在高温高压下，醇醚可以转化成脂肪醇聚氧乙烯磺酸钠，其发泡性和稳泡性都比较好。

5. 其他引气剂

除了上述引气剂外，蛋白质盐、石油磺酸盐和一些具有较强引气性能的减水剂等都可作为混凝土引气剂使用。其中，石油磺酸盐是精制石油的副产品，在生产轻油的过程中，用硫酸处理后的石油留下的残渣中含有水溶性磺酸盐，这种磺酸盐使用氢氧化钠中和后即可得到石油磺酸盐类引气剂。如果用三乙醇胺来中和，就得到了另一种类型的产品，即磺化的碳氢化合物有机盐，它也可作为引气剂使用。改性木质素磺酸盐和聚烷基芳基磺酸盐是具有较强引气性能的减水剂，有时也被用作混凝土引气剂，但掺量较大，引入的气泡结构也不理想。

四、发泡剂

泡沫混凝土是将搅拌成泡沫的发泡剂以及水和外加剂加到基体材料中，然后进行混合搅拌、浇筑成型以及养护所得到的一种轻质、多孔混凝土材料。泡沫混凝土生产方式分为物理发泡和化学发泡两类。《泡沫混凝土用泡沫剂》（JC/T 2199—2013）规定的适用范围只包括物理发泡用泡沫剂，而不包括化学发泡用泡沫剂。泡沫剂是指溶于水后能降低液体表面张力，通过物理方法产生大量均匀而稳定的泡沫，可用于制备泡沫混凝土的外加剂。泡沫混凝土用泡沫剂专指适用于制作发泡水泥、泡沫混凝土和泡沫轻质土等混凝土材料的专用发泡剂。

（一）作用机理

混凝土发泡剂的发泡原理主要是表面活性剂或者表面活性物在溶剂水中形成一种双电子层的结构，包裹住空气形成气泡。表面活性剂和表面活性物的分子微观结构由性质截然不同的两部分组成，一部分是与油有亲和性的亲油基（也称憎水基），另一部分是与水有亲和性的亲水基（也称憎油基）。因为表面活性剂或表面活性物具备这种结构特点，表面活性剂和表面活性物溶解于水中后，亲水基受到水分子的吸引，而亲油基则受到水分子的排斥。为了克服这样的不稳定状态，表面活性剂或者表面活性物只有占据到溶液的表面，亲油基伸向气相中，亲水基深入到水中。混凝土发泡剂溶于水后，经机械搅拌引入空气形成气泡，再由单个的气泡组成泡沫。

（二）常用发泡剂

发泡剂按其发泡原理可以分为两大类：物理发泡剂和化学发泡剂。应用于泡沫混凝土中的发泡剂种类很多，主要有松香树脂类发泡剂、蛋白类发泡剂、合成类发泡剂和复合类发泡剂。

1. 松香树脂类发泡剂

松香树脂类发泡剂又称为引气剂，主要原料是松香，是应用比较早的混凝土发泡剂。其主要表现形式是松香皂发泡剂和松香热聚物发泡剂。松香皂发泡剂生产比较简单，成本比较低，泡沫稳定性与发泡倍数较差，但与水泥的相容性较好。一般适用于要求密度较大的泡沫混凝土，即适用于密度在 600 kg/m³ 以上的高密度泡沫混凝土，所以松香皂发泡剂属于低档次发泡剂，通常用于对泡沫混凝土要求不高的地方。与松香皂类发泡剂相比，松香热聚物发泡剂在市场上用量较少，主要是因为松香热聚物发泡剂与松香皂类发泡剂的性能相差无几，但前者价格较高，而且含有有毒的苯酚，对生产与环境都会造成一定的影响。

2. 蛋白类发泡剂

蛋白类发泡剂属于高档发泡剂，其特点是泡沫的稳定性好，发泡倍数高，长时间不消泡（完全消泡时间在 24 h 以上），但发泡能力却低于阴离子表面活性剂。蛋白类发泡剂有动物蛋白和植物蛋白两种。

动物蛋白发泡剂根据蛋白的来源主要分为 3 种，即动物蹄角、发毛与血胶。其长时间不消泡，发出的泡相对比较稳定，但原材料相对比较匮乏，加之动物蛋白容易腐烂变质，会带有刺激性气味，目前尚无技术去除。因此，动物蛋白发泡剂产量相对较低，一般适用于密度为 200 ～ 500 kg/m³ 的超低密度混凝土。植物蛋白发泡剂主要有茶皂素与皂角苷发泡剂，相比于动物蛋白发泡剂所产生的泡沫具有优异的稳定性且长时间不消泡，其气泡强度高、气泡壁弹性较高，并且发泡剂的稳定性及发泡能力受外界因素影响很小，对使用条件要求不苛刻，市场上更容易接受。

3. 合成类发泡剂

合成类发泡剂种类很多，然而性能优异的并不多，最主要原因是合成类发泡剂的泡沫稳定性较差，并不适合低密度泡沫混凝土使用。目前，市场上使用较多的是阴离子表面活性剂和非阴离子表面活性剂两种合成类发泡剂。

合成类发泡剂阴离子表面活性剂主要为十二烷基苯磺酸钠，其优点是合成工艺简单，表面活性良好，起泡速率快，泡沫量大，在较低的浓度下也有较高的发泡能力；缺点是泡沫稳定性较差，泡沫起得快，消得也快。非离子型表面活性剂产量较少，其优点是起泡液膜比较密实坚韧，不易破裂；缺点是发泡能力低于阴离子型表面活性剂。从长远看，阴离子表面活性剂更有广阔的市场前景。

4. 复合类发泡剂

复合类发泡剂主要由稳泡剂和起泡剂组成。稳泡剂主要通过增加液膜强度、黏度来降低泡沫破碎速率，从而起到稳泡效果。稳泡剂主要有以下几种：大分子物质、硅树脂聚醚乳液类（MPS）、脂肪族类。大分子物质如聚乙烯醇、聚丙烯醇、蛋白、多态纤维素、淀粉等，使用效果有限，操作相对复杂，发泡量低。MPS 稳泡剂的优点是效果明显，使用方便；缺点是合成异构体多，难以控制，使用范围局限，仅限十二烷基磺酸钠（K12）、脂肪醇聚氧乙烯醚硫酸钠（AES）、α–烯基磺酸钠（AOS）等阴离子表面活性剂起作用。稳泡剂主要以胶类物质为主，市场上大多使用硅酮酰胺作为稳泡剂。起泡剂是一种表面活性物质，主要是在气—水界面上降低界面张力，促使空气在料浆中形成小气泡，扩大分选界面，并保证气泡上升形成泡沫层。该物质一般需要泌水性好、发泡倍数高及泡沫壁坚韧的物质，常见的起泡剂有羟基化合物类、醚及醚醇类、吡啶类和酮类。

复合类发泡剂主要有4种复合方法：互补法、协同法、增效法和添加功能法。目前市场上主要应用的就是添加功能法，当泡沫混凝土发泡剂功能性较少时，或者满足不了使用需求时，通常向原有的泡沫混凝土发泡剂中加入一定量的功能型外加剂来解决。使用最多的复合型泡沫混凝土发泡剂为植物蛋白和动物蛋白复合型发泡剂，其优点在于易溶于水，便于稀释，发泡倍数高，沉降量低，气泡气孔独立且细小而密实均匀，可有效提高泡沫混凝土强度、降低体积质量，并可以在5℃以下施工使用，而不出现絮状变质现象，所以复合型发泡剂在某种程度上可以取代松香树脂类发泡剂、蛋白类发泡剂、合成类发泡剂。

五、调凝剂

调凝剂是指能够调节混凝土凝结时间的外加剂，分为缓凝剂和速凝剂。调凝剂主要作用于熟料矿物中的C_3A和C_3S，对水泥凝结时间的影响比较复杂，很难用一种理论概括多种调凝剂的作用原理，凡对胶体凝聚过程产生直接或间接影响的因素，都会对水泥的凝结产生影响。

（一）缓凝剂

缓凝剂是一种能延迟水泥水化反应，延长混凝土或砂浆的初、终凝时间，使新拌混凝土或砂浆能较长时间保持塑性，方便浇筑，提高施工效率，同时对混凝土后期各项性能不会造成不良影响的外加剂。

缓凝剂能使混凝土混合料在较长时间内保持塑性状态，以利于浇灌成型，提高施工质量，而且还可延缓水化放热时间，降低水化热。缓凝剂适用于长距离运输或长时间运输的混凝土、夏季和高温施工的混凝土、大体积混凝土等，不适用于5℃以下的混凝土，也不适用于有早强要求的混凝土及蒸养混凝土。缓凝剂的掺量不宜过多，否则会引起强度降低，甚至长时间不凝结。

1.缓凝机理

缓凝剂对水泥的缓凝机理存在几种不同的假说，它们各自从某个角度对缓凝剂的缓凝机理进行了解释。

（1）沉淀假说。这种学说认为，有机或无机物在水泥颗粒表面形成一层不溶性物质薄层，阻碍水泥颗粒与水的进一步接触，因而水泥的水化进程被延缓。这些物质先抑制铝酸盐矿物的水化，随后对硅酸盐矿物的水化也有一定的抑制作用，使浆体中的C—S—H凝胶及C—S—H晶体的形成过程变慢，从而导致浆体凝结硬化推迟。

（2）络盐假说。无机盐类缓凝剂分子与液相中的钙离子形成络盐，因而会抑制结晶析出，影响水泥浆体的正常凝结。对于羟基羧酸及其盐类的缓凝作用，可用络合物理论来解释其对水泥的缓凝作用。

（3）吸附假说。水泥颗粒表面具有较强的吸附能，可吸附一层起抑制水泥水化作用的缓凝剂膜层，阻碍水泥的水化过程，从而延缓水泥浆体的凝结硬化。

（4）成核生成假说。液相中先要形成一定数量的晶核，才能保证更多的物质借助这些晶核结晶生长。水泥浆体水化，从诱导期到加速期，缓凝剂的存在阻碍了液相中的成核，也就使得无法正常结晶析出，使得浆体中浓度的平衡无法打破，水泥中的 C_3S、C_2S 无法正常水化形成 C—S—H 凝胶，使浆体无法正常凝结。

2. 常用缓凝剂

缓凝剂种类较多，按其化学成分可分为无机缓凝剂和有机缓凝剂；按其缓凝时间可分为普通缓凝剂和超缓凝剂。

无机缓凝剂包括硼酸盐、磷酸盐、锌盐、硫酸铁、硫酸铜和氟硅酸盐等。

有机缓凝剂包括羟基羧酸及其盐类，如酒石酸、柠檬酸、葡萄糖酸及其盐类以及水杨酸，以及含糖碳水化合物类，如糖蜜、葡萄糖、蔗糖等。

（二）速凝剂

速凝剂是调节混凝土（或砂浆）凝结时间和硬化速度的外加剂，广泛应用于水利、交通、采矿和部分抢修工程。速凝剂种类繁多，根据其性质和状态，大致可以分为碱性粉状、无碱粉状、碱性液态和无碱液态 4 类。碱性粉状和碱性液态速凝剂（传统速凝剂）存在以下几个问题：后期强度损失大；较高的碱含量，一方面造成对施工人员的腐蚀，损害人体健康，另一方面可能引起混凝土碱骨料反应，导致混凝土强度和耐久性下降；扬尘多，回弹量大；不便于喷射混凝土湿法作业等。无碱粉状速凝剂虽然碱含量低，但在施工过程中普遍存在添加不均匀和粉尘大的问题。近年来，高碱粉状速凝剂研发和应用比重逐渐减小。液态无（低）碱混凝土速凝剂（新型速凝剂）能有效克服粉状高碱速凝剂的上述问题，正逐步取代传统粉状高碱速凝剂。

1. 碱性速凝剂

按主要成分分类，碱性速凝剂大致可以分为铝氧熟料—碳酸盐系、铝氧熟料—明矾石系和水玻璃系。由于速凝剂是由复合材料制成，与水泥水化反应作用机理复杂，因此其主要成分不同，则速凝机理不同。

（1）铝氧熟料—碳酸盐系作用机理。碳酸钠、铝酸钠与水作用生成 NaOH，NaOH 与水泥浆中石膏反应，生成 Na_2SO_4，降低浆体中的 SO_4^{2-}，消耗了石膏，使得水泥中的 C_3A 成分迅速溶解反应生成钙矾石加速凝结硬化。钙矾石的生成使得水泥水化初期的溶液中 Ca（OH）$_2$ 浓度下降，从而促进了 C_3S 的水化，生成的水化硅酸钙凝胶相互交织搭接形成网络结构的晶体而促进凝结。此外，上述反应产生大量水化热也会促进水泥水化进程和强度发展。

（2）铝氧熟料—明矾石系作用机理。大量生成的 NaOH 消耗了 SO_4^{2-}，促进了 C_3A 的水化反应，大量放热反应促进了水化物的形成和发展。$Al(OH)_3$ 和 Na_2SO_4 具有促进水化的作用，使 C_3A 迅速水化生成钙矾石而加速凝结硬化，进一步降低了液相中 $Ca(OH)_2$ 的浓度，促使 C_3S 水化，生成水化硅酸钙凝胶，因而产生强度。

（3）水玻璃系作用机理。以硅酸钠为主要成分的速凝剂，主要是硅酸钠和 $Ca(OH)_2$ 反应，生成大量 NaOH，促进水泥水化，从而迅速凝结硬化。

2. 无碱速凝剂

氧化钠质量分数小于 1% 的速凝剂称为无碱速凝剂。传统的速凝剂大多以碳酸盐、铝酸盐和硅酸盐为主，碱性高，腐蚀性强，会对工人的眼睛和皮肤造成伤害；强碱的存在很易引发碱骨料反应，使集料和浆体界面发生劣化，吸水后产生膨胀，使混凝土的结构遭到破坏，耐久性较差。新型的速凝剂要求碱含量很低或无碱，由于 $Al_2(SO_4)_3$ 不含碱，且对水泥水化有一定的促进作用，是一种理想的碱金属盐的替代品，已成为配制速凝剂的主要速凝组分。

其速凝机理为 $Al_2(SO_4)_3$ 的加入使水泥浆体中 SO_4^{2-} 与 Ca^{2+} 反应生成次生石膏，其比水泥中原有石膏的活性大，更易于与 C_3A 反应生成钙矾石。$Al_2(SO_4)_3$ 与液相中的 $Ca(OH)_2$ 可以直接反应生成钙矾石，而不需要 C_3A 的参与，此种钙矾石形成于水泥浆体的原充水空间，不同于 C_3A 水化生成钙矾石的位置。反应生成的 $Al(OH)_3$ 一般不能稳定存在，因为其会与 $Ca(OH)_2$ 反应生成钙矾石。Al^{3+} 还能加速 C—S—H 凝胶体粒子的凝聚作用，加速 C_3S 的水化。各反应消耗 $Ca(OH)_2$，促进了 C_3S 的水化。较多的钙矾石交叉联结成网络，形成水泥浆体的骨架，同时水化硅酸钙凝胶填充其间，促进了水泥浆体的凝结。

六、早强剂

能提高混凝土早期强度并对后期强度无显著影响的外加剂称为早强剂。不加早强剂的混凝土从开始拌和到凝结硬化并形成一定的强度需要一段较长的时间，为了缩短施工周期，如加速模板的周转、缩短混凝土的养护时间、快速达到混凝土冬季施工的临界强度等，常需要掺入早强剂。

混凝土早强剂的要求是强度提高显著，凝结不应太快；不得含有会降低后期强度及破坏混凝土内部结构的有害物质；对钢筋无锈蚀危害（用于钢筋混凝土及预应力钢筋混凝土的外加剂）；资源丰富，价格便宜；便于施工操作；等等。

（一）作用机理

早强剂的作用机理尚未形成一致理论，主要观点可归纳如下：早强剂同水泥矿物 C_3A、C_4AF 形成能促凝的复杂化合物，这些化合物能为 C_3S、C_2S 的水化、结晶提供晶核；早强剂同水化产物 $Ca(OH)_2$ 形成络合物，能显著加速反应；早强剂加速了 C_3A 的水化及水化物与石膏反应生成钙矾石的过程；形成石膏过饱和溶液，阻止 C_3A 的水化初期产生疏松结构的趋势；生成水化铝酸四钙六方片状晶体，抑制向水化铝酸三钙等轴晶体的转化趋势；提高液相 pH，促进硅酸盐水泥水化；在 C_3S 水化物表面吸附形成络合物促进水化反应；加速水泥组分的溶解，促进反应进行；激发水泥中矿物掺合料的活性，早期发生二次水化反应。

（二）常用早强剂

早强剂大多数为无机电解质，少数是有机物，常用的早强剂有氯盐、硫酸盐、有机醇胺三大类以及以它们为基础的复合早强剂。

1. 氯盐类早强剂

氯盐加入水泥混凝土中促进其硬化和早强的机理可以从两方面加以分析。一是增加水泥颗粒的分散度。加入氯盐后，水泥能在水中充分分解，增加水泥颗粒对水的吸附能力，促进水泥的水化和加快硬化速度。二是与水泥熟料矿物发生化学反应。氯盐首先与 C_3S 水解析出的 $Ca(OH)_2$ 作用，形成氧氯化钙 [$CaCl_2 \cdot 3Ca(OH)_2 \cdot 12H_2O$ 和 $CaCl_2 \cdot Ca(OH)_2 \cdot H_2O$]，并与水泥组分中的 C_3A 作用生成氯铝酸钙（$3CaO \cdot Al_2O_3 \cdot 3CaCl_2 \cdot 32H_2O$）。这些复盐是不溶于水和 $CaCl_2$ 溶液的。氯盐与 $Ca(OH)_2$ 的结合，就意味着水泥水化液相中石灰浓度的降低，导致 C_3S 水解的加速。而当水化氯铝酸钙形成时则胶体膨胀，使水泥石孔隙减少，密实度增大，从而提高了混凝土的早期强度。

氯盐类早强剂主要有氯化钙、氯化钠、氯化钾、氯化铁、氯化铝等氯化物，均具有良好的早强作用，其中氯化钙早强效果好而成本低，应用最广。但氯盐的使用会显著加速混凝土中埋设钢筋的电化学腐蚀，进而影响混凝土的结构安全性，因此氯盐早强剂在钢筋混凝土中的应用必须慎重。氯化钙的适宜掺量为水泥质量的 0.5% ～ 3.0%，能使混凝土 1 d 强度提高 70% ～ 140%，3 d 强度提高 40% ～ 70%。

2. 硫酸盐类早强剂

硫酸盐类早强剂主要有硫酸钠（即元明粉）、硫代硫酸钠、硫酸钙、硫酸铝钾等，其中硫酸钠应用较多。硫酸钠为白色固体粉末，一般掺量为水泥质量的 0.5% ～ 2.0%。当掺量为 1% ～ 1.5% 时，可使混凝土 3 d 强度提高 40% ～ 70%。硫酸钠对矿渣水泥混凝土的早强效果优于普通水泥混凝土。

3. 有机醇胺类早强剂

有机醇胺类早强剂主要有三乙醇胺、三异丙醇胺、二乙醇胺等，其中早强效果以三乙醇胺为最佳。三乙醇胺是无色或淡黄色油状液体，能溶于水，呈碱性。掺量为水泥质量的 0.02% ～ 0.05%，能使混凝土早期强度提高 50% 左右，28 d 强度不变或略有提高。三乙醇胺对水泥有一定的缓凝作用，对普通水泥混凝土的早强效果优于矿渣水泥混凝土。

早强剂可加速混凝土硬化，缩短养护周期，加快施工进度，提高模板周转率，多用于冬季施工或紧急抢修工程。在实际应用中，早强剂单掺效果不如复合掺加。因此，较多使用由多种组分配成的复合早强剂，尤其是早强剂与早强减水剂同时复合使用收到的效果更好。

4. 复合类早强剂

复合类早强剂往往比单组分早强剂具有更优良的早强效果，掺量也比单组分早强剂低。在水泥中加入微量的三乙醇胺，不会改变水泥的水化生成物，但对水泥的水化速度和强度有加速作用。它与无机盐类复合时不仅对水泥水化起催化作用，还能在无机盐与水泥的反应中起催化作用。

为确保混凝土早强剂的正确使用，防止早强剂的负面作用，《混凝土外加剂应用技术规范》（GB 50119—2013）对常用早强剂的掺量提出了最高限值。

七、膨胀剂

膨胀剂是指与水拌和后，经水化反应生成钙矾石、氢氧化钙或钙矾石和氢氧化钙等（还有其他），使混凝土产生体积膨胀的外加剂。普通水泥混凝土由于水分蒸发等引起冷缩或干缩，收缩率约为 0.04% ~ 0.06%，而混凝土极限延伸率仅为 0.01% ~ 0.02%，因此普通混凝土经常发生开裂。混凝土掺加膨胀剂后，其体积发生膨胀，在约束条件下能产生 0.2 ~ 0.7 MPa 的压应力，从而抵消干缩或冷缩引起的拉应力，起到良好的补偿收缩作用，提高混凝土的抗裂能力。

（一）性能及作用机理

膨胀剂的成分不同，引起膨胀的原理也不同。

硫铝酸钙类膨胀剂加入水泥混凝土后，自身组成中的无水硫铝酸钙水化并参与水泥矿物的水化或与水泥水化产物反应，形成三硫型水化硫铝酸钙（钙矾石）。钙矾石相的生成，使固相体积增加很大，而引起表观体积膨胀。

氧化钙类膨胀剂的膨胀作用主要是氧化钙晶体水化形成氢氧化钙晶体使体积增大导致的。

硫铝酸钙—氧化钙类是上述两种情况的复合。

氧化镁类膨胀剂是通过氧化镁水化生成氢氧化镁产生膨胀，但是由于影响因素复杂、膨胀作用不稳定等原因，其在我国应用甚少。

（二）常用膨胀剂

1. 硫铝酸钙系膨胀剂

以硫铝酸盐熟料、明矾石和石膏做原料粉磨而成，英文缩写有 UEA 和 CSA 等。

2. 铝酸钙系膨胀剂

以铝酸钙熟料、明矾石和石膏做原料粉磨而成，英文缩写为 AEA。

3. 石灰石系膨胀剂

以石灰石、黏土和石膏做原料，在一定温度下煅烧、粉磨、混拌而成。此类膨胀剂较少用于混凝土的补偿收缩，主要用于制备灌浆料以及用于无声爆破时的静态破碎剂。

4. 铁粉系膨胀剂

铁粉系膨胀剂主要由铁屑、铁粉和一些氧化剂（如重铬酸钾）、催化剂（氯盐）及分散剂等混合制成。此类膨胀剂用量很少，仅用于二次灌浆的有约束的工程部位，如设备底座与混凝土基础之间的灌浆、已硬化混凝土的接缝、地脚螺栓的锚固、管子接头等。

5. 氧化镁系膨胀剂

氧化镁水化生成氢氧化镁结晶（水镁石），体积可增加 94% ～ 124%，引起混凝土膨胀。此类膨胀剂所产生的膨胀速率能补偿大体积混凝土的冷缩要求，可以解决大体积混凝土冷缩裂缝问题。

6. 复合型膨胀剂

膨胀剂的基本成分为硫铝酸钙、氧化钙、氧化镁和氧化铁，若膨胀剂的组成中包括两种或两种以上的上述组分则称为复合膨胀剂。我国常用的有 EA 复合膨胀剂和 CEA 复合膨胀剂，其掺量为 8% ～ 15%，限制膨胀率为 2×10^{-4} ～ 3×10^{-4}。

目前以硫铝酸钙类膨胀剂和铝酸钙类膨胀剂应用较为广泛，其中硫铝酸钙类膨胀剂 UEA 系列占膨胀剂总量的 80%。

（三）选用

混凝土膨胀剂中的氧化镁质量分数应不大于 5%，碱的质量分数（选择性指标）按 $Na_2O + 0.658K_2O$ 计算值表示，用户要求提供低碱混凝土膨胀剂时，碱的质量分数应不大于 0.75%，或由供需双方协商确定。由于水化硫铝酸钙（钙矾石）在 80 ℃以上会分解，导致强度下降，故规定硫铝酸钙类膨胀剂和硫铝酸钙—氧化钙类膨胀剂不得用于长期处于环境温度为 80 ℃以上的工程。氧化钙类膨胀剂水化产生 $Ca(OH)_2$，其化学稳定性和胶凝性较差，它与 Cl^-、SO_4^{2-}、Na^+、Mg^{2+} 等离子发生置换反应，形成膨胀结晶体或被溶析出来，从耐久性角度考虑，该膨胀剂不得用于海水和有侵蚀性水的工程。

八、减缩剂

减缩剂是指能够减少混凝土早期和后期收缩的化学外加剂。混凝土在干燥条件下产生收缩会导致硬化混凝土的开裂和其他缺陷，而这些缺陷的形成和发展使混凝土的使用寿命大大下降。在混凝土中加入减缩剂能大大降低混凝土的干燥收缩，使混凝土的 28 d 收缩值减少 50% ～ 80%，最终收缩值减少 25% ～ 50%。由于混凝土减缩剂在减少混凝土的干燥收缩方面的突出作用，目前把混凝土减缩剂列为预防混凝土收缩开裂的两个措施（纤维增强和混凝土减缩剂）之一。减缩剂的掺入虽然能大大降低混凝土的干缩变形，且降低幅度随混凝土龄期的增长而逐渐减少，但其也将使混凝土的抗压和抗折强度降低，降低幅度最高可达 20%，使用时应特别注意。

（一）作用机理

混凝土的干燥收缩是由毛细水的损失而引起的硬化混凝土的收缩，是混凝土内部水分向外部挥发而产生的。而混凝土的自收缩是由自干燥或混凝土内部相对湿度降低引起的收缩，是混凝土在恒温绝湿条件下，由于水泥水化作用引起的混凝土宏观体积减小的现象，即因水泥水化导致混凝土内部缺水，外部水分又未能及时补充而产生。混凝土自收缩和干缩是不同原因导致的两种收缩，但二者的产生机理在实质上可以认为是一致的，即毛细管张力理论。

对于干缩，混凝土中存在极细的孔隙（毛细管），在环境湿度小于 100% 时，毛细管内部的水从中逸出（蒸发），水面下降形成弯液面，在这些毛细孔中产生毛细管张力（附加压力）使混凝土产生变形，造成干燥收缩。对于自收缩，水泥初凝后的硬化过程中由于没有外界水供应或外界水不能及时补偿（外界水通过毛细孔渗透到体系内部的速度小于由于补偿硬化收缩而形成内部空隙的速度），而使毛细孔从饱和状态趋向于不饱和状态而产生自干燥，从而引起毛细水的不饱和而产生负压。这两种收缩变形受毛细管的大小和数量影响。

当液相的表面张力减少时，毛细管的张力也减少；毛细管孔径增大，毛细管中液面的曲率半径增大，毛细管张力也减少。考虑到增大毛细管直径虽能降低表面张力而减少收缩，但孔径的增大反而会带来其他一些缺陷，如强度和耐久性的降低等，降低毛细管液相的表面张力来降低毛细管张力、减少收缩的方法受到了人们的重视。

综上所述，减缩剂作为一种减少混凝土孔隙中液相的表面张力的有机化合物，其主要作用机理就是降低混凝土毛细管中液相的表面张力，使毛细管负压下降，减小收缩应力。显然，当水泥石中孔隙液相的表面张力降低时，在蒸发或者是消耗相同的水分的条件下引起水泥石收缩的宏观应力下降，从而减小收缩。水泥石中孔隙液的表面张力下降得越多，其收缩越小。

从本质上讲，减缩剂都是表面活性物质，有些种类的减缩剂还是表面活性剂。当混凝土由于干燥而在毛细孔中形成毛细管张力使混凝土收缩时，减缩剂的存在使得毛细管张力下降，从而使得混凝土的宏观收缩值降低。由于混凝土的干缩和自缩的主要原因均是毛细管张力，所以混凝土减缩剂对减少混凝土的干缩和自缩有较大的作用，而对其他原因引起的混凝土收缩（如由混凝土温度降低引起的冷缩）则没有明显作用。

（二）常用减缩剂

减缩剂化学组成主要为聚醚或聚醇类有机物或它们的衍生物。减缩剂按组分的多少分为单一组分减缩剂和多组分减缩剂。

单一组分减缩剂，根据其官能团的不同，可分为一元或二元醇类减缩剂、氨基醇类减缩剂、聚氧乙烯类减缩剂和烷基胺类减缩剂等。

多组分减缩剂主要有低相对分子质量的氧化烯烃化合物和高相对分子质量的含聚氧化烯链的梳形聚合物构成的减缩剂；含仲羟基和（或）叔羟基的亚烷基二醇和烯基醚／马来酸酐共聚物组成的减缩剂；烷基醚氧化烯加成物和亚烷基二醇组成的减缩剂；亚烷基二醇或聚氧化烯二醇和硅灰组成的减缩剂；氧化烯烃化合物和少量甜菜碱组成的减缩剂；烷基醚氧化烯加成物和磺化有机环状物质组成的减缩剂；烷基醚氧化烯加成物和氧化烯二醇组成的减缩剂；等等。

九、防水剂

防水剂是指能提高水泥砂浆以及混凝土在静水压力下抗渗性能的外加剂。防水剂能显著提高混凝土的抗渗性，增加其防水憎水作用，减少渗水和吸水量，提高混凝土的耐久性。

混凝土防水剂一般由无机、有机高分子等多种材料组成，拌和在水泥或混凝土中，起到减水、密实、憎水、防止渗漏的作用，被广泛应用于水塔、水池、屋面、地下室、隧道、桥梁等防水工程内部或外部密封防水。

（一）防水机理

1. 混凝土渗水原因

混凝土是一种非匀质材料，从微观结构上看属于多孔结构，其内部分布着许多大小不同的微细空隙，因而容易渗水。混凝土中的空隙按成因可分为施工空隙和构造孔隙两大类。施工空隙是由浇灌、振捣质量不良引起的；构造孔隙主要取决于混凝土水灰比，是在混凝土硬化过程中形成的，主要类型有胶孔、毛细孔、沉降缝隙、接触孔和余留孔。

影响混凝土渗水、透水的原因主要有两方面：一是混凝土内部缝隙；二是混凝土内部裂缝。为了阻止水分的侵入，提高水泥混凝土结构的抗水侵蚀性能和耐久性能，人们研究了多种措施，如掺加矿物掺合料的高致密性混凝土、低水胶比混凝土，但在水泥混凝土中掺加防水剂，形成致密性混凝土或憎水混凝土以达到防水的目的，才是目前公认的最有效的技术途径。

2. 防水机理

防水剂提高混凝土水密性的机理大致分为 5 类：促进水泥的水化反应，生成水泥凝胶，填充早期的孔隙；掺入微细物质填充混凝土的空隙；掺入疏水性物质，或与水泥中的成分反应生成疏水性的成分；在孔隙中形成密封性好的膜；涂布或渗透可溶性成分，与水泥水化反应过程中产生的可溶性成分结合生成不溶性晶体。

（二）常用防水剂

（1）无机化合物类防水剂，如氯化铁、锆化物等。

（2）有机化合物类防水剂，如脂肪酸及其盐类、有机硅表面活性剂（甲基硅醇钠、乙基硅醇钠、聚乙基羟基硅氧烷）、石蜡、沥青、橡胶及水性树脂乳液等。

（3）混合物类防水剂，包括无机类混合物、有机类混合物、无机类与有机类混合物。

（4）复合类防水剂，指上述各类防水剂与引气剂、减水剂、调凝剂等外加剂的复合。

十、其他外加剂

（一）黏度调节剂

黏度调节剂是指能改变混凝土拌合物黏度的外加剂，是一种能用来提高水泥基胶凝材料体系的凝聚和稳定的大分子材料。这类材料主要是水溶性合成及天然高分子，包括黄原胶、温伦胶、纤维素醚、聚氧乙烯类、聚丙烯酰胺、聚乙烯醇等。

（二）养护剂

养护剂又称保水剂，是一种喷涂在新浇混凝土或砂浆表面的能有效阻止内部水分蒸发的混凝土外加剂。混凝土养护剂大致可以分为树脂型、乳胶型、乳液型和硅酸盐型4种。国外常用树脂型和乳胶型，而国内主要采用硅酸盐型和乳液型。

1. 硅酸盐型

硅酸盐型以水玻璃为主要成分，作用机理主要是利用水玻璃与水化产物 $Ca(OH)_2$ 迅速反应生成硅酸钙胶体，这层胶体膜可阻碍内部水分蒸发。

2. 乳液型

乳液型氧化剂主要有矿物油乳液和石蜡乳液等品种。这种乳液可以在混凝土表面逐渐形成一层脂膜，防止水分外逸，保水率可以达到 70%～80%，性能优于水玻璃型。

（三）阻锈剂

阻锈剂是指能阻止或减小混凝土中钢筋或金属预埋件发生锈蚀作用的外加剂。常用阻锈剂按所用物质可分为有机和无机两大类，也可按阻锈机理分为阳极型阻锈剂、阴极型阻锈剂和复合型阻锈剂。阳极型阻锈剂包括亚硝酸钠、亚硝酸钙、硝酸钙、苯甲酸钠、铬酸钠和氯化亚锡等；阴极型阻锈剂包括高级脂肪酸铵盐、磷酸酯、碳酸钠、磷酸氢钠、硅酸盐等；复合型阻锈剂包括苯甲酸+亚硝酸钠、亚硝酸钠+亚硝酸钙+甲酸钙等。

十一、复合外加剂

（一）泵送剂

泵送剂是指能改善混凝土混合料泵送性能的外加剂，通常由减水组分、缓凝组分、引气组分等复合而成。泵送性能是混凝土拌合物具有能顺利通过输送管道、不阻塞、不离析、黏聚性良好的性能。泵送剂匀质性、受检混凝土的性能指标应符合《混凝土外加剂》（GB 8076—2008）的相关规定。

泵送剂是流化剂的一种，它除了能有效提高混凝土混合料的流动性，还能使混合料在 60 ～ 180 min 保持其流动性，剩余坍落度不低于原始的 55%。

泵送剂适用于各种需要采用泵送工艺的混凝土。缓凝泵送剂用于大体积混凝土、高层建筑、滑模施工、水下灌注桩等；含防冻组分的泵送剂适用于冬季施工混凝土，具体参见《混凝土防冻泵送剂》（JG/T 377—2012）。

（二）防冻剂

防冻剂是能使混凝土在负温下硬化，并在规定养护条件下达到预期性能的外加剂。根据《混凝土防冻剂》（JC/T 475—2004），防冻剂按其成分可分为强电解质无机盐类（氯盐类、氯盐阻锈类、无氯盐类）、水溶性有机化合物类、有机化合物与无机盐复合类、复合型防冻剂。

含有氨或氨基类的防冻剂释放氨量应符合《混凝土外加剂中释放氨限量》（GB 18588—2001）的规定限值。我国常用的防冻剂为复合型防冻剂，其主要组分有防冻组分、减水组分、引气组分、早强组分等。

其中，防冻组分是复合防冻剂中的重要组分，按其成分可分为以下 3 类。

1. 氯盐类

氯盐类常用为氯化钙、氯化钠。由于氯化钙参与水泥的水化反应，不能有效地降低混凝土中液相的冰点，故常与氯化钠复合使用，通常采用配比为氯化钙∶氯化钠=2∶1。

2. 氯盐阻锈类

氯盐阻锈类由氯盐与阻锈剂复合而成。阻锈剂有亚硝酸钠、铬酸盐、磷酸盐、聚磷酸盐等，其中亚硝酸钠阻锈效果最好，故被广泛应用。

3. 无氯盐类

无氯盐类有硝酸盐、亚硝酸盐、碳酸盐、尿素、乙酸盐等。

引气组分如上引气剂，含气量控制在 3% ～ 6% 为宜，其他质量指标应符合《混凝土外加剂》（GB 8076—2008）的相关规定。

复合防冻剂中的减水组分、早强组分则分别采用前面所述的各类减水剂、早强剂。

防冻剂中各组分对混凝土的作用如下：改变混凝土中液相浓度、降低液相冰点，使水泥在负温下仍能继续水化；减少混凝土拌和用水量，减少混凝土中能成冰的水量；提高混凝土的早期强度，增强混凝土抵抗冰冻的破坏能力。

各类防冻剂具有不同的特性，因此防冻剂品种选择十分重要。氯盐类防冻剂适用于无筋混凝土。氯盐防锈类防冻剂可用于钢筋混凝土。无氯盐类防冻剂可用于钢筋混凝土和预应力钢筋混凝土，但硝酸盐、亚硝酸盐、碳酸盐类则不得用于预应力混凝土以及镀锌钢材或与铝铁相接触部位的钢筋混凝土。含有六价铬盐、亚硝酸盐等的有毒防冻剂，严禁用于饮水工程及与食品接触的部位。

第四节　混凝土中的矿物掺料及其选择

混凝土制备过程中，为节约水泥、改善混凝土性能或调节混凝土强度等级等，可在混凝土混合料中加入部分天然或人工的矿物质材料，以硅、铝、钙等一种或多种氧化物为主要成分，具有规定细度，称为矿物掺合料。矿物掺合料根据来源可分为天然类、人工类及工业废料类三大类。

掺合料还可根据其水化反应活性分为两类：非活性矿物掺合料与活性矿物掺合料。非活性矿物掺合料也称惰性掺合料，一般不与水泥组分起化学作用或者化学作用很弱，如石灰石粉、尾矿粉或活性指标达不到要求的矿渣等。活性掺合料本身虽然不硬化或者硬化速度缓慢，但可与水泥水化产生的 $Ca(OH)_2$ 作用，因此对水化产物有明显贡献，如粒化高炉矿渣、粉煤灰、硅灰等。工程中还常将两种或两种以上矿物原料按一定比例进行混合，必要时可掺入适量石膏和助磨剂，再磨细至规定细度，这种粉体材料称为复合矿物掺合料。

一、作用与通性

近年来，工业废渣矿物掺合料直接在混凝土中的应用技术进展显著，使用范围越来越广，在节约水泥、节省能源、改善混凝土性能、扩大混凝土品种、减少环境污染等方面都表现出可观的技术经济效果和社会效益。尤其是粉煤灰、磨细矿渣粉、硅灰等具有良好的活性，可用来生产 C_{100} 以上的超高强混凝土、超高耐久性混凝土、高抗渗混凝土，具有降低温升、改善工作性、完善混凝土的内部结构、增进后期强度、提高混凝土耐久性和抗腐蚀能力等诸多作用，在抑制混凝土碱—骨料反应方面也具有明显贡献。总之，矿物掺合料的使用可以给混凝土生产商提供更多的混凝土性能调整余地以及更好的经济效益，因此成为与水泥、骨料、外加剂并列的混凝土组成材料。

（一）基本效应

矿物掺合料在混凝土中的基本效应主要包括 3 个方面，各基本效应相互联系、共同作用，赋予混凝土多方面的性能改善效果。不同种类矿物掺合料因其自身性质不同，在混凝土中所体现的效应各有侧重。

1. 活性效应

活性矿物掺合料或者含有较大量的活性 SiO_2、Al_2O_3（如硅灰、凝灰岩等），或者含有热力学上不稳定的玻璃体（如矿渣、粉煤灰），或者存在丰富的可供化学反应的巨大表面，因此具有一定的化学反应活性。此类矿物质活性材料本身磨细加水拌和并不硬化，但与气硬性石灰混合后再加水拌和，则不仅能在空气中硬化，还能在水中继续硬化，称为火山灰质材料。所具有的水化反应活性称为火山灰活性。

混凝土各原材料加水拌和之后，会先发生水泥的水化反应，所生成的 $Ca(OH)_2$ 作为激发剂可以显著提高矿物掺合料的反应活性，使掺合料中的活性 SiO_2 和 Al_2O_3 转化为水化硅酸钙、水化铝硅酸钙等胶凝性物质。这一反应过程相对滞后于水泥的水化，因此称为"二次水化"。利用矿物掺合料的火山灰性，可以将混凝土中尤其是浆体与骨料界面处聚集的大量 $Ca(OH)_2$ 晶体转化为强度更高、稳定性更强的水化产物；这些细小的水化产物晶体陆续充填至混凝土内部的细小裂缝，可以改善水泥石—骨料界面结构，提高混凝土强度、密实度和耐久性。

2. 微骨料效应

为提高矿物掺合料的火山灰活性，混凝土中使用的矿物掺合料通常在细度方面有较高的技术要求，其颗粒尺寸与水泥粒子相当甚至更小，如硅灰粒径不足水泥平均粒径的 1/10。在混凝土凝结硬化之前，这些细小的矿物质颗粒可吸附大量水分，因此有助于改善混合料的黏聚性，减缓离析泌水。更为重要的是，矿物掺合料中的微细颗粒可以填充到水泥颗粒无法进入的细小孔隙中，甚至直接填充在水泥颗粒之间，成为"微骨料"，不仅可以改善混凝土的孔结构，降低孔隙率，还能大幅提高混凝土的强度和抗渗性能。

3. 形态效应

形态效应是指矿物掺合料颗粒形貌、粗细、表面粗糙度、级配、内外孔作用与通性隙结构等几何特征以及色度、密度等物理特性对混凝土产生的效应。一般认为，粉煤灰等矿物掺合料具有特殊的球形玻璃体结构，由于颗粒细小、表面光滑，可发挥"滚珠轴承"的作用，有助于减少水泥粒子间的机械摩擦，降低混凝土混合料的运动黏度，改善混凝土的工作性，因此称为"矿物减水剂"。对于沸石、硅藻土等具有本征多孔结构的矿物掺合料，其丰富、有序的孔结构不仅提供了火山灰反应所需的巨大内表面，而且可以作为混凝土内部的细小储水空间，用于存放混合料中的多余水分，不仅有利于改善混凝土混合料的保水性和黏聚性，防止泌水现象的产生，而且在水泥水化或掺合料"二次水化"过程中，可以持续释放出所储存的水分，起到"自养护"的使用效果。

此外，多数矿物掺合料的密度为 $2.4 \sim 3.0 \text{ g/cm}^3$，小于水泥熟料的密度（$3.0 \sim 3.2 \text{ g/cm}^3$）。等质量的掺合料替代水泥后，胶凝材料浆体的总体积有所增加，对混凝土的工作性有利。

（二）性能及测试

1. 粗细程度

混凝土用掺合料的粗细程度存在较高要求。通常来说，掺合料越细，反应活性就越高。针对不同类型的混凝土掺合料，其粗细程度可采用细度或比表面积表示。

（1）细度。适用于粉煤灰、沸石粉、石灰石粉等。试样在 105～110 ℃烘干至恒重，采用规定要求的方孔筛在负压条件下筛分后，计算筛余物质量与试样原质量之比，称为筛余率。粉煤灰的细度检测采用孔径尺寸为 45 μm 的方孔筛；沸石粉的细度检测采用 80 μm 的方孔筛。

（2）比表面积。适用于矿渣粉和硅灰，但具体测试方法有所不同。《用于水泥和混凝土中的粒化高炉矿渣粉》（GB/T 18046—2017）规定，矿渣粉的比表面积采用勃氏法测定，其基本原理是根据一定量的空气通过具有一定空隙率和固定厚度的粉体层时所受阻力不同而引起流速变化来测定粉体的比表面积，单位为 cm²/g 或 m²/kg。硅灰的比表面积测定则采用 BET 法，通过 Ar、N_2 等气体分子在固体表面的吸附—解吸过程得到细小颗粒的比表面积信息，单位为 m²/g。

2. 活性指数

矿物掺合料按规定比例等量取代水泥所配制的胶砂试验样品与对比样品在标准条件下养护至规定龄期后，测试、计算试验样品与对比样品的抗压强度之比，这一数值称为活性指数。试验胶砂、对比胶砂的胶砂比和水胶比分别控制在 1∶3 和 0.50，养护龄期通常取 28 d。对于矿渣来说，试验样品中矿渣粉与水泥的质量比应取 1∶1，而磷渣粉、石灰石粉、粉煤灰、火山灰质掺合料与水泥的比例则为 3∶7；硅灰活性指数测定时，则采用 7 d 快速法，即测试前胶砂试件应标准养护 7 d，而硅灰取代水泥的质量比为10%，具体参见《高强高性能混凝土用矿物外加剂》（GB/T 18736—2017）。

3. 需水量比

除沸石粉之外，其他火山灰质掺合料包括粉煤灰应按 30% 质量比等量取代水泥后，再按胶砂比 1∶3 配制成试验胶砂，测定试验胶砂流动度达到 130～140 mm 所需的加水量，除以对比胶砂的相应需水量，这一数值称为需水量比。对于天然沸石粉，其取代P·Ⅰ型硅酸盐水泥的比例同为 30%，但试验胶砂比调整为 1∶2.5；对于硅灰，其取代基准水泥的比例以质量百分比计为 10%。锂渣粉的需水量比测定时所采用的取代水泥率及胶砂比与火山灰质掺合料相同，具体参见《高强高性能混凝土用矿物外加剂》（GB/T 18736—2017）。

4. 流动度比

试验样品与对比样品在水胶比 0.5 条件下的流动度之比，称为流动度比。矿渣粉、磷渣粉与水泥的质量比为 1∶1，石灰石粉与水泥的比例则为 3∶7。

5. 含水量

测试试样置于 105～110 ℃的烘干箱内烘至恒重，以烘干前后的质量差与烘干前的质量之比作为该掺合料的含水量，以百分数计，精确至 0.1%。

6. 烧失量

试样在高温炉中灼烧，每次 15 ~ 20 min，坩埚取出后在干燥器内冷却、称重；反复灼烧直至恒量，计算试样灼烧前后质量差与试样原质量之比，即为烧失量。对于水泥、粉煤灰，灼烧温度取（950 ± 25）℃，矿渣粉取（750 ± 50）℃，同时应考虑 SO_3 引起的质量变化。

7. SO_3 含量

通常采用硫酸钡重量法，即先用 1：1 盐酸溶解试样，所得酸性溶液用氯化钡溶液沉淀硫酸盐，经过滤灼烧（800 ~ 950 ℃、30 min 反复直至恒量）后，以硫酸钡形式称量，测定结果以 SO_3 计。

8. 氯离子含量

采用硫氰酸铵滴定法（基准法），将试样用 1：2 硝酸溶解后，加入已知浓度的过量硝酸银标准溶液，目的是使氯离子以氯化银形式沉淀；过滤清液以三价铁盐为指示剂，用硫酸氰铵标准溶液滴定，所确定出的硝酸银可用于氯离子含量计算。

二、粒化高炉矿渣粉

高炉矿渣是生铁冶炼时形成的副产品，在快速冷却条件下可得到以铝硅酸盐为主要成分的玻璃体结构，因此具有较高的反应活性。在少量激发剂如 Ca（OH）$_2$、NaOH 的作用下，可以形成大量的胶凝性物质而表现出可观的水硬性，适合用作水泥中的活性混合材料或者混凝土的矿物掺合材料。

（一）形成与处理

高炉炼铁的目的是从铁矿石中提炼出较高纯度的金属铁。为此，需要在铁矿石中引入充足的焦炭作为还原剂，同时要引入适量熔剂矿物，如石灰石、白云石等。这些熔剂矿物在高温下分解成氧化钙和氧化镁，可以与铁矿石中的杂质（也称脉石）以及焦炭灰分熔为一体，组成以硅酸盐和铝硅酸盐为主的熔融体，漂浮于铁水表面并定期排出。根据铁矿石品位的不同，每生产 1 t 生铁所排放的矿渣通常为 0.25 ~ 1 t。

除了化学组成之外，矿渣活性在很大程度上取决于它的内部结构，特别是玻璃体的含量。一般情况下，慢冷结晶态的矿渣也就是自然冷却的矿渣会结晶成坚硬的块状，称为块状高炉矿渣或硬矿渣，其活性很低，只能用作惰性充填物用于混凝土生产、路基回填等方面。如将熔融的渣液直接排入冷却水池，或者用水流冲击渣液，可使矿渣急冷成粒，称为粒化高炉矿渣。在快速冷却情况下，熔融渣液来不及结晶而只能以热力学上不稳定的玻璃体形式存在，因此具有较高的反应活性。在冷却不充分的情况下，矿渣中也可能出现少量的钙长石（2CaO·Al$_2$O$_3$·SiO$_2$，C$_2$AS）、硅酸二钙、硅酸一钙（也称硅钙石）等晶体矿物。冷却越充分，矿渣活性越高。我国钢铁厂出产的粒化高炉矿渣中，玻璃体质量分数一般不低于 80%，因此具有较好的反应活性。

以粒化高炉矿渣为主要原料，经干燥、粉磨（或添加少量石膏一起粉磨）达到相当细度且符合相应活性指数的粉体，称为粒化高炉矿渣粉，简称矿渣粉。粉磨过程中允许加入少量助磨剂，但加入量不得大于矿渣粉质量的 1%。

（二）特性与技术要求

矿渣粉作为混凝土掺合料，不仅能取代水泥，取得较好的经济效益（其生产成本低于水泥），而且能显著改善和提高混凝土的综合性能，如改善工作性能、降低水化热、减小干缩率、提高抗冻 / 抗渗性能、提高抗腐蚀能力、改善后期强度和耐久性等。矿渣粉不仅适用于配制高强度、高性能混凝土，而且适用于中强混凝土、大体积混凝土，以及各类地下和水下混凝土工程。

三、火山灰质材料

火山灰质材料中多含有较大量的活性 SiO_2 或 Al_2O_3，因此可以与石灰或者水泥水化所释放出的 $Ca(OH)_2$ 发生化合作用并生成具有水硬性的反应产物。在混凝土中引入火山灰质掺合料，不仅可以改善混凝土的某些结构与性能，还可以起到节约水泥、降低成本和利废环保的作用。

（一）分类

火山灰质掺合料也可以根据其活性物质反应特征分为 3 种类型，如表 2-4 所示。

表2-4　火山灰质掺合料的主要类型

类　型	活性物质	典型矿物
含水硅酸质	无定型 SiO_2 或 $SiO_2 \cdot nH_2O$	硅藻土、硅藻页岩、蛋白石、硅灰、硅质渣等
铝硅酸盐玻璃质	铝硅酸盐玻璃体	火山灰、凝灰岩、玄武岩、安山岩、浮石、粉煤灰、液态渣等
烧黏土质	脱水黏土矿物	煅烧黏土、煤矸石灰渣、沸腾炉渣、煤渣、页岩渣等

火山灰质材料按其成因可分为天然和人工两大类，建工行业标准《水泥砂浆和混凝土用天然火山灰质材料》（JG/T 315—2011）对火山灰质掺合料如火山灰（渣）、玄武岩、凝灰岩、沸石岩、浮石岩、安山岩等技术指标做出了相关规定。

（二）天然沸石粉

以碱金属或碱土金属的含水铝硅酸盐矿物为主要成分的岩石，经磨细制成的粉状物料称为天然沸石粉，简称沸石粉。沸石粉具有很大的内表面积和开放性结构，平均粒径为 5.0 ～ 6.5 μm。沸石粉的比表面积大，同时含有较大量的活性 SiO_2 和 Al_2O_3，因此可以与水泥水化生成的氢氧化钙反应，生成胶凝性物质。沸石粉用作混凝土掺合料有助于改善混凝土的工作性，特别是能显著提高混凝土混合料的保水性，减少泌水，也有助于提高混凝土的力学强度、抗渗性和抗冻性，抑止碱—骨料反应，因此可用于配制高强混凝土、流态混凝土、泵送混凝土等。

沸石岩系有几十个品种，用作混凝土掺合料的主要有斜发沸石和丝光沸石。沸石粉用作混凝土掺合料主要有以下几点效果：

第一，提高混凝土强度，配制高强混凝土。例如，用 42.5 强度等级普通硅酸盐水泥，以等量取代法掺入 10% ~ 15% 的沸石粉，再加入适量的高效减水剂，可以配制出抗压强度为 70 MPa 的高强混凝土。

第二，改善混凝土工作性，配制流态混凝土及泵送混凝土。沸石粉与其他矿物掺合料一样，也具有改善混凝土工作性及可泵性的功能。例如，以沸石粉取代等量水泥配制坍落度 160 ~ 200 mm 的泵送混凝土，未发现离析现象及管道堵塞现象，同时节约了 20% 左右的水泥。

四、粉煤灰

粉煤灰是从电厂煤粉炉烟道气体中收集的细小粉末，属铝硅酸盐玻璃质火山灰活性材料，其颗粒多呈球形，表面光滑，色灰或淡灰；平均粒径一般在 8 ~ 20 μm，比表面积可达 300 ~ 600 m²/kg。目前，粉煤灰混凝土已被广泛用于土木、水利建筑工程以及预制混凝土制品生产等方面。在配制混凝土时，粉煤灰一般可取代混凝土中水泥用量的 20% ~ 40%，通常与减水剂、引气剂等同时掺用。

（一）成分与分类

1. 成分

粉煤灰的主要化学成分为 SiO_2（质量分数为 45% ~ 60%）、Al_2O（质量分数为 20% ~ 30%）、Fe_2O_3（质量分数为 5% ~ 10%），此外还含有少量 CaO、MgO 和未燃炭。在碱性条件下，粉煤灰中的 SiO_2 和 Al_2O_3 能够与水泥水化生成的 $Ca(OH)_2$ 发生反应，生成不溶性的水化硅酸钙和水化铝酸钙。粉煤灰的主要组成为直径在微米级范围的实心微珠和空心微珠以及少量的多孔玻璃体、玻璃体碎块、结晶体和未燃尽炭粒等。

2. 分类

粉煤灰按其排放方式的不同，分为干排灰与湿排灰两种。湿排灰含水量大、活性降低较多，质量不如干排灰。

粉煤灰按煤种分为 F 类粉煤灰和 C 类粉煤灰两种。前者是由无烟煤或烟煤煅烧收集得到，颜色为灰色或深灰色；后者是由褐煤或次烟煤煅烧收集而来，其 CaO 含量以质量百分比计一般大于 10%，称为高钙粉煤灰，颜色褐黄。高钙粉煤灰可能含有较大量的游离氧化钙（f—CaO），会对混凝土的力学强度带来一定负面影响，更会危及混凝土的安定性，因此高钙粉煤灰在混凝土中的应用必须慎重。

（二）特性与品质要求

粉煤灰的品质指标直接关系到其在混凝土中的作用效果。混凝土对粉煤灰的品质要求，除限制其有害组分含量和一定细度外，还应强调其强度活性。粉煤灰的活性来自玻璃体。玻璃体含量越高，粉煤灰的活性越大。铝硅玻璃体在常温常压条件下，可与水泥水化生成的 Ca（OH）$_2$ 发生化学反应，生成具有胶凝作用的 C—S—H 水化产物，表现出潜在的化学活性。

颗粒形状及大小也对粉煤灰的活性有一定影响，细小、密实的球形颗粒对所配制粉煤灰混凝土的性能特别是流动性具有积极贡献，而不规则多孔玻璃体和未燃炭粒的存在则对混凝土不利。粉煤灰细度越大，其微骨料效应越显著，需水量比也越低，其矿物减水效应越显著；通常细度小、需水量比较低的粉煤灰（Ⅰ级灰），其化学活性也较高。

烧失量主要来自含碳量。未燃尽的炭粒是粉煤灰中的有害成分，炭粒多孔，比表面积大，吸附性强，强度低，带入混凝土后，不但影响混凝土的需水量，还会导致外加剂用量大幅度增加。对硬化混凝土来说，炭粒影响了水泥浆的黏结强度，成为混凝土中强度的薄弱环节，还会增大混凝土的干缩值。

粉煤灰在混凝土中的作用归结为物理作用和化学作用两方面。由于粉煤灰具有玻璃微珠的颗粒特征，对减少混凝土混合料的用水量，改善混凝土的流动性、保水性和可泵性，提高混凝土的密实程度等均具有优良的作用效果。粉煤灰的潜在活性效应只有在较长龄期才会明显地表现出来，对混凝土后期强度的增长较为有利，同时可降低水化热，抑制碱—骨料反应，提高抗渗、抗化学腐蚀等耐久性能。但通常掺粉煤灰混凝土的凝结时间会有所延长，早期强度也会有所降低。

五、硅灰

硅灰，又称硅粉，是冶炼硅铁合金或工业体硅时排出的烟道粉尘，经收集得到的以无定形二氧化硅为主要成分的粉体材料，代号为 SF。以水为基体形成的含有一定数量硅灰的匀质性浆料，则称为硅灰浆，代号为 SF—S。

硅灰呈灰白色，密度为 2.1 ～ 2.2 g/cm^3，松散堆积密度为 250 ～ 300 kg/m^3。硅灰中无定形二氧化硅质量分数可达 85% ～ 96%，颗粒呈球形，粒径范围 0.1 ～ 1.0 μm，比表面积为 20 ～ 25 m^2/g，因此活性很高，是一种理想的改善混凝土性能的掺合料。

硅灰可显著提高混凝土强度，主要用于配制高强、超高强混凝土。硅灰以 10% 等量取代水泥，混凝土强度可提高 25% 以上。掺入水泥质量 5% ～ 10% 的硅灰，可配制出 28 d 强度达 100 MPa 的超高强混凝土。掺入水泥质量 20% ～ 30% 的硅灰，可配制出抗压强度达 200 ～ 800 MPa 的活性粉末混凝土。但是，随着硅灰掺量的增大，混凝土需水量增大；其自收缩性也会增大。因此，硅灰掺量一般取 5% ～ 10%，有时为了配制超高强混凝土，也可掺入 20% ～ 30% 的硅灰。

硅灰还可改善混凝土的孔隙结构，提高耐久性。混凝土中掺入硅灰后，虽然水泥石的总孔隙与不掺时基本相同，但大孔隙减少，微细孔隙增加，水泥石的孔隙结构得到显著改善。因此，掺硅灰混凝土耐久性明显提高。试验结果表明，硅灰掺量为 10% ～ 20% 时，抗渗性、抗冻性有较大幅度提高。掺入水泥质量 4% ～ 6% 的硅灰，还可有效抑制碱—骨料反应。

硅灰混凝土的抗冲磨性随硅灰掺量的增加而提高。与其他抗冲磨材料相比，硅灰混凝土具有价格低廉、施工方便等优点，适用于水工建筑物的抗冲刷部位及高速公路路面。

硅灰能改善混合料的黏聚性和保水性，提高混凝土抗渗、抗冻和抗侵蚀能力，适用于要求抗溶出性侵蚀及抗硫酸盐侵蚀的工程。

硅灰颗粒极细，比表面积大，其需水量为普通水泥的 130% ～ 150%，因此混凝土混合料的流动性随硅灰掺量的增加而减小。为了保持混凝土流动性，必须掺用高效减水剂。掺硅灰后，混凝土含气量略有减小。为了保持混凝土含气量不变，必须增加引气剂用量。当硅灰掺量为 10% 时，一般引气剂用量需增加两倍左右。

目前，硅灰在国外被广泛应用于高强混凝土中，但其在我国的产量很低，目前价格很高，出于经济考虑，混凝土强度低于 80 MPa 时，一般不考虑掺用硅灰。今后随着硅灰回收工作的开展，硅灰产量将逐渐提高，应用将更加普遍。

第三章 混凝土原材料检测试验

第一节 水泥检测试验

一、水泥细度试验

水泥细度试验采用筛析法。筛析法分负压筛法、水筛法和手工筛析法，以负压筛法为标准法，当 3 个筛析法筛析后结果发生争议时，以负压筛法为准。

（一）所用仪器设备

1.试验筛

由圆形筛框和筛网组成，筛网孔径为 80 μm 和 45 μm，分负压筛、水筛和手工筛 3 种。负压筛筛孔外径为 φ（160 ± 2）mm，内径为 φ150 mm，深为 φ25 mm，底部带有槽形及密封胶圈，并附有透明筛盖，筛盖与筛上口应有良好的密封性。水筛外径为 φ135 mm，内径为 φ125 mm，深为 φ80 mm。手工筛，筛框高度为 φ50 mm，内径为 φ150 mm。

由于物料会对筛网产生磨损，试验筛每使用 100 次后需重新标定。

2.负压筛析仪（负压筛析用）

（1）由筛座、负压筛、负压源及收尘器组成，其中筛座由转速为（30 ± 2）r/min 的喷气嘴、负压表、控制板、微电机及壳体构成。

（2）筛析仪负压可调范围为 4 000 ～ 6 000 Pa。

（3）喷气嘴上口平面与筛网之间距离为 2 ～ 8 mm。

（4）负压源和收尘器，由功率大于等于 600 W 的工业吸尘器和小型旋风收尘筒组成或用其他具有相当功能的设备。

3. 水筛架和喷头（水筛法用）

其结构尺寸应符合《水泥标准筛和筛析仪》（JC/T 728—2005）的规定，但其中水筛架上筛座内径为（140±8）mm。

4. 天平

最小分度值不大于 0.01 g。

5. 辅助器具

如毛刷、盛器、抹布、勺子等。

水泥样品应有代表性，样品处理方法按《水泥取样方法》（GB 12573—2008）中的混合样："每一编号所取水泥单样通过 0.9 mm 方孔筛后充分混合均匀，一次或多次将样品缩分到相关标准要求的定量，均分为试验样和封存样。试验样按相关标准要求进行试验，封存样按规定方法进行封存。"单样、试验样、封存样的相关概念如下：

单样：由一个部位取出的适量的水泥样品。混合样：从一个编号内不同部位取得的全部单样，经充分混匀后得到的样品。试验样：从混合样中取出，用于水泥质量检验的一份称为试验样。封存样：从混合样中取出，用于复检仲裁的一份称为封存样。

（二）试验方法

1. 试验准备

试验前所用试验筛应保持清洁，负压筛和手工筛应保持干燥。试验时，80 μm 筛析试验称取试样 25 g，45 μm 筛析试验称取试样 10 g，两种试样各两份，用于平行试验。

2. 试验步骤

（1）负压筛析法。

①筛析试验前应把负压筛放在筛座上，盖上筛盖，接通电源，检查控制系统，调节负压至 4 000～6 000 Pa。

②称取试样，精确至 0.01 g，置于洁净的负压筛中，放在筛座上，盖上筛盖，接通电源，开动筛析仪连续筛析 2 min。在此期间如果有试样附着在筛盖上，可轻轻地敲击筛盖使试样落下。筛毕，用天平称量全部筛余物。

（2）水筛法。

①筛析试验前，应检查水中无泥沙，调整好水压及水筛架的位置，使其能正常运转，并控制喷头底面和筛网之间距离为 35～75 mm。

②称取试样，精确至 0.01 g，置于洁净的水筛中，立即用淡水冲洗至大部分细粉通过后，放在水筛架上，用水压力为（0.05±0.02）MPa 的喷头连续冲洗 3 min。筛毕，用少量水把筛余物冲至蒸发皿中，等水泥颗粒全部沉淀后，小心倒出清水，烘干并用天平称量全部筛余物。

（3）手工筛析法。

①称取水泥试样，精确至 0.01 g，倒入手工筛内。

②用一只手持筛往复摇动，另一只手轻轻拍打，往复摇动和拍打过程应保持近于水

平。拍打速度每分钟约120次，每40次向同一方向转动60°，使试样均匀分布在筛网上，直至每分钟通过的试样量不超过0.03 g为止。称量全部筛余物。

3. 其他粉状物料

对其他粉状物料或采用45～80 μm以外规格方孔筛进行筛析试验时，应指明筛子的规格、称样量、筛析时间等相关参数。

4. 试验筛的清洗

试验筛必须经常保持洁净，筛孔通畅，使用10次后要进行清洗。金属框筛、铜丝网筛清洗时应用专门的清洗剂，不可用弱酸浸泡。

二、水泥胶砂流动度测定方法

（一）原理

通过测量一定配合比的水泥胶砂在规定振动状态下的扩展范围来衡量其流动性。

（二）实验室条件及设备

实验室温度为（20±2）℃，相对湿度应不低于50%，所用材料的温度同室温。

仪器和设备如下：

（1）水泥胶砂流动度测定仪（简称"跳桌"）。

（2）水泥胶砂搅拌机：符合《行星式水泥胶砂搅拌机》（JC/T 681—2005）的要求。

（3）试模：由截锥圆模和模套组成，金属材料制成，内表面加工光滑。圆模尺寸高度：（60±0.5）mm；上口内径：（70±0.5）mm；下口内径（100±0.5）mm；下口外径：120 mm；模壁厚大于5 mm。

（4）捣棒：由金属材料制成，直径为（20±0.5）mm，长度约为200 mm。捣棒底面与侧面成直角，其下部光滑，上部手柄滚花。

（5）卡尺：量程不小于300 mm，分度值不大于0.5 mm。

（6）小刀：刀口平直，长度大于80 mm。

（7）天平：量程不小于1 000 g，分度值不大于1 g。

（三）胶砂组成

胶砂材料用量按相应标准要求或试验设计确定。

（四）试验方法

（1）如跳桌在24 h内未被使用，先空跳一个周期25次。

（2）胶砂制备按《水泥胶砂强度检验方法（ISO法）》（GB/T 17671—2021）有关规

定进行，水泥（450±2）g，标准砂（1 350±5）g，水（225±1）g，称量用的天平精度应为 ±1 g，自动滴管精度为 ±1 mL。在制备胶砂的同时，用潮湿棉布擦拭跳桌台面、试模内壁、捣棒以及胶砂接触的用具，将试模放在跳桌台面中央并用潮湿棉布覆盖。

（3）将拌好的胶砂分两层迅速装入试模，第一层装至截锥圆模高度约 2/3 处，用小刀在垂直两个方向各划 5 次，用捣棒由边缘至中心均匀捣压 15 次；随后装第二层胶砂，装至高出截锥圆模约 20 mm，用小刀在相互垂直两个方向各划 5 次，再用捣棒由边缘至中心均匀捣压 10 次。捣压后胶砂应略高于试模。捣压深度，第一层捣至胶砂高度的 1/2，第二层捣实不超过已捣实底层表面。装胶砂和捣压时，用手扶稳试模，不要使其移动。

（4）捣压完毕，取下模套，将小刀倾斜，从中间向边缘分两次以近水平的角度抹去高出截锥圆模的胶砂，并擦去落在桌面上的胶砂。将截锥圆模垂直向上轻轻提起，立刻开动跳桌，以每秒钟一次的频率，在（25±1）s 内完成 25 次跳动。

（5）流动度试验，从胶砂加水开始到测量扩散直径结束，应在 6 min 内完成。

（6）跳动完毕，用卡尺测量胶砂底面互相垂直的两个方向直径，计算平均值取整数，单位为 mm。该平均值即为该水量的水泥胶砂流动度。

三、水泥密度试验

水泥密度表示水泥单位体积的质量，单位 g/cm³。

（一）仪器

李氏瓶：横截面形状如图 3-1 所示。其结构材料是优质玻璃，透明无条纹，具有抗化学侵蚀性且热滞后性小，要有足够的厚度以确保较好的耐裂性。

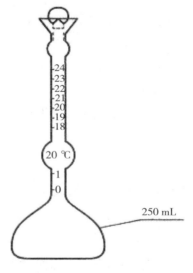

图 3-1　李氏瓶横截面

无水煤油：应符合《煤油》（GB 253—2008）规定的要求。

恒温水槽、滤纸和小匙。

（二）测定步骤

（1）将无水煤油注入李氏瓶中 0 ～ 1 mL 刻度线后（以弯月面为准），盖上瓶塞放入恒温水槽内，使刻度部分浸入水中（水温应控制在李氏瓶刻度时的温度），恒温 30 min，记下初始（第一次）读数。

（2）从恒温水槽中取出李氏瓶，用滤纸将李氏瓶细长颈内没有煤油的部分仔细擦干净。

（3）水泥试样应预先通过 0.90 mm 方孔筛，在（110±5）℃温度下干燥 1 h，并在干燥器内冷却至室温。称取水泥 60 g，称准至 0.01 g。

（4）用小匙将水泥样品一点点地装入李氏瓶中，反复摇动（也可用超声波震动），至没有气泡排出，再次将李氏瓶静置于恒温水槽中，恒温 30 min，记下第二次读数。

（5）第一次读数和第二次读数时，恒温水槽的温度差不大于 0.2 ℃。

（三）结果计算

水泥体积应为第二次读数减去初始（第一次）读数，即水泥所排开的无水煤油的体积（mL）。

水泥密度 ρ（g/cm³）按下式计算：

$$水泥密度 \rho = 水泥质量（g）/ 排开的体积（cm³） \tag{3-1}$$

结果计算到小数第 3 位，且取整数至 0.01 g/cm³，试验结果取两次测定结果的算术平均值，两次测定结果之差不得超过 0.02 g/cm³。

四、水泥标准稠度用水量、凝结时间、安定性检验方法

水泥标准稠度用水量、凝结时间、安定性检验方法分为标准法和代用法两种。正常情况下应按标准法进行检测，不具备标准法的条件时再用代用法。但凝结时间检验方法只有一种。

（一）适用范围

该方法适用于硅酸盐水泥、普通硅酸盐水泥、矿渣硅酸盐水泥、粉煤灰硅酸盐水泥、火山灰质硅酸盐水泥、复合硅酸盐水泥以及指定采用本方法的其他品种水泥。

（二）试验原理

1. 水泥标准稠度用水量

水泥标准稠度净浆对标准试杆（标准法）或试锥（代用法）的沉入具有一定阻力，通过测定不同含水量水泥净浆的穿透性来确定水泥标准稠度净浆中所需加的水量。

2. 凝结时间

试针沉入水泥标准稠度净浆至一定深度所需的时间即为凝结时间。

3. 安定性

（1）雷氏法（标准法）是通过测定水泥标准稠度净浆在雷氏夹中沸煮后试针的相对位移表征其体积膨胀的程度。

（2）试饼法（代用法）是通过观测水泥标准稠度净浆试饼沸煮后的外形变化情况表征其体积安定性。

（三）试验条件

实验室温度为（20±2）℃；相对湿度应不低于50%；水泥试样、拌和水、仪器和用具的温度与实验室一致。

湿气养护箱的温度为（20±1）℃，相对湿度不低于90%。

（四）仪器设备

（1）水泥净浆搅拌机：符合《水泥净浆搅拌机》（JC/T 729—2005）的要求。

（2）标准法维卡仪。标准稠度试杆由长度为（50±1）mm，直径为 φ（10±0.05）mm 的圆柱形耐腐蚀金属制成。初凝用试针由钢制成，其有效长度初凝针为（50±1）mm，终凝针为（30±1）mm，直径为（1.13±0.05）mm，滑动部分的总质量为（300±1）g，与试杆、试针联结的滑动杆表面应光滑，能靠重力自由下落。盛装水泥净浆的试模由耐腐蚀的、有足够硬度的金属制成，试模为深（40±0.2）mm、顶内径 d（65±0.5）mm、底内径 φ（75±0.5）mm 的截顶圆锥体。每个试模应配备一个边长或直径约为10 mm、厚度为4～5 mm的平板玻璃地板或金属地板。

（3）代用法维卡仪：符合《水泥净浆标准稠度与凝结时间测定仪》（JC/T 727—2005）规定的要求。

（4）雷氏夹：由钢质材料制成。当一根指针的根部悬挂在一根金属丝或尼龙丝上，另一根指针的根部再挂上300 g质量的砝码时，两根指针针尖的距离增加应为（17.5±2.5）mm，即 $2x$=（17.5±2.5）mm，当去掉砝码后针尖的距离能恢复至挂砝码前的状态。

（5）沸煮箱：符合《水泥安定性试验用沸煮箱》（JC/T 955—2005）规定的要求。

（6）雷氏夹膨胀测定仪由底座、模子座、测弹性标尺、立柱、测膨胀值标尺、悬臂及悬丝细线组成。

（7）量筒或滴定管：精度 ±0.5 mL。

（8）天平：最大量程不小于 1 000 g，分度值不大于 1 g。

（9）其他辅助器具。湿气养护箱同胶砂强度试验用，可控制温度为（20±1）℃，相对湿度不低于90%，玻璃片（厚4～5 mm，边长或直径80 mm）盛器、小勺、调灰刀（弧形头宽约25 mm 直边刀）和钢直尺（20 cm）。

（五）试验用水

试验用水应使用洁净的饮用水，如果有争议应以蒸馏水为准。

（六）试验方法（分标准法和代用法）

1.标准稠度用水量测定方法（标准法）

（1）试验前的准备工作。维卡仪的滑动杆能自由滑动。试模和玻璃底板用湿布擦拭，将试模放在底板上；调整至试杆接触玻璃板时指针对准零点；搅拌机运行正常。

（2）水泥净浆的拌制。用水泥净浆搅拌机搅拌，搅拌锅和搅拌叶片先用湿布擦拭，将其拌和水倒入搅拌锅内，然后在 5～10 s 内小心将称好的 500 g 水泥加入水中，防止水和水泥溅出。拌和时，先将锅放在搅拌机的锅座上，升至搅拌位置，启动搅拌机，低速搅拌 120 s，停 15 s，同时将叶片和锅壁上的水泥用调灰刀刮入锅中间，然后高速搅拌120 s 停机。

（3）标准稠度用水量的测定步骤。拌和结束后，立即用小勺取适量水泥净浆一次性装入已置于玻璃底板上的试模中，浆体超过试模上端，用宽约 25 mm 的直边刀轻轻拍打超出试模部分的浆体 5 次，以排除浆体中的孔隙，然后在试模上表面约 1/3 处略倾斜于试模分别向外轻轻锯掉多余净浆，再从试模边沿轻抹顶部一次，使净浆表面光滑。在去掉多余净浆和抹平的操作过程中，注意不要压实净浆。抹平后迅速将试模和底板移到维卡仪上，并将其中心定在试杆下，降低试杆直至与水泥浆面表面接触，拧紧螺丝 1～2 s 后，突然放松，使试杆垂直自由地沉入水泥净浆中。在试杆沉入或释放试杆 30 s 时记录试杆距底板之间的距离，升起试杆后，立即擦净，整个过程应在搅拌后 1.5 min 内完成。以试杆沉入净浆并距底板（6±1）mm 的水泥净浆为标准稠度净浆。其拌和水量为该水泥的标准稠度用水量（P），按水泥质量的百分比计，即用水量 ÷ 水泥质量 ×100%。

2.凝结时间测定方法

（1）试验前准备工作。调整凝结时间测定仪的试针，接触玻璃板时指针对准零点。

（2）试件的制备。以标准稠度用水量制成标准稠度净浆，装模和刮平后，立即放入湿气养护箱中。记录水泥全部加入水中的时间作为凝结时间的起始时间。

（3）初凝时间的测定。试件在湿气养护箱中养护至加水后 30 min 时进行第一次测定。测定时，从湿气养护箱中取出试模放到试针下，降低试针与水泥净浆表面接触。拧紧螺丝 1～2 s 后，突然放松，使试针垂直自由地沉入水泥净浆。观察试针停止下沉或释放试针 30 s 时指针的读数。临近初凝时间每隔 5 min（或更短时间）测定一次，当试针沉至距底板（4±1）mm 时，表明水泥达到初凝状态。由水泥全部加入水中至初凝状态的时间为水泥的初凝时间，用 min 表示。

（4）终凝时间的测定。为了准确观测试针沉入的状况，在终凝针上安装一个环形附件。在完成初凝时间测定后，立即将试模连同浆体以平移的方式从玻璃板取下，翻转180°，直径大端向上、小端向下放在玻璃板上，再放入湿气养护箱中继续养护。临近终凝时间时每隔 15 min（或更短时间）测定一次，当试针沉入试体 0.5 mm 时，即环形附件开始不能在试体上留下痕迹时，为水泥达到终凝状态。由水泥全部加入水中至终凝状态的时间为水泥的终凝时间，用 min 表示。

（5）测定注意事项。在最初测定的操作时应轻轻扶持金属柱，使其缓慢下降，以防试针撞弯，但结果以自由下落为准。在整个测试过程中，试针沉入的位置至少要距试模内壁 10 mm。临近初凝时，每隔 5 min（或更短时间）测定一次，临近终凝时每隔 15 min（或更短时间）测定一次，到达初凝时应立即重复测一次，当两次结论相同时才能确定到达初凝状态。到达终凝时，需要在试体另外两个不同点测试，确认结论相同才能确定到达终凝状态。每次测定不能让试针落入原针孔，每次测试完毕须将试针擦净并将试模放回湿气养护箱内，整个测试过程要防止试模受震。

注意：可以使用能得出与标准中规定方法相同结果的凝结时间自动测定仪，有矛盾时以标准规定方法为准。

3. 安定性测定方法（标准法）

（1）试验前准备工作。每个试样需成型两个试件，每个雷氏夹需配备两个边长或直径约为 80 mm、厚度为 4～5 mm 的玻璃板，凡与水泥净浆接触的玻璃板和雷氏夹内表面都要稍稍涂上一层油。

注意：有些油会影响凝结时间，矿物油比较合适。

（2）雷氏夹试件的成型。将预先准备好的雷氏夹放在已擦油的玻璃板上，并立即将已制好的标准稠度净浆一次性装满雷氏夹，装浆时一只手轻轻扶持雷氏夹，另一只手用宽约 25 mm 的直边刀在浆体表面轻轻插捣 3 次，然后抹平，盖上稍涂油的玻璃板，立即将试件移至湿气养护箱内养护（24±2）h。

（3）沸煮。

①调整沸煮箱内的水位，保证其在整个沸煮过程中都超过试件，不须中途添补试验用水，同时又能保证在（30±5）min 内升至沸腾。

②脱去玻璃板取下试件，先测量雷氏夹针尖端间的距离（A），精确到 0.5 mm，然后将试件放入沸煮箱水中的试件架上，指针朝上，然后在（30±5）min 内加热至沸并恒沸（180±5）min。

③结果判别。沸煮结束后，立即放掉沸煮箱中的热水，打开箱盖，待箱体冷却至室

温，取出试件进行判别。测量雷氏夹指针尖端的距离（C），精确至 0.5 mm，当两个试件煮后增加距离（C–A）的平均值不大于 5.0 mm 时，即认为该水泥安定性合格；当两个试件煮后增加距离（C–A）的平均值大于 5.0 mm 时，应用同一样品立即重做一次试验，以复检结果为准。

4. 水泥稠度用水量测定方法（代用法）

（1）试验前准备工作。

①维卡仪的金属棒能自由滑动。

②调整至试锥接触锥模顶面时指针对准零点。

③搅拌机运行正常。

（2）标准稠度的测定。采用代用法测定水泥标准稠度用水量可用调整水量和不变水量两种方法的任一种测定。采用调整水量方法时，拌和水量按经验找水；采用不变水量方法时，拌和水量用 142.5 mL。

拌和结束后，立即将拌好的水泥净浆装入试模中，用宽约 25 mm 的直边刀在浆体表面轻轻插捣 5 次，再轻振 5 次，刮去多余的净浆；抹平后迅速放到试锥下面固定的位置上，将试锥降至净浆表面，拧紧螺丝 1～2 s 后，突然放松，让试锥垂直自由地沉入水泥净浆中。到试锥停止下沉或释放试锥 30 s 时记录试锥下沉深度。整个操作应在搅拌后 1.5 mm 内完成。

用调整水量方法测定时，以试锥下沉深度（30±1）mm 时的净浆为标准稠度净浆。其拌和水量为该水泥的标准稠度用水量（P），按水泥质量的百分比计。如果下沉深度超出范围须另称试样，调整水量，重新试验，直至达到（30±1）mm 为止。

用不变水量方法测定时，根据下式（或仪器上对应标尺）计算得到标准稠度用水量 P。当试锥下沉深度小于 13 mm 时，应改用调整水量法测定。即

$$P=33.4-0.185S \tag{3-2}$$

式中：P 为标准稠度用水量，%；S 为试锥下沉深度，mm。

5. 安定性测定方法（代用法）

（1）试验前准备工作。每个样品须准备两块边长约 10 mm 的玻璃板，凡与水泥净浆接触的玻璃板都要稍稍涂上一层油。

（2）试饼的成型方法。将制好的标准稠度净浆取出一部分分成两等份，使之成球弧形，放在预先准备好的玻璃板上，轻轻振动玻璃板并用湿布擦过的小刀由边缘向中央抹，做成直径为 70～80 mm、中心厚约为 10 mm、边缘渐薄、表面光滑的试饼，然后将试饼放入湿气养护箱内养护（24±2）h。

（3）沸煮。

①步骤参照雷氏夹沸煮。

②脱去玻璃板取下试件，在试饼无缺陷的情况下将试饼放在沸煮箱水中的篦板上，在（30±5）min 内加热至沸并恒沸（180±5）min。

③结果判别。沸煮结束后，立即放掉沸煮箱中的热水，打开箱盖，待箱体冷却至室温，取出试件进行判别。目测试饼未发现裂缝，用钢直尺检查也没有弯曲（使钢直尺和试饼底部紧靠，以两者间不透光为不弯曲）的试饼为安定性合格，反之为不合格。当两个试饼判别结果有矛盾时，该水泥的安定性为不合格。

第二节　骨料检测试验

一、细骨料（砂）试验方法

按照《铁路混凝土工程施工质量验收标准》（TB 10424—2018）规定的方法。

（一）一般规定

试验环境：实验室温度应保持在（20±5）℃。

试验用筛：应满足《试验筛 技术要求和检验 第1部分：金属丝编织网试验筛》（GB/T 6003.1—2022）和《试验筛 技术要求和检验 第2部分：金属穿孔板试验筛》（GB/T 6003.2—2012）中方孔试验筛的规定，筛孔大于4 mm的筛应采用穿孔板试验筛。

试样处理：把按规定取来的砂样按下述方法进行处理，使之符合试验用试样要求。

（1）用分料器法：将样品在潮湿状态下拌和均匀，然后通过分料器，取接料斗中的其中一份再次通过分料器。重复上述过程，直至把样品缩分到试验所需量为止。

（2）人工四分法：将所取样品置于平板上，在潮湿状态下拌和均匀，并堆成厚度约为20 mm的圆饼，然后沿互相垂直的两条直径把圆饼分成大致相等的4份，取其中对角线的两份重新拌匀，再堆成圆饼，重复上述过程，直至把样品缩分到试验所需量为止。

（3）堆积密度、机制砂坚固性试验所用试样可不经缩分，在拌匀后直接进行试验。

（二）各试验项目的试验方法

1.颗粒级配

（1）仪器设备。

①鼓风干燥箱：能使温度控制在（105±5）℃。

②天平称量1 000 g，感量1 g。

③方孔筛：规格为300 μm，600 μm，1.18 mm，2.36 mm，4.75 mm及9.5 mm的筛各一只，并附有筛底和筛盖。

④摇筛机。

⑤搪瓷盘、毛刷等。

（2）试验步骤。

①按规定取样，将试样缩分至约1 100 g，放在干燥箱中于（105±5）℃下烘至恒量，

待冷却至室温后，分为大致相等的两份备用。

注意：恒量是指试样在烘干 3 h 以上的情况下，其前后质量之差不大于该项试验所要求的称量精度（下同）。

②称取试样 500 g，精确至 1 g。将试样倒入按孔径大小从上到下组合的套筛（附筛底）上，然后进行筛分。

③将套筛置于摇筛机上，摇 10 min，取下套筛，按筛孔大小顺序再逐个用手筛，筛至每分钟通过量小于试样总量 0.1% 为止。通过的试样并入下一号筛中，并和下一号筛中的试样一起过筛，这样顺序进行，直至各号筛全部筛完为止。

④称取各号筛的筛余量，精确至 1 g，试样在各号筛上的筛余量不得超过按下式计算出的量。

$$G = \frac{Ad^{1/2}}{200} \qquad (3-3)$$

式中：G 为在一个筛上的筛余量，g；A 为筛面面积，mm^2；d 为筛孔尺寸，mm。

超过时应按下列方法之一处理：

第一，将该粒级试样分成少于按上式计算出的量，分别筛分，并以筛余之和作为该号筛的筛余量。

第二，将该粒级及以下各粒级的筛余混合均匀，称出其质量，精确至 1 g。再用四分法缩分为大致相等的两份，取其中一份，称出其质量，精确至 1 g，继续筛分。计算该粒级及以下各粒级的分计筛余量时应根据缩分比例进行修正。

（3）结果计算与评定。

①计算分计筛余百分率：各号筛的筛余量与试样总量之比，计算精确至 0.1%。

②计算累计筛余百分率：该号筛的分计筛余百分率加上该号筛以上各分计筛余百分率之和，精确至 0.1%。如果每号筛的筛余量与筛底的剩余量之和同原试样的质量之差超过 1%，则应重新试验。

（4）累计筛余百分率。取两次试验结果的算术平均值，精确至 1%。细度模数取两次试验结果的算术平均值，精确至 0.1。如果两次试验的细度模数之差超过 0.20，则应重新试验。

（5）评定颗粒级配。根据各号筛的累计筛余百分率，采用修约值比较法评定该试样的颗粒级配。

2. 含泥量

（1）仪器设备。

①鼓风干燥箱：能使温度控制在（105 ± 5）℃。

②天平：称量 1 000 g，感量 0.1 g。

③方孔筛：孔径为 75 μm（0.075 mm）及 1.18 mm 的筛各一只。

④容器：要求淘洗试样时，保持试样不溅出（深度大于 250 mm）。

⑤搪瓷盘、毛刷等。

（2）试验步骤。

①按规定取样，并将试样缩分至约 1 100 g，放在干燥箱中于（105±5）℃下烘干至恒量，待冷却至室温后，分为大致相等的两份备用。

②称取试样 500 g，精确至 0.1 g。将试样倒入淘洗容器中，注入清水，使水面高于试样面约 150 mm，充分搅拌均匀后，浸泡 2 h，然后用手在水中淘洗试样，使尘屑、淤泥和黏土与砂粒分离，把浑水缓缓倒入 1.18 mm 及 75 μm 的方孔筛。试验前筛子的两面应用水润湿，在整个过程中应小心防止砂粒流失。

③再向容器中注入清水，重复上述操作，直至容器内的水目测清澈为止。

④用水淋洗剩余在筛上的细粒，并将 75 μm 筛放在水中（使水面略高出筛中砂粒的上表面）来回摇动，以充分洗掉小于 75 μm 的颗粒，然后将两只筛的筛余颗粒和清洗容器中已经洗净的试样一并倒入搪瓷盘，放在干燥箱中于（105±5）℃下烘干至恒重，待冷却至室温后，称出其质量，精确至 0.1 g。

3. 石粉含量与 MB 值（亚甲蓝值）

该试验需分 3 个过程：一是亚甲蓝溶液配制，二是石粉含量测定，三是亚甲蓝 MB 值的测定。

（1）试剂和材料及仪器设备。

①定量滤纸（快速）；②蒸馏水；③亚甲蓝；④烧杯（1 000 mL）、搪瓷盘和毛刷；⑤容量瓶（1 L）；⑥深色储藏瓶（至少 1 L）；⑦天平，称量 1 000 g、感量 0.1 g 及称量 100 g、感量 0.01 g 各一台；⑧孔筛，孔径为 0.075 mm、1.18 mm、2.36 mm 的筛各一只；⑨鼓风干燥箱，能使温度控制在（105±5）℃；⑩容器，要求淘洗试样时，保持试样不溅出（深度大于 250 mm）；⑪移液管，5 mL、2 mL 移液管各一个；⑫三片或四片式叶轮搅拌器，转速可调最高达（600±60）r/min，直径为（75±10）mm；⑬定时装置，精度 1 s；⑭温度计，精度 1 ℃，0～100 ℃；⑮玻璃棒：2 支（直径 8 mm，长 300 mm）。

（2）亚甲蓝溶液制备。

①亚甲蓝粉末含水率测定：称量亚甲蓝粉末约 5 g，精确到 0.01 g。将该粉末在（100±5）℃烘干至恒量，置于干燥器中冷却。从干燥器中取出后立即称重，精确到 0.01 g。计算含水率，精确到小数点后一位。

每次染料溶液制备均应进行亚甲蓝含水率测定。

②亚甲蓝溶液制备步骤：称量亚甲蓝粉末（相当于干粉 10 g），精确到 0.01 g。倒入盛有约 600 mL 蒸馏水（水温加热至 35～40 ℃）的烧杯中，用玻璃棒持续搅拌 40 min，直至亚甲蓝粉末完全溶解，冷却至 20 ℃。将溶液倒入 1 L 容量瓶中，用蒸馏水淋洗烧杯等，使所有亚甲蓝溶液全部移入容量瓶，容量瓶和溶液的温度应保持在（20±2）℃，加蒸馏水至容量瓶 1 L 刻度。振荡容量瓶以保证亚甲蓝粉末完全溶解。将容量瓶中的溶液移入深色储藏瓶中，标明制备日期、失效日期（亚甲蓝溶液保质期应不超过 28 d），并置于阴暗处保存。

（3）试验步骤。

①石粉含量的测定同含泥量测定方法。

②亚甲蓝 MB 值的测定。

测定过程终点是当使用的亚甲蓝溶液使滤纸色晕可持续保持 5 min 时的总体积。

a. 按规定取样，并将试样缩分至约 400 g，放在干燥箱中于（105±5）℃下烘干至恒量，待冷却至室温后，筛除大于 2.36 mm 的颗粒备用。

b. 称取试样 200 g，精确至 0.1 g。将试样倒入盛有（500±5）mL 蒸馏水的烧杯中，用叶轮搅拌机以（600±60）r/min 转速搅拌 5 min，使之成悬浮液，然后以（400±40）r/min 转速搅拌，直至试验结束。

c. 悬浮液中加入 5 mL 亚甲蓝溶液，以（400±40）r/min 转速搅拌至少 1 min 后，用玻璃棒蘸取一滴悬浮液（所取悬浮液滴应使沉淀物直径为 8～12 mm），滴于滤纸（置于空烧杯或其他合适的支撑物上，以使滤纸表面不与任何固体或液体接触）上。若沉淀物周围未出现色晕，再加入 5 mL 亚甲蓝溶液，继续搅拌 1 min，再用玻璃棒蘸取一滴悬浮液，滴于滤纸上，若沉淀物周围仍未出现色晕，重复上述步骤，直至沉淀物周围出现约 1 mm 的稳定浅蓝色色晕。此时应继续搅拌，不加亚甲蓝溶液，每 1 min 进行一次沾染试验。若色晕在 4 min 内消失，再加入 5 mL 亚甲蓝溶液；若色晕在第 5 min 消失，再加入 2 mL 亚甲蓝溶液。两种情况下，均应继续进行搅拌和沾染试验，直至色晕可持续 5 min。

d. 记录色晕持续 5 min 时所加入的亚甲蓝溶液总体积，精确至 1 mL。

③亚甲蓝的快速试验。

a. 按规定取样，并将试样缩分至约 400 g，放在干燥箱中于（105±5）℃下烘干至恒量，待冷却至室温后，筛除大于 2.36 mm 的颗粒备用。

b. 称取试样 200 g，精确至 0.1 g。将试样倒入盛有（500±5）mL 蒸馏水的烧杯中，用叶轮搅拌机以（600±60）r/min 转速搅拌 5 min，使之成悬浮液，然后以（400±40）r/min 转速搅拌，直至试验结束。

c. 一次性向烧杯中加入 30 mL 亚甲蓝溶液，在（400±40）r/min 转速下持续搅拌 8 min，然后用玻璃棒蘸取一滴悬浮液，滴于滤纸上，观察沉淀物周围是否出现明显色晕。

4. 泥块含量

（1）仪器设备。

①鼓风干燥箱：能使温度控制在（105±5）℃。

②天平：称量 1 000 g，感量 0.1 g。

③方孔筛：孔径为 600 μm 及 1.18 mm 的筛各一只。

④容器：要求淘洗试样时，保持试样不溅出（深度大于 250 mm）深盆。

⑤摘瓷盘、毛刷等。

（2）试验步骤。

①按规定取样，并将试样缩分至约 5 000 g，放在干燥箱中于（105±5）℃下烘干至

恒量，待冷却至室温后，筛除小于 1.18 mm 的颗粒，分为大致相等的两份备用。

②称取试样 200 g，精确至 0.1 g。将试样倒入淘洗容器中，注入清水，使水面高于试样面约 150 mm，充分搅拌均匀后，浸泡 24 h。然后用手在水中碾碎泥块，再把试样放在 600 μm 筛上，用水淘洗，直至容器内的水目测清澈为止。

5. 轻物质含量

（1）试剂及仪器设备。

①氯化锌：化学纯。

②量杯：1 000 mL，250 mL，150 mL 各一个。

③天平：称量 1 000 g，感量 0.1 g。

④鼓风干燥箱：能使温度控制在（105±5）℃。

⑤比重计：测定范围为 1 800 ~ 2 200 kg/m³。

⑥方孔筛：孔径为 4.75 mm 及 0.3 mm 筛各一只。

⑦网篮：内径和高度均约为 70 mm，网孔孔径不大于 0.3 mm。

⑧陶瓷盘、玻璃棒、毛刷、毛巾等。

（2）氯化锌重液的配制。向 1 000 mL 的量杯中加水至 600 mL 刻度处，再加入 1 500 g 氯化锌。用玻璃棒搅拌使氯化锌充分溶解，待冷却至室温后，将部分溶液倒入 250 mL 量筒中测其密度。若密度小于 2 000 kg/m³，则倒回 1 000 mL 量杯中，再加入氯化锌，待全部溶解并冷却至室温后测其密度，直至溶液密度达到 2 000 kg/m³。

（3）试验步骤。

①按规定取样，并将试样缩分至约 800 g，放在干燥箱中于（105±5）℃下烘干至恒量，待冷却至室温后，筛除大于 4.75 mm 及小于 300 μm 的颗粒，分为大致相等的两份备用。

②称取试样 200 g，精确至 0.1 g。将试样倒入盛有重液的量杯中，用玻璃棒充分搅拌，使试样中的轻物质与砂充分分离。静置 5 min 后，将浮起的轻物质连同部分重液倒入网篮中，轻物质留在网篮上，而重液通过网篮流入另一容器。倾倒重液时应避免带出砂粒，一般当重液表面与砂表面相距 20 ~ 30 mm 时立即停止倾倒，流出的重液倒回盛试样的量杯中。重复上述过程，直至无轻物质浮起为止。

③用清水洗净留存于网篮中的物质，然后将它移入已恒量的烧杯中，放在干燥箱中在（105±5）℃下烘干至恒量，待冷却至室温后，称出轻物质与烧杯的总质量，精确至 0.1 g。

6. 有机物含量

（1）试验材料及仪器设备。

①试剂：氢氧化钠、鞣酸、乙醇和蒸馏水。

②量筒：10 mL，100 mL，250 mL，1 000 mL 各一个。

③方孔筛：孔径为 4.75 mm 的筛一只。

④烧杯、玻璃棒、移液管、毛巾、小勺等。

⑤水浴锅：可控制温度为 60 ~ 70 ℃。

⑥天平：称量 1 000 g、感量 0.1 g 及称量 100 g、感量 0.01 g 各一台。

（2）标准溶液的配制。取 2 g 鞣酸溶解于 98 mL 质量分数为 10% 乙醇溶液中即得所需的鞣酸溶液。然后取该溶液 25 mL 注入 975 mL 质量分数为 3% 的氢氧化钠溶液中（取 3 g 氢氧化钠溶于 97 mL 蒸馏水中），加塞后剧烈摇动，静置 24 h 即得标准溶液。

（3）试验步骤。

①按规定取样，并将试样缩分至约 500 g，风干后，筛除大于 4.75 mm 的颗粒备用。

②向 250 mL 容量筒中装入风干试样至 130 mL 刻度处，然后注入质量分数为 3% 的氢氧化钠溶液至 200 mL 刻度处，加塞后剧烈摇动，静置 24 h。

③比较试样上部溶液和标准溶液的颜色，盛装标准溶液与盛装试样的容量筒大小应一致。

（4）结果评定。试样上部的溶液颜色浅于标准溶液颜色时，则表示试样有机物含量合格。若两种溶液颜色接近，应把试样连同上部溶液一起倒入烧杯中，放在 60 ~ 70 ℃ 的水浴中，加热 2 ~ 3 h，然后再与标准溶液比较。如果试样颜色浅于标准溶液，认为有机物含量合格；若深于标准溶液，则应配制成水泥砂浆做进一步试验。即将一份原试样用质量分数为 3% 的氢氧化钠溶液洗除有机质，再用清水淋洗干净，与另一份原试样分别按相同的配合比按《水泥胶砂强度检验方法（ISO）法》（GB/T 17671—2021）的规定制成水泥砂浆，测定 28 d 的抗压强度。当原试样制成的水泥砂浆轻度不低于洗除有机物后试样制成的水泥砂浆强度的 95% 时，则认为有机物含量合格。

7. 表观密度

（1）仪器设备。

①鼓风干燥箱：能使温度控制在（105 ± 5）℃。

②天平：称量 1 000 g，感量 0.1 g。

③容量瓶：500 mL 两个。

④干燥器、搪瓷盘、滴管、毛刷、温度计、勺子等。

（2）试验步骤。

①按规定取样，并将试样缩分至约 660 g，放在干燥箱中于（105 ± 5）℃下烘干至恒量，待冷却至室温后，分为大致相等的两份备用。

②称取试样 300 g，精确至 0.1 g。将试样装入容量瓶，注入冷开水至接近 500 mL 的刻度处，用手旋转摇动容量瓶，使砂样充分摇动，排除气泡，塞紧瓶盖，静置 24 h。然后用滴管小心加水至容量瓶 500 mL 刻度处，塞进瓶塞，擦干瓶外水分，称出其质量，精确至 1 g。

③倒出瓶内水和试样，洗净容量瓶，再向容量瓶内注水（水温应与上述②的水温相差不超过 2 ℃，并为 15 ~ 25 ℃）至 500 mL 刻度处，塞紧瓶塞，擦干瓶外水分，称出其质量，精确至 1 g。

注意：在测定砂的表观密度过程中应测量并控制水的温度，试验的各项称量可在

15～25 ℃的温度内进行。从试样加水静置的最后 2 h 起直至实验结束，其温度相差不应超过 2 ℃。

8.含水率

（1）仪器设备。

①鼓风干燥箱：能使温度控制在（105±5）℃。

②天平：称量 1 000 g，感量 0.1 g。

③吹风机（手提式）。

④饱和面干试模及质量约为 340 g 的捣棒。

⑤干燥器、吸管、搪瓷盘、小勺、毛刷等。

（2）试验步骤。

①将自然潮湿状态下的试样用四分法缩分至约 1 100 g，拌匀后分为大致相等的两份备用。

②称取一份试样的质量，精确至 0.1 g。将试样倒入已知质量的烧杯中，放在干燥箱中于（105±5）℃下烘至恒量。待冷却至室温后，再称出其质量，精确至 0.1 g。

二、粗集料（石子）试验方法

（一）一般规定

试验环境：实验室的温度应保持在（20±5）℃。

试验用筛：应满足《试验筛 技术要求和检验 第 1 部分：金属丝编织网试验筛》（GB/T 6003.1—2022）和《试验筛 技术要求和检验 第 2 部分：技术穿孔板试验筛》（GB/T 6003.2—2012）中方孔筛的规定，筛孔大于 400 mm 的试验筛采用穿孔板试验筛。

试样处理：将所取样品置于平板上，在自然状态下拌和均匀，并堆成堆体，然后沿互相垂直的两条直径把堆体分成大致相等的两份，取其中对角线的两份重新拌匀，再堆成堆体。重复上述过程，直至把样品缩分到试验所需量为止。

堆积密度试验所用试样可不经缩分，在拌匀后直接进行试验。

（二）各试验项目的试验方法

1.颗粒级配

（1）仪器设备。

①鼓风干燥箱：能使温度控制在（105±5）℃。

②天平：称量 10 kg，感量 1 g。

③方孔筛：孔径为 2.36 mm，4.75 mm，9.50 mm，16.0 mm，19.0 mm，26.5 mm，31.5 mm，37.5 mm，53.0 mm，63.0 mm，75.0 mm 及 90 mm 的筛各一只，并附有筛底和

筛盖（筛框内径为 300 mm）。

④摇筛机。

⑤搪瓷盘、毛刷、铁锹和盛器。

（2）试验步骤。

①按规定取样，并将试样缩分至略大于表 3-1 规定的数量，烘干或风干后备用。

表3-1　颗粒级配试验所需式样数量

最大粒径 /mm	9.5	16.0	19.0	26.5	31.5	37.5	63.0	75.0
最少试样的质量 /kg	1.9	3.2	3.8	5.0	6.3	7.5	12.6	16.0

②根据试样的最大粒径，称取规定数量试样一份，精确到 1 g。将试样倒入按孔径大小从上到下组合的套筛（附筛底）上，然后进行筛分。

③将套筛置于摇筛机上，摇 10 min，取下套筛，按筛孔大小顺序再逐个用手筛，筛至每分钟通过量小于试样总量 0.1% 为止。通过的颗粒并入下一号筛中，并和下一号筛中的试样一起过筛，这样顺序进行，直至各号筛全部筛完为止。当筛余颗粒的粒径大于 19 mm 时，在筛分过程中允许用手拨动颗粒。

④称出各号筛的筛余量，精确至 1 g。

（3）结果计算与评定。

①计算分级筛余百分率：各号筛的筛余量与试样总质量之比，精确至 0.1%。

②计算累计筛余百分率：各号筛及以上各筛的分计筛余百分率之和，精确至 1%。筛分后，如果每号筛的筛余量与筛底的筛余量之和同原试样质量之差超过 1%，则应重新试验。

③根据各号筛的累计筛余百分率，采用修约值比较法评定该试样的颗粒级配。

2. 含泥量

（1）仪器设备。

①鼓风干燥箱：能使温度控制在（105 ± 5）℃。

②天平称量 10 kg，感量 1 g。

③方孔筛：孔径为 75 μm 及 1.18 mm 的筛各一只。

④容器：要求淘洗试样时，保持试样不溅出。

⑤搪瓷盘、毛刷等。

（2）试验步骤。

①按规定取样，并将试样缩分至略大于表 3-2 规定的 2 倍数量，放在干燥箱于（105 ± 5）℃下烘干至恒量，待冷却至室温后，分成大致相等的两份备用。

注意：恒量是指试样在烘干 3 h 以上，其前后质量之差不大于该项试验所要求的称量精度（下同）。

表3-2 含泥量试验所需试样数量

最大粒径 /mm	9.5	16.0	19.0	26.5	31.5	37.5	63.0	75.0
最少试样的质量 /kg	2.0	2.0	6.0	6.0	10.0	10.0	20.0	20.0

②根据试样的最大粒径，称取规定数量试样一份，精确到1 g。将试样放入淘洗容器中，注入清水，使水面高于试样表面150 mm，充分搅拌均匀后，浸泡2 h，然后用手在水中淘洗试样，使尘屑、淤泥和黏土与石子颗粒分离，把浑水缓缓倒入1.18 mm及75 μm的筛上（1.18 mm筛放在75 μm筛上面），滤除小于75 μm的颗粒。试验前筛子的两面应先用水润湿。在整个过程中应小心防止大于75 μm的颗粒流失。

③向容器中注入清水，重复上述操作，直至容器内的水目测清澈为止。

④用水淋洗剩余在筛上的细粒，并将75 μm筛放在水中（使水面略高出筛中石子颗粒的上表面）来回摇动，以充分洗掉小于75 μm的颗粒，然后将两只筛上筛余的颗粒和清洗容器中已经洗净的试样一并倒入搪瓷盘中，置于干燥箱中于（105±5）℃下烘干至恒量，待冷却至室温后，称出其质量，精确至1 g。

3. 有机物含量

（1）试验材料和仪器设备。

①试剂：氢氧化钠、鞣酸、乙醇和蒸馏水。

②天平：称量10 kg、感量1 g及称量100 g、感量0.01 g各一台。

③量筒：100 mL及1 000 mL各一个。

④方孔筛：孔径为19.0 mm筛一个。

⑤烧杯、玻璃棒、移液管、耳勺、盛器、毛巾等辅助用品。

（2）标准溶液配制。取2 g鞣酸溶解于98 mL质量分数为10%乙醇溶液中（无水乙醇10 mL，加蒸馏水90 mL）即得所需的鞣酸溶液。然后取该溶液25 mL注入975 mL质量分数为3%的氢氧化钠溶液中（3 g氢氧化钠溶于97 mL蒸馏水中），加塞后剧烈摇动，静置24h即得标准溶液。

（3）试验步骤。

①按规定取样，筛除大于19.0 mm以上的颗粒，然后缩分至约1.0 kg，风干后备用。

②向1 000 mL容量筒中装入风干试样至600 mL刻度处，然后注入质量分数为3%的氢氧化钠溶液至800 mL刻度处，剧烈搅动后静置24 h。

③比较试样上部溶液和标准溶液的颜色，盛装标准溶液与盛装试样的容量筒大小应一致。

（4）结果评定。试样上部的溶液颜色浅于标准颜色时，则表示试样有机物含量合格。若两种溶液的颜色接近，应把试样连同上部一起倒入烧杯中，放在60～70 ℃的水浴中，加热2～3 h，然后再与标准溶液比较。如果试样颜色浅于标准溶液，认为有机物含量合格；若深于标准溶液，则应配制成混凝土做进一步试验，即将一份原试样用质量分数为 3% 氢氧化钠溶液洗除有机质，再用清水淋洗干净，与另一份原试样分别按相同的配合比制成混凝土，测定 28 d 的抗压强度。当原试样制成的混凝土强度不低于淘洗试样制成的混凝土强度的 95% 时，则认为有机物含量合格。

第三节　外加剂检测试验

一、概述

外加剂试验分为外加剂匀质性指标试验、掺有外加剂的混凝土拌合物性能试验、掺有外加剂的硬化后混凝土性能试验及外加剂对水泥的适应性试验 4 大类。

外加剂匀质性指标有氯离子含量、总碱量、含固量、含水率、密度、细度、pH、硫酸钠含量。一般施工现场不检测，但出厂的合格证上应标明其试验结果。

掺有外加剂的混凝土拌合物试验项目包括减水率（早强剂、缓凝剂不做减水率试验）泌水率比、含气量、凝结时间差和 1 h 经时变化量（针对高性能减水剂和泵送剂的坍落度和引气剂及引气减水剂的含气量）。

掺有外加剂的硬化混凝土的试验项目包括抗压强度比、收缩比和相对耐久性（仅对引气减水剂和引气剂）。

外加剂对水泥的适应性问题是工程中应用外加剂的一个非常重要并迫切需要解决的问题，所以为了施工顺利必须在使用前确定适应性，否则不能随意使用。

（一）对原材料的要求

1. 水泥

基准水泥是检验混凝土外加剂性能的专用水泥，是由符合品质指标的硅酸盐水泥熟料与二水石膏共同粉磨而成的 42.5 强度等级的 P·I 型硅酸盐水泥。基准水泥必须由经中国建材联合会混凝土外加剂分会与有关单位共同确认具备生产条件的工厂供给。

水泥品质指标（除满足 42.5 强度等级硅酸盐水泥技术要求外）包括以下内容：熟料中铝酸三钙 C_3A 含量为 6%～8%（质量分数）；熟料中硅酸三钙（C_3S）含量为 55%～60%（质量分数）；熟料中游离氧化钙含量不得超过 1.2%（质量分数）；水泥中碱（$Na_2O+0.658K_2O$）含量不得超过 1.0%（质量分数）；水泥比表面积为（350±10）m^2/kg。

注意：为了符合施工的实际情况，应使用工程拟用的水泥进行各种试验，这样其试验结果才有意义。

基准水泥的验收规则：出厂 15 t 为一个编号，每一批号应取 3 个有代表性的样品，分别测定比表面积，测定结果均须符合规定，其他品质指标必须符合要求。

基准水泥包装：采用结实牢固和密封良好的塑料桶包装。每桶净重（25±0.5）kg，桶中应有合格证，注明生产日期、批号及有效储存期。

2. 砂

砂的质量应符合《建设用砂》（GB/T 14684—2022）中要求的中砂，但细度模数为 2.6～2.9，含泥量小于 1%（质量分数）。

3. 石子

石子的质量应符合《建设用卵石、碎石》（GB/T 14685—2022）要求的公称粒径为 5～20 mm 的碎石或卵石，采用两级配，其中 5～10 mm 占 60%，满足连续级配要求，针、片状物质含量小于 10%（质量分数），空隙率小于 47%，含泥量小于 0.5%（质量分数）。如果有争议，以碎石结果为准。

4. 水

水符合《混凝土用水标准（附条文说明）》（JGJ 63—2006）中混凝土拌和水的技术要求。

5. 外加剂

外加剂需要检测。

（二）配合比的要求

基准混凝土配合比按《普通混凝土配合比设计规程》（JGJ 55—2011）进行设计。掺非引气型外加剂的受检混凝土和其对应的基准混凝土的水泥、砂、石的比例相同。配合比设计应符合以下规定：

水泥用量：掺高性能减水剂或泵送剂的基准混凝土和受检混凝土的单位水泥用量为 360 kg/m²；掺其他外加剂的基准混凝土和受检混凝土单位水泥用量为 330 kg/m²。

砂率：掺高性能减水剂或泵送剂的基准混凝土和受检混凝土的砂率均为 43%～47%；掺其他外加剂的基准混凝土和受检混凝土的砂率为 36%～40%；掺引气减水剂或引气剂的受检混凝土的砂率应比基准混凝土的砂率低 1%～3%。

外加剂掺量：按生产厂家指定掺量。

用水量：掺高性能减水剂或泵送剂的基准混凝土和受检混凝土的坍落度控制在（210±10）mm，用水量为坍落度在（210±10）mm 时的最小用水量；掺其他外加剂的基准混凝土和受检混凝土的坍落度控制在（80±10）mm。

用水量包括液体外加剂、砂、石材料中所含的水量。

（三）混凝土搅拌的要求

采用符合《混凝土实验用搅拌机》（JG 3036—2009）要求的公称容量为 60 L 的单卧轴式强制性搅拌机。搅拌机的拌和量应不少于 20 L，不宜大于 45 L。

外加剂为粉状时，将水泥、砂、石、外加剂一次性投入搅拌机，干拌均匀，再加入拌和水，一起搅拌 2 min。外加剂为液体时，将水泥、砂、石一次性投入搅拌机，干拌均匀，再加入掺有外加剂的拌和水一起搅拌 2 min。

出料后，在铁板上用人工翻拌至均匀，再行试验。各种混凝土试验材料及环境温度均应保持在（20±3）℃。

二、外加剂检测要点

（一）指标检测

工艺方面，需要将外加剂检测指标进行分类考虑，一般包括三部分：自身性能、添加剂中某些特定物质的定量和定性分析、外加剂与水泥相容性分析。为了保证检测工作的合理性，需要考虑混凝土外加剂指标的检测，加强外加剂特定位置、固定值的合理分析。检测环节中，需要考虑工作性能、力学性能和耐久性等。国内行业规定，混凝土外加剂中，前几个部分一般是厂家从控制质量出发进行考虑，与混凝土不存在直接关系。根据现有标准进行产品鉴定中，需要选择质量稳定性高的产品进行分析。相容性检测中，需要结合水泥砂浆的减水率、混凝土减水率以及流动度几个要素进行核验。根据工程项目的特殊性，可对外加剂特定用途进行后期核验，从而提高评估工作的合理性。

（二）外加剂与水泥适应性分析

首先，外加剂、水泥不相容性。当下建筑施工中，外加剂可实现对混凝土性能的改善，但是工程实践表明，部分外加剂加入后可能表现出与预期不符的状况，无法保证相容性，如流动效果、凝结时间以及塌落面积无法充分满足项目要求。外加剂种类差异、反应实质等也会对二者相容性产生影响。另外，不同原材料、不同加工工艺也会引起外加剂与水泥不相容的问题。配置混凝土施工中，需要结合环境温度、加料方法、加料用量等进行全面综合分析，只有降低不相容问题才可充分实现外加剂的性能。其次，品种对性能会产生一定影响。外加剂一般是化学试剂，借助各种化学反应实现制备目的。不同化学方法会引起后期水泥浆流动状况的显著差异。生产环节中，借助外加剂可充分实现工艺流程简化、平衡离子的目的。水泥等宏观可观测到的大颗粒检测中，可借助范德华力、静电力、粒子表面化学作用力进行分析，同时需要考虑结合水的影响，避免结合水引起水泥粒子等发生性能改变。现阶段，混凝土配置中需要借助高效减水剂进行合理施工，保证浆体流动性满足要求。理论上分析，流动性增加与现代技术、加入材料息息相关。一般含碱度与需水量成正比关系，但是含碱量过高会引起塑性造型效果下降。最后，进行水泥细度的合理检测。为了保证混凝土满足当下建筑体需求，需要考虑水泥强度、细化要求等。水泥越细，需水量越高，从而外加剂的要求浓度显著下降，塑化能力下降，后期成品混凝土塌落状况概率增加。

（三）外加剂检查体系

一般状况下，外加剂质量检测中需要建立明确的检测体系。从检测经验分析可得出,待检测原料种类越少,后期检测结果越精确,便于材料性能、材料质量的全面体现。一般借助水泥净浆体系检测外加剂性能效果良好。但是需要注意的是,水泥净浆中一般不会包含骨料,导致其检测结果无法全面评估外加剂性能。为了有效应对上述问题,国内混凝土检测机构协会针对混凝土的强度、含气量等进行了明确定义。另外,粗骨料一般种类多、来源广,导致其质量差距较大,呈现性能具有显著差异。合理考虑混凝土材料间的比值、加工手段,对关键参数进行详细分析十分重要。

第四节　矿物掺料检测试验

目前,大量用于混凝土掺和料的有粉煤灰和粒化高炉矿渣粉。

用于混凝土掺和料的粉煤灰根据《用于水泥和混凝土中的粉煤灰》(GB/T 1596—2017)中的规定进行检验,其检测项目主要有细度、需水量比、烧失量、三氧化硫、游离氧化钙、安定性、含水量等。

用于混凝土掺和料的粒化高炉矿渣粉根据《用于水泥和混凝土中的粒化高炉矿渣粉》(GB/T 18046—2008)中的规定进行检验,其检测项目主要有密度、比表面积、活性指数、流动度比、三氧化硫、烧失量、氯离子及含水率等。

一、粉煤灰测定

(一)粉煤灰细度测定

1.试验原理

利用气流作为筛分的动力和介质,通过旋转的喷嘴喷出的气流作用使筛网里的待测粉状物料呈流态化,并在整个系统负压的作用下将细颗粒通过筛网抽走,从而达到筛分的目的。

2.试验主要仪器设备

(1)负压筛析仪:负压筛析仪主要由筛座、真空源和收尘器等组成。

(2)电热鼓风干燥箱:能使温度控制在(105±5)℃。

(3)天平:称量100 g,感量0.01 g。

(4)45 μm方孔筛。

3.试验步骤

(1)将测试用粉煤灰样品置于温度为105～110 ℃电热鼓风干燥箱内烘至恒重,取出放在干燥器中冷却至室温。

(2)称取试样约10 g,精确至0.01 g,倒入45 μm方孔筛筛网上,将筛子置于筛座上,盖上筛盖。

(3)接通电源,将定时开关固定在3 min,开始筛析。

（4）开始工作后，观察负压表，使负压稳定在 4 000 ～ 6 000 Pa；若负压小于 4 000 Pa，则应停机，清理收尘器中的积灰后再进行筛析。

（5）在筛析过程中，可用轻质木棒或硬橡胶棒轻轻敲打筛盖，以防吸附。

（6）3 min 后筛析自动停止，停机后观察筛余物，如出现颗粒成球、黏筛或有细颗粒沉积在筛框边缘，用毛刷将细颗粒轻轻刷开，将定时开关固定在手动位置，再筛析 1 ～ 3 min 直至筛分彻底为止。将筛网内的筛余物收集并称量，精确至 0.01 g。

（二）粉煤灰需水量比测定

1. 试验原理

按《水泥胶砂流动度测定方法》（GB/T 24—2005）测定试验胶砂和对比胶砂的流动度，以二者流动度达到 130 ～ 140 mm 时的加水量之比确定粉煤灰的需水量比。

2. 试验主要仪器设备

（1）搅拌机：符合《水泥胶砂强度检验方法（ISO 法）》（GB/T 17671—2021）规定的行星式水泥胶砂搅拌机。

（2）流动度跳桌符合《水泥胶砂流动度测定方法（ISO 法）》（GB/T 2419—2005）规定。

（3）天平：称量 1 000 g，感量 1 g。

3. 试验材料

（1）水泥：《强度检验用水泥标准样品》（GSB 14—1510—2018）规定的强度检验用水泥标准样品。

（2）标准砂：符合《水泥胶砂强度简阳方法（ISO 法）》（GB/T 17671—2021）规定的 0.5 ～ 1.0 mm 的中级砂。

（3）水：洁净的饮用水。

4. 试验步骤

（1）胶砂配比如表 3-3 所示。

表3-3　粉煤灰需水量及测定用胶砂配比

胶砂种类	水 泥 /g	粉煤灰 /g	标准砂 /g	加水量 /mL
对比胶砂	250	—	750	125
试验胶砂	175	75	750	按流动度达到 130 ～ 140 mm

（2）试验胶砂按《水泥胶砂强度检验方法（ISO 法）》（GB/T 17671—2021）的规定进行搅拌。

（3）搅拌后的试验胶砂按《水泥胶砂流动度测定方法》（GB/T 2419—2005）测定流动度，当流动度为 130 ～ 140 mm 时，记录此时的加水量；当流动度小于 130 mm 或大于 140 mm 时，重新调整加水量，直至流动度达到 130 ～ 140 mm。

（三）粉煤灰含水量测定

1. 试验原理

将粉煤灰放入规定温度的烘干箱内烘至恒重，以烘干前和烘干后的质量之差与烘干前的质量之比确定粉煤灰的含水量。

2. 试验主要仪器设备

（1）电热鼓风干燥箱：能使温度控制在（105±5）℃。

（2）天平：称量100 g，感量0.01 g。

3. 试验步骤

（1）称取粉煤灰试样约50 g，精确至0.01 g，倒入蒸发皿中。

（2）将烘干箱温度调整并控制在105～110 ℃。

（3）将粉煤灰试样放入烘干箱内烘至恒重，取出放在干燥器中冷却至室温后称量，精确至0.01 g。

二、矿渣测定

（一）粒化高炉矿渣粉活性指数测定

1. 试验原理

分别测定试验样品和对比样品的抗压强度，两种样品同龄期的抗压强度之比即为活性指数。

2. 试验主要仪器设备

（1）水泥胶砂搅拌机，符合《行星式水泥胶砂搅拌机》（JC/T 681—2008）要求。

（2）水泥胶砂振实台，符合《水泥胶砂试体成型振实台》（JC/T 682—2005）要求。

（3）压力试验机及抗压夹具，抗压夹具符合《40 mm×40 mm水泥抗压夹具》（JC/T 683—2005）要求。

（4）水泥标准试模。

（5）天平：称量2 000 g，感量1 g。

（6）其他：自动滴管、金属直尺、胶皮刮具等。

3. 试验主要材料

（1）对比样品：符合《通用硅酸盐水泥》（GB 175—2007）规定的42.5硅酸盐水泥，当有争议时应用符合《通用硅酸盐水泥》（GB 175—2007）规定的P·Ⅰ型42.5R硅酸盐水泥进行。

（2）试验样品：由对比水泥和矿渣粉按质量比1∶1组成。

（二）粒化高炉矿渣粉流动度比测定

1. 试验原理

分别测定试验样品和对比样品的流动度，二者之比即为流动度比。

2. 试验主要仪器设备

（1）水泥胶砂搅拌机。

（2）水泥胶砂流动度测定仪。

（3）天平：称量 2 000 g，感量 1 g。

3. 试验主要材料

（1）对比样品：符合《通用硅酸盐水泥》（GB 175—2007）规定的 42.5 硅酸盐水泥，当有争议时应用符合《通用硅酸盐水泥》（GB 175—2007）规定的 P·I 型 42.5R 硅酸盐水泥进行。

（2）试验样品：由对比水泥和矿渣粉按质量比 1∶1 组成。

4. 试验步骤

（1）砂浆配比如表 3-4 所示。

表3-4　粒化高炉矿渣粉活性指数及流动度比测定用砂浆配比

砂浆种类	水 泥 /g	矿渣粉 /g	中国 ISO 标准砂 /g	水 /mL
对比砂浆	450	—	1350	225
试验砂浆	224	22		

（2）砂浆搅拌：搅拌按《水泥胶砂强度检验方法（ISO 法）》（GB/T 17671—2021）进行。

（3）流动度试验：按《水泥胶砂流动度测定方法》（GB/T 2419—2005）进行试验，分别测定试验样品和对比样品的流动度 L 与 L_0。

5. 试验结果计算与评定

矿渣粉的流动度比按下式计算，计算结果取整数。

$$F = L/L_0 \times 100\% \qquad (3\text{-}4)$$

式中：F 为流动度比，%；L_0 为对比样品流动度，mm；L 为试验样品流动度，mm。

第四章 建筑工程施工及其管理

第一节 建筑工程概述

一、概述

建筑是建筑物和构筑物的总称。为了满足社会生活的需要，人们会利用现有的物流手段，运用一些科学规律、风水观念和审美规律来创造一个人工环境。用于人类生产、生活或其他活动的房屋和场所称为建筑物，如医院、学校、商店等。

（一）建筑工程

建筑工程是指新建、改建或扩建建筑物和附属设施的规划、重新配置、设计和施工，技术和竣工工程的执行，相关管道、管道和设备的安装，以及各种房屋、建筑物和设备的施工，也称为土木工程。

建筑物和构筑物的建造，包括剧院、酒店、商店、学校、医院和住宅等，必须通过扩大建筑项目所需材料的生产来建造、重建或扩建。辅助设备是指水塔、自行式机库、水库等。线路、管道和设备的安装适用于与建筑物及其各自设备相结合的电气、排水、供暖、通信、智能、电梯等线路、管道和设备的安装。

（二）建设工程与建筑工程概念的区别

根据《建设工程质量管理条例》第二条，工建类项目是指土木工程、建筑工程、管道和设备安装及装饰工程等建设项目。与土木工程相比，建筑工程范围相对狭窄，包括不同类型的建筑物及其附属设备，以及相关管道和设备的安装。这就是它也被称为住房工程的原因。因此，桥梁、水利枢纽、铁路、港口设施和地下隧道等非住宅项目的施工不属于建设项目范围。

二、建筑的构成要素

建筑的构成要素主要有三方面，即建筑功能、建筑技术和建筑形象。

（一）建筑功能

建筑功能是建筑运行的要求，必须从物质和精神两个方面来实现。判断一栋建筑是否可用，通常意味着判断该建筑是否满足一些功能要求。因此，建筑物的功能要求是建筑物最基本的要求，也是建筑物建造的主要目的。

在人类社会中，建筑功能不仅满足人们的物质需要，而且满足社会生活和精神生活的功能要求，因此具有一定的社会性。

建筑功能需求随着社会生产和生活的发展而演变，从筑巢到现代高层建筑，从工艺工业到高度自动化的大型工厂，建筑功能越来越复杂多样，建筑功能要求也越来越高。不同的功能要求会产生不同类型的建筑，如民用建筑、工业建筑和农业建筑等。不同类型的建筑具有不同的建筑特征，建筑功能是决定建筑性质、类型和特征的主要因素。

（二）建筑技术

建筑技术是一种施工手段，包括建筑材料及制品、结构工程、建筑工程、设备工程等领域的技术。建筑技术受到社会生产水平和科技水平的制约。例如，随着生产和技术的发展，新材料、新结构和新设备不断出现，工业建设水平不断提高，新的施工技术不断出现。多功能厅和超高层建筑等新建筑特征有助于提高建筑质量。满足社会物质和精神需求的建筑将对建筑技术提出新的要求，并将支持建筑技术的进一步发展。总之，建筑技术是建筑发展的重要因素。

（三）建筑形象

建筑形象是指基于建筑的功能美学和艺术美学，考虑民族传统和自然环境条件，通过建筑技术的建造创造建筑形象。建筑形象的形成因素包括建筑形式、内外空间的空间组合、立面的构成、材料和色彩的质量、摄影变化和装饰处理。如果把这些因素都考虑进去，就会产生很好的艺术效果，给人一定的感染力，如宏大、轻盈、有趣、明亮、生动等。

建筑形象不仅是一个美学问题，而且反映了社会和时代的特征，体现了特定时代的生产水平、文化传统、民族风格和社会精神，体现了建筑的具体性质和内容。例如，埃及的金字塔、希腊的寺庙、中世纪的教堂、中国的古代宫殿，以及北京的人民代表大会大楼、中国中央电视台大楼、巴黎的埃菲尔铁塔、爱德华·凯旋门等。

（四）建筑三要素的关系

建筑是材料的第一次生产，如果不考虑功能要求和建筑技术，人们就无法创造建筑形象。

在以上三点中，建筑功能起着主导作用；建筑技术是实现目标的手段，技术与功能相关并支持其实现；建筑形象是优秀建筑作品中建筑功能、技术和艺术内容的复杂表达，三者是辩证的、不可分割的。

第二节　建筑工程施工技术

一、基础与基坑工程

（一）桩基工程

预制桩是在工厂或建筑工地用各种材料制成的各种形式的桩，如木桩、混凝土桩、钢桩等，中国建筑领域使用的预制桩较多，主要是混凝土预制桩和钢桩。混凝土预制桩可承受较大的荷载，是中国常用的桩型之一，但其施工对环境有很大的影响，通常有块状混凝土桩和预应力空心混凝土桩。中国使用的钢桩主要是钢管桩和 H 型钢桩，制造后运往工地。

灌注桩具有施工时无振动、无土体压缩、噪声小等优点，适用于城市建筑、紧凑区域，在施工中应用更为广泛。根据成孔技术的不同，灌注桩可分为干作业成孔的灌注桩、泥壁入孔灌注桩、人工挖孔灌注桩。填塞桩按成孔方式可分为钻井固井桩、沉箱管浸入桩、人工开井灌注桩、爆破扩孔打桩等。

人工钻孔灌注桩的施工程序如下：场地整平→放线、定桩位→挖第一节桩孔土方→支模浇筑第一节混凝土护壁→在护壁上二次投测标高及桩位十字轴线→安装活动井盖、垂直运输架、起重卷扬机或电动葫芦、活底吊土桶、排水、通风、照明设施等→第二节桩身挖土→清理桩孔四壁，校核桩孔垂直度和直径→拆上节模板，支第二节模板，浇筑第二节混凝土护壁→重复第二节挖土、支模、浇筑混凝土护壁工序，循环作业直至设计深度→进行扩底（当需扩底时）→清理虚土、排除积水，检查尺寸和持力层→吊放钢筋笼就位→浇筑桩身混凝土。

（二）基坑工程

集水井脱水法通常适用于降雨深度小、土层粗或渗水量小的黏土层。在地下水位附近开挖基坑（槽）时，应在基坑（槽）底部周围或中心挖一条具有一定坡度的排水沟。沟渠底部低于沟渠表面 0.5 m 以上，根据地下水量，每隔 20～40 mm 设置集水井，集水井底部低于沟渠表面 1～2 m 挖掘，使水沿着排水沟流入集水井，然后用水泵将流入集水井的水泵入，以便继续挖掘基础坑（槽）的底部。当基坑（槽）底部接近排水坑底部时，加深排水坑和集水井的深度，并重复此循环，直到基坑（槽）挖到所需深度。集水井排水方法适用于地下水体积小、土壤质量好的情况，不应在浮沙的情况下使用。

井点降水是一种人为降低地下水位的方法，就是在基坑开挖前，在基坑周围埋设一定数量的滤水管（井）；并从抽水设备抽水，始终保持开挖土壤干燥。使用的井点类型包括轻型井点、喷射井点、电渗井点、管井点、深井点等。

二、砌体与脚手架工程

砌体工程是指砖、石和各类砌块的砌筑。由于砌体结构取材方便，造价低廉，施工工艺简单，又是中国传统建筑施工工艺，故仍大量采用。其不足之处是自重大，手工操作，工效低，占用土地资源。现阶段许多地区采用工业废料和天然材料制作中、小型砌体以代替普通黏土砖。

（一）砂浆的制备与使用

砂浆的配合比应经试验确定，试配砂浆时，应按设计强度等级提高 15%。施工中用水泥砂浆代替同强度等级的水泥混合砂浆砌筑砌体时，因水泥砂浆和易性差，砌体强度有所下降（一般考虑下降 15%），因此提高水泥砂浆的配制强度（一般提高一级）方可满足设计要求。水泥砂浆中掺入微沫剂（简称"微沫砂浆"）时，砌体抗压强度较水泥混合砂浆砌体降低 10%，故用微沫砂浆代替水泥混合砂浆使用时，微沫砂浆的配制强度也应提高一级。

（二）砖砌体施工

1.砖砌体的组砌要求与形式

砖砌体的组砌要求如下：上下错缝，内外搭接，以保证砌体的整体性；组砌要有规律，少砍砖，以提高砌筑效率，节约材料。

砖在砌筑时有三种不同的放置方式：

（1）"顺"，指砖的长边沿墙的轴线平放砌筑。

（2）"丁"，指砖的长边与墙的轴线垂直平放砌筑。

（3）"侧"，指砖的长边沿墙的轴线侧放砌筑。

砖墙的主要组砌形式如下：

（1）一顺一丁砌法。它是指一皮中全部顺砖与一皮中全部丁砖相互间隔砌成，上下皮间的竖缝相互错开 1/4 砖长。这种砌筑方法效率较高，但当砖的规格不一致时，竖缝就难以整齐。

（2）三顺一丁砌法。它是指三皮中全部顺砖与一皮中全部丁砖间隔砌成。上、下皮顺砖间竖缝错开 1/2 砖长；上、下皮顺砖与丁砖间竖缝错开 1/4 砖长。这种砌筑方法由于顺砖较多，砌筑效率较高，适用于砌一砖和一砖以上的墙厚。

（3）梅花丁砌法（又称沙包式、十字式）。它是指每皮中丁砖与顺砖相隔，上皮丁砖坐中于下皮顺砖，上、下皮间竖缝相互错开 1/4 砖长。这种砌筑方法内外竖缝每皮都能错开，故整体性较好，灰缝整齐，比较美观，但砌筑效率较低。砌筑清水墙或当砖规格不一致时，采用这种砌法较好。

2. 砖砌体砌筑工艺

砖砌体的砌筑过程包括找平、放线、摆砖、立皮数杆和砌砖、清理等工序。

（1）找平。墙体施工前，每层的高度必须铺设在防潮层或地板的基础上，并用 M7.5 水泥砂浆或细石混凝土找平，使每段砖墙的较低高度能够满足设计要求。找平时，上下外墙之间无明显接缝。

（2）放线。根据入口板上给出的轴线和图纸上标记的墙体尺寸，使用基础顶面上的墨线单击墙的轴线和宽度，然后绘制门洞口位置的线。第二层以上的墙体轴线可以通过经纬仪或球体引导，并且可以弹出每面墙体的宽度来绘制门孔的位置线。

（3）摆砖。砌砖是指根据所选的砌筑方法，在砌筑的主要表面上试砌干砖。通常，直砖沿着房屋外的纵墙方向放置，小砖沿着栏杆方向放置，砖从一个大角落放置到另一个角落，砖之间留有 10 mm 的距离。砌砖的目的是检查油墨的外露线是否与门窗洞口、墙壁支架等中的砖模数相对应，尽可能减少砖块切割，使砌体接缝均匀且正确组装。

（4）立皮数杆和砌砖。皮数柱是一种木制标杆，上面涂有每一块砖和砖连接的厚度，以及门窗洞口、格栅、地板、梁底、预埋件等的高度。这是在砌筑过程中控制砌体垂直尺寸的标志，可以提供砌体的垂直度。皮数杆通常竖立在房屋的四角、内外墙交叉处、楼梯、洞口等处，每 10 ~ 15 m 竖立一根。砌砖的方法有很多，使用的习惯和工具因地而异。通常应使用"三一"砌砖方法（即一块砖、一铲灰、一次挤压和摩擦、手动刮挤出的砂浆）。铺砖时应先挂线，根据干砖的整齐位置放置第一块砖，然后放置板角。每次板角不应超过六块砖。板转角过程中，随时用线托板检查墙角是否垂直、平整，砖层灰缝是否符合砖数标记，然后在墙角安装数块砖，最后挂线将砖放在第二块砖的上方。在砌筑过程中，要求"挂三皮、斜五皮"，以消除操作过程中的砌筑误差，保证墙面垂直平整。当建造厚度超过一块半砖的砖墙时，线路应悬挂在两侧。多孔砖和空心砖的垂直接缝应采用刮浆法，垂直接缝应在砂浆批准后建造。

（5）清理。当该层砖砌体砌筑完毕后，应进行墙面、柱面和落地灰的清理。

3. 砖砌体的施工要求

所有砖墙应平行建造，砖层应水平。砖层的位置由皮革支柱控制。完成基础表面和每层后，应检查一次基础表面的水平、轴线和高度，应在底座或地板的上表面上调整允许范围内的偏差值。砖墙水平缝的厚度和垂直缝的宽度通常为 10 mm，一般不小于 8 mm，不大于 12 mm。水平缝完整性应不低于 80%，并用百格网检查水平缝的完整性。垂直灰缝应通过挤压或添加砂浆的方式填充砂浆，严禁用水清洗接头。砖墙的转角和交点必须同时砌筑；不能同时砌筑时，必须砌成斜梁，斜梁长度不应小于高度的 2/3。如果在临时休息期间难以保持斜榫，除角度外，还可以保持直榫，但应采用男式榫，并应加领带。扎带数量应为每 120 mm 壁厚设置直径 6 mm 的钢带；沿墙壁的距离不应超过 500 mm；固定墙绳索两侧的内置长度不得小于 500 mm；末端应有一个 90° 弯钩。如果隔墙和墙或柱不是同时建造的，并且没有留下斜榫，则可以从墙或柱中移除阳榫，或将连接条嵌入墙或柱的灰缝中（其结构同上，但每层不应少于两层）。对于抗震加固区内建筑物的隔墙，除阳榫外，每隔 500 mm 埋压两根外径为 6.mm 的钢筋。钢筋和支撑墙或支柱在每个侧墙中的长度不应小于 500 mm。砖砌体连接时，接缝表面必须清洁、浸泡和湿润，并必须填充砂浆，以保持砂浆接缝笔直。

宽度小于 1 m 的窗间墙应采用整砖砌筑，半砖和破损砖应散落在墙的中心或张力较小的部位。

施工期间必须留在砖墙中的临时开口的一侧，与连接墙的距离不应小于 500 mm；过梁应放置在大门顶部。对于抗震加固烈度为 9 的建筑物，还应与设计单位共同研究并确定临时开口的保留程度。

（三）小型空心砌块施工

在有小型空心砌块的墙体转角处，纵向和横向砌块应相互重叠，在 T 型接头处，水平墙砌块的端部应通过蒙皮分离露出。当没有芯柱时，应在纵墙的交叉处建造两个具有一个半孔径的辅助规格块，半个开口应位于水平墙外露砌块下方的中间。当此处有主柱时，应在纵墙的交叉处建造一个大尺寸的三孔砌块，砌块的中间开口朝向横墙外露砌块外的孔。在交叉处，当没有核柱时，应在交叉处建造一个洞半块，隔墙应垂直交叉，中间应有半个开口；当此处有核心柱时，应在交叉处建造三个带开口的砌块，隔墙应垂直交叉，中间开口应相互对齐。小型空心砌块墙的转角和交点必须同时建造。如果不能同时建造，应留有斜榫，斜榫的长度不应小于斜榫的高度。在非抗震加固区，除外墙转角外，空心砌块墙体的临时裂缝可从墙体延伸 200 mm，形成直榫，在每三个砌块高度的水平接缝上放置两条直径为 6 mm 的板条；同时固定销两侧连接条的整体长度不得小于 600 mm，钢筋外露部分不得任意弯曲。如果用作楼梯隔墙或填充墙，必须用保留在支撑墙或柱中的钢丝网绑住，或沿墙高每 600 mm 放置两根外径为 6 mm 的钢筋，钢筋伸入墙内的长度不应小于 600 mm。

（四）脚手架工程

脚手架是建筑工程施工中堆放材料和工人进行操作的临时设施。脚手架种类和基本要求如下：

（1）按脚手架的设置形式分为单排脚手架、双排脚手架、满堂脚手架、交圈脚手架和特形脚手架。

（2）按构架方式分为杆件组合式脚手架（也称多立杆式脚手架）、框架组合式脚手架（如门型脚手架）、格构件组合式脚手架（如桥式脚手架）和台架等。

（3）按支固方式分为落地式脚手架、悬挑脚手架、附墙悬挂脚手架、悬吊脚手架。

（4）按其所用材料分为木脚手架、竹脚手架、钢管脚手架和金属脚手架。

（5）按搭拆和移动方式分为人工装拆脚手架，附着升降脚手架、整体提升脚手架、水平移动脚手架和升降桥架。

（6）按搭设位置分为外脚手架和里脚手架。

对脚手架的基本要求如下：宽度应满足工人操作、材料堆置和运输的需要，脚手架的宽度一般为 1.5 ～ 2.0 m；保证有足够的强度、刚度和稳定性；构造简单；装拆方便并能多次周转使用。

（五）安全网搭设

当外墙砌砖高度超过 4 m 或立体交叉作业时，必须放置安全网，防止物料坠落和操作员高空坠落。安全网由直径 9 mm 的麻绳、棕榈绳或尼龙绳编织而成。一般规格为宽 3 m，长 6 m，网眼 50 mm。每个维护的安全网应能够承受不小于 1.6 kN 的冲击载荷。

提升安全网时，其超出墙壁的宽度不应小于 2 m，外孔应比内孔高 500 mm。两网重叠处应绑牢，斜杆和地锚桩应通过牵引绳以一定距离牢固拉动。在施工过程中，要经常对安全网进行检查和维护，严禁向安全网内扔木头等杂物。

在没有窗户的栏杆上，可以在角落处放置柱子，悬挂安全网；加固环可以嵌入墙内，以支撑斜杆；短钢管可以穿过墙壁，旋转扣件用于保持倾斜的钢筋。

当使用内部脚手架建造外墙时，必须沿外墙架设安全网；在多层建筑中使用外骨架时，还应在骨架外放置安全网。随着楼层施工的进行，安全网应逐层升高。除了逐渐增长的安全网外，应在多层建筑的第二层和每三到四层增加固定安全网。

高层建筑施工中的安全网可以通过以下方式铺设：

（1）当外脚手架完全架设在外墙上时，安全网（或塑料篷布）必须完全悬挂在脚手架的外表面上；在工作层脚手架下方悬挂安全网（或篷布）；骨架或防水油布应完全铺设，每四到六层加一层水平安全网。

（2）当没有外部脚手架时，用于外部装饰的悬挂式或悬臂脚手架除上表面和靠墙一侧除外，必须用安全网或塑料篷布完全悬挂，以防止物体从工作表面掉落。同时，每隔四到六层选择一个安全网，在第一层竖立一个宽度不小于 4 m 的安全网。

（3）脚手架吊装时，必须固定悬臂脚手架支架，并绑好斜杆挂安全网；如果平台升高，可以在平台上添加安全网。

钢脚手架（包括钢吊杆、钢门框、钢支架提升架等）不得在距离 35 kV 以上的高压线路 4.5 m 以内的地区和距离 1 ～ 10 kV 高压线路 2 m 以内的地区架设，否则应切断电源进行检查，避免长时间使用。

对于高骨架，必须采取防雷措施；对于钢骨架，必须将防雷措施连接到接地装置，接地装置通常每隔 50 m 设置一次。从最远点到接地装置的脚手架过渡电阻不得超过 10 Ω。

第三节　建筑工程施工项目管理

一、建筑工程项目信息管理

在建设项目管理的主要任务中，信息管理是一个非常重要的方面，那些在国外参与工程建设，甚至与国内国际工程公司合作的公司都非常重视这一点。

（一）信息的概念、特征及工程项目信息的构成与分类

1. 信息的概念

世界上有数百种信息定义。管理信息系统中信息的定义如下：信息是经过处理的数据，信息对接收者有用，服务于决策并影响接收者的决策和行为。这里的数据是指广义的数据，包括文本、数字值、语言、图表、图像等表现形式。数据可以分为原始数据和处理后的数据。数据是信息的载体，信息是数据的内涵。

2. 信息的特征

（1）真实性。信息要反映事物或现象的本质及其内在联系，不符合事实的信息不仅没有价值，而且可能有害，不能成为管理信息。真实性是建筑工程项目管理中信息收集时最应当注意的。

（2）系统性。任何信息都是信息源中有机整体的一部分，具有系统性和整体性。在建筑工程项目管理工作中，费用信息、进度信息、质量信息、合同管理信息以及其他信息彼此之间构成一个有机的整体。

（3）层次性。相对于管理层次，信息也是分层次的：高层管理者需要战略信息；中层管理者需要策略信息；基层作业者需要执行信息。

（4）可压缩性。可压缩性是指信息能够被浓缩，能够对信息进行集中、综合和概括，而不会丢失信息的本质。

（5）共享性。信息能够分享，这是不同于物质的显著特征，从而使之成为一种特殊资源。

（6）增值性。信息在应用过程中会体现出其重要的价值。

（7）不完全性。由于信息收集、处理手段的局限性，对信息资源的开发和识别有时并不全面，对信息的收集、转换和利用不可避免有主观因素存在，这就体现出其不完全性的一面。

3. 工程项目信息的构成

工程项目管理工作涉及多部门、多环节、多专业、多渠道，信息量大、来源广泛、形式多样，主要由下列信息构成：

（1）文字信息。文字信息包括图样及说明书、工作条例及规定、项目组织设计、情况报告、原始记录、报表、信件等信息。

（2）语言信息。语言信息包括口头分配任务、指示、汇报、工作检查、介绍情况、谈判交涉、建议、批评、工作讨论和研究、会议等信息。

（3）新技术信息。新技术信息包括电话、电报、传真、计算机、电视、录像、录音、电子邮件、光盘听写器、广播器等信息。

工程项目管理者应当捕捉各种信息并加工处理和运用各种信息。

4.项目信息的分类

实施项目管理，需要与目标跟踪和控制有关的信息。收集的项目信息是否准确，项目信息能否及时传递给项目的利益相关者，都将决定项目的成败，因此要对项目信息进行系统、科学的管理。

（1）按照流向分类。项目信息在项目组织内部以及组织与外部环境之间不断流动，从而形成不同方向的"信息流"。根据流向，项目信息可分为以下类型：

①自上而下的信息流。自上而下的信息流是指从主管单位、主管部门和业主流向项目监理工程师、检查员甚至工作团队的信息，或者是在分层管理中，从中间级别的每个组织逐级流向其下级的信息，信息来源于上面，接收者是其下属。这些信息主要指项目目标、工作规定、命令、方法和规定、业务指南等。

②自下而上的信息流。自下而上的信息流是指信息从较低级别流向较高级别（通常是逐级）。信息源在底部，接收器在顶部。主要指项目实施过程中人员的完成量、进度、成本、质量、安全、消耗、效率和工作条件。此外，它还包括高级部门有关的意见和建议。

③横向信息流。横向信息流是指在项目建设过程中，由同级工作部门或工作人员提供和接收的信息。由于分工不同，这类信息通常是单独产生的，但为了实现共同的目标，它必须相互合作、交流，这是必要的或相互补充的，以及需要横向提供的信息，以节省特殊和紧急情况下的信息流时间。

④项目信息集中在综合部门，如咨询办公室或管理办公室。整个部门，如顾问办公室或经理办公室，提供有关施工项目经理决策的额外信息，也是项目利益相关信息的提供者。

⑤项目管理团队和环境之间交换项目信息。项目管理团队应与经理、施工部门、项目单位、供应单位、银行、咨询单位、质量控制单位和国家有关管理部门交换项目信息。这一方面是为了满足自身管理的需要，另一方面符合与项目外部环境合作的要求，或根据国家规定相互提供信息。

（2）按照信息来源分类。从项目信息来源看，项目信息又可分为下面两种：

①外生信息。外生信息是指项目管理团队外部产生的信息，可分为直接信息或引导信息、市场信息和技术信息。

②内生信息。内生信息是指项目管理过程中产生的信息，包括普通人信息、管理信息和决策信息。其中，普通人信息是项目中普通工作人员需要并由其生成的信息，必须

对初始数据进行整理和汇总；解决方案信息是高级管理人员需要并由其产生的信息，如解决方案、计划、指示等。

（3）从项目管理的角度分类。从项目管理的角度来看，项目信息可以分为以下几类：

①成本控制信息。包括支出规划信息，如投资计划、评估、概算、预算数据、资金使用计划、各阶段支出计划，以及成本和指标配额；实际成本信息，如各种已付成本、各种付款账户、工程测量、工程变更、现场签证、价格指数、劳动力市场价格信息，以及材料、设备、机器更换信息等；用于比较和分析实际价值的成本计划和信息；历史经验数据、当前数据、预测数据信息等。

②进度控制信息。包括项目总进度计划、进度子目标、所有阶段的进度计划、单个项目计划、运营计划、材料分配计划等，以及项目实际进度统计信息、项目施工日志、计划进度与实际进度对比信息、工期余量、指示器等。

③质量控制信息。包括设计功能、使用要求、相关标准和规范、质量目标和标准、设计文件、数据、说明、质量验证、测试数据、验收记录、质量问题处理报告、各种备忘录、技术单、材料、设备质量证书等。

④合同管理信息。包括一些相关法规、招标文件、项目各方信息、各种工程合同、合同履行信息、合同变更、签证记录、工程索赔等。

⑤关于该项目的其他信息。包括相关政策、制度和法规、政府批文和上级相关部门与市政公共设施数据等文件，以及工程通信、工程会议信息，如项目研讨会会议记录、施工协调会议、工程例会、各种项目报告等。

（二）工程项目的信息管理

1. 工程项目信息管理概述

项目信息管理是指对信息的收集、传输、处理、存储、维护和使用进行信息规划和组织的总称。信息管理的目的是通过组织和控制信息的传输，为建筑项目提供增值服务。为了及时、准确地获得项目规划所需的信息，项目经理要做到以下几点：了解和掌握信息来源，对信息进行分类；了解并正确使用信息管理工具（如计算机）；掌握信息处理的不同环节，创建信息管理系统。

项目管理过程始终伴随着信息处理过程。如何高效、有序、有组织地管理项目全过程中的各种媒体信息资源，是现代项目管理的重要组成部分。现代计算机信息技术在项目管理中的应用，为人们提供了信息管理的新理念，以及规划、设计和实施大型项目信息管理系统的技术支持平台和完整解决方案。

2. 工程项目信息管理的主要内容

工程项目信息管理系统有两种类型：人工管理信息系统和计算机管理信息系统。工程项目信息管理的主要内容有项目信息收集、传递、加工、存储、维护和使用等。

（1）信息的收集。为了收集信息，必须先识别信息并确定信息需求。信息搜索应该从项目管理的目标开始，从对情况的客观研究开始，并用主观观点指定数据的范围。

对于项目信息的收集，应根据信息规划建立信息收集渠道的结构。明确收集各类项目信息的部门、收集者、收集地点、收集方法、收集信息的规格和格式以及何时收集等。收集信息最重要的是确保必要信息的准确性、完整性、可靠性和及时性。

（2）信息的传递。为了传输信息，还应该建立信息传输渠道的结构，并明确所有类型的信息应该传输到哪里、传输给谁、何时传输以及通过什么方式传输等。项目信息应根据信息计划中规定的传输渠道，在相关方和项目管理部门之间及时传输。信息发送方必须保证原始信息完整清晰，以便接收方能够准确理解接收到的信息。

（3）信息的加工。经过处理，数据成为初步信息或统计信息，然后经过处理和解释成为信息。只有掌握了必要的信息，人们才能做出正确的决定。项目管理信息的处理应明确哪个部门和谁负责，并明确任何类型信息的处理、排序和解释要求，以及信息报告格式、信息报告周期等。不同管理级别的处理者应提供具有不同要求和不同集中度的信息。工程项目的管理可以分为高级管理人员、中级管理人员和一般管理人员，不同级别的管理人员的管理水平不同，他们实施项目管理的任务和责任也不同，因此必要的信息也不同。在项目管理团队中，自下而上的信息应该层层压缩，而自上而下的信息应该层层细化。

（4）信息的存储。存储信息的目的是保存信息以供处理和使用。信息的存储应明确到具体部门。

（5）信息的维护与使用。这是为了确保项目信息处于合理的准确、及时状态，保持安全性和保密性，可以为管理决策提供有用的支持。

3. 工程项目信息管理的组织规划

对于周期短、规模小的项目，项目信息的工程管理不需要在项目的业务流程中形成独立的管理环节。然而，对于长期和大型项目，信息管理将对项目的成功起到重要作用。项目信息管理组织的规划原则主要包括以下几点：

（1）设立专门的信息管理机构。对于大型工程项目，应在项目的组织和资源规划中建立专门的信息管理部门和机构，如项目信息中心或项目信息办公室。如果人员有限，可以将信息管理部门和文件管理部门合并，但必须保证至少有两名信息管理员。

（2）成立建设领导小组。为统一规划和实施项目信息化工作，应成立由项目经理组成的项目信息管理系统并设立项目信息总监。在满足条件的情况下，项目信息总监最好由项目经理或项目总工程师同时领导，但项目信息管理职能的职责以及收集、处理、传输和存储信息的程序，无论职能和程序如何，都必须由总经理办公室制定。

（3）设立部门级项目信息员。在项目的计划、财务、合同、材料、档案、质量、办公室和其他职能部门创建部门级项目信息提供者。项目信息员在部门负责人和首席信息工程师的双重领导下建立管理项目信息资源的组织体系。

（4）信息管理系统的建设费用。目前，建设大型工程项目信息管理系统的成本没有明确列在各行业的设计部门和投资评估中，许多建设单位支付购买计算机网络、数据库、项目管理软件等的费用，从储备基金或办公室的总管理费中扣除。

二、建筑工程施工成本管理

（一）施工成本的构成

建设成本是指建设项目在建设过程中发生的所有生产成本之和，包括原材料、辅助材料、零部件和配件、周转材料的折旧或租赁、施工机械的使用或租赁、工资、奖金、工资补贴等，以及支付给生产工人和组织与管理施工产生的所有费用。建设项目的施成本包括直接成本和间接成本。

直接成本是指在施工过程中构成或促成设计实体形成的所有成本。这些是可以直接计入项目现场的成本，包括劳动力成本、材料成本、施工机械使用成本和施工措施成本。

间接成本涉及施工准备、施工组织和管理以及生产的所有成本，不能直接使用或包含在项目现场，但也是项目施工产生的成本，包括管理人员的工资、办公费、差旅和运输成本等。

（二）施工成本管理的环节

施工成本管理是采取适当的管理措施，包括组织措施、经济措施、技术措施和合同措施，在工期和质量满足要求的前提下，将成本控制在计划范围内，并进一步寻求最大的成本节约。施工成本管理环节主要包括施工成本预测、施工成本规划、施工成本控制、施工成本核算、施工成本分析和施工成本评估。

1.施工成本预测

施工成本预测是指根据信息使用某些特殊方法对未来成本水平和可能的发展趋势进行科学评估。这是项目施工前的成本估算。通过成本估算，在满足项目业主和企业要求的前提下，可以选择成本低、效益好的最佳成本方案，可以针对薄弱环节加强成本控制，克服盲目性，提高项目成本形成过程中的可预测性。因此，工程造价的预测是工程造价决策和规划的基础。建设成本预测通常是分析影响项目计划建设期内成本变化的各种因素，比较最近完成的项目或将要完成的项目的价格（单价），估计这些因素对项目成本中相关要素（成本要素）的影响，并预测项目的单价或总成本。

2.施工成本计划

施工成本计划是指生产成本、成本水平、成本降低程度以及主要措施和计划的书面计划，承诺以货币形式在规划期内降低项目成本。它是建立项目成本管理、控制和成本核算责任制的基础，以及降低项目成本的指导文件和设定目标成本的依据。

3.施工成本控制

施工成本控制是指在施工过程中加强对影响工程造价的各种因素的管理，采取各种有效措施，严格控制各类消耗和实际发生的施工成本在成本计划内，严格检查所有成本是否符合标准，计算和分析实际成本和计划成本之间的差异，然后采用不同的形式消除施工损失和浪费。这是企业全面成本管理的重要环节。施工成本控制可分为事前控制、事中控制（过程控制）和事后控制。在项目施工过程中，要按照动态管理的原则，有效控制实际施工成本。

4. 施工成本核算

建筑成本核算涉及两个主要环节：一是按照规定的成本范围归集和分配建筑成本，并计算实际施工成本；二是根据成本核算的主题，采用适当的方法计算项目的总成本和单位成本。施工成本管理要求正确及时地核算施工过程中产生的各种成本，并计算实际项目成本。项目成本会计提供的各种成本信息是成本预测、成本规划、成本控制、成本分析的基础。一般来说，建筑成本以单项工程为成本核算对象。建筑成本核算的主要内容包括基本人工成本核算、材料成本核算、使用机械的成本核算、计量成本核算、间接成本核算、项目分包商的成本核算等，用以编制项目施工成本月报。

竣工项目的成本核算必须分为竣工项目的现场成本和竣工项目的全部成本，必须分别由项目管理部门和企业财务部门报告和分析，以评估项目管理的有效性和企业活动的有效性。

5. 施工成本分析

施工成本分析是在建筑成本核算的基础上，分析成本形成过程和影响成本升降的因素，寻找进一步降低成本的方法。施工成本分析包括挖掘有利偏差和纠正不利偏差。

施工成本分析贯穿施工成本管理的整个过程。在成本形成过程中，工程项目的成本核算数据（成本信息）主要用于与目标成本进行比较，类似工程项目的预算成本和实际成本，以了解成本的变化。检查成本计划的合理性，通过成本分析深入揭示成本变化规律，寻找降低项目成本的途径，这样可以有效地控制成本。分析是控制成本偏差的关键，纠正是基础，应采取切实措施纠正分析产生偏差的原因。

6. 施工成本评估

施工成本评估是指将实际成本指标与计划进行比较和评估，按照项目支出责任分配制度的有关规定，在项目竣工后，评估项目成本计划的完成情况和每位负责人的执行情况，并对每位负责人给予适当的奖惩。成本考核可以有效地调动每一位员工的积极性，为降低项目成本、提高效益做出贡献。施工成本评估的主要目的是衡量成本降低的实际结果，可用于总结和评价成本指标的完成情况。

工程造价管理的各个环节是相互联系、相互作用的。支出预测是成本决策的前提，支出规划是成本决策设定目标的具体化，支出控制用于控制和监督支出计划的实施，以确保实现支出目标。成本核算是对成本计划是否已实施的最终检验。它提供的成本信息为下一个工程项目的成本预测和决策提供了基础数据。成本评估是实施目标成本责任制的保证，是实现决策目标的重要工具。

（三）施工成本管理的措施

为了取得施工成本管理的理想成效，应当从多方面采取措施实施成本管理，通常可以将这些措施归纳为四个方面，即组织措施、技术措施、经济措施和合同措施。

1. 组织措施

施工成本管理组织采取组织措施。施工成本控制是所有人员的活动，如执行项目经理的责任制，落实工程造价管理的组织机构和人员，明确各级工程造价管理人员的任务、职能、权责。施工成本管理不仅是专业成本经理的工作，也是各级项目经理的责任。

组织措施的另一个方面是编制工作计划，以控制施工成本并确定合理详细的工作流程。做好施工订单规划，通过优化配置有效控制实际成本，实现生产要素的合理使用和动态管理；加强建筑定额和施工任务清单的管理；加强施工进度计划，避免因空转损失、机器使用量减少、材料库存过多等导致施工成本增加。组织措施是其他类型措施的先决条件和保证，如果正确使用，可以取得良好的效果。

2. 技术措施

技术措施不仅是解决工程造价管理过程中的技术问题的需要，也在纠正与工程造价管理目标的偏差方面发挥着重要作用。因此，应用技术纠正措施的关键是能够提供多种不同的技术方案，并对不同的技术方案进行技术和经济分析。

施工过程中降低技术成本的措施如下：进行技术经济分析，确定最佳施工方案；结合施工方法，进行材料比选；在满足功能要求的前提下，通过替代或改变混合物比例、使用添加剂等方法降低材料消耗成本；确定最合适的施工机械设备使用方案；结合施工组织设计和项目的物理和地理条件，降低材料的库存成本和运输成本；现代施工技术的应用、新材料的应用、新开发机器和设备的使用等。

3. 经济措施

经济措施是最容易采取和采用的措施，具体如下：管理人员制订资金使用计划，明确并分解工程造价管理目标；需要仔细规划资金的使用，严格控制施工过程中的不同成本；及时准确地记录、收集、整理和报告实际成本；对于各种变化，及时增减票据，及时申请业主签证，及时结算工程款；通过分析偏差和预测未完成项目，确定一些可能会增加未完成项目施工成本的潜在问题，将主动控制作为解决这些问题的出发点，并及时采取预防措施。

4. 合同措施

使用合同措施控制施工成本应在整个合同周期内持续进行，包括从合同谈判开始到合同结束的整个过程。首先，选择合适的合同结构，分析比较不同的合同结构模式，努力选择适合规模的合同结构模式，分析合同谈判期间项目的性质和特点。其次，在合同条款中仔细考虑影响成本和效益的所有因素，特别是潜在的风险因素。识别和分析导致成本变化的风险因素，采取必要措施应对风险，并最终在合同的具体条款中反映这些策略。最后，在合同履行过程中，合同管理措施应密切关注另一方合同的履行情况，以寻求合同索赔的可能性；同时，还应高度重视合同的履行，以防止对方提出索赔。

三、建筑工程项目进度控制管理

（一）建筑工程项目进度控制的概念

建设项目进度控制是根据建设项目进度目标，制订经济合理的项目进度计划，并检查计划执行情况的过程对于项目的进展。如果发现实际执行与计划进度不一致，则必须及时分析原因，并采取必要措施纠正或修订初始项目进度计划。

建设项目进度监测是一个动态、循环和复杂的过程，也是一项具有重大效益的工作，包括分析和论证项目进度目标，根据数据收集和探索、监测、检查和调整进度计划，编制进度计划。

（二）建筑工程项目进度管理目标的制定

建设项目进度管理目标的制定应在项目分解的基础上确定。它包括项目总进度目标和里程碑，可以设置年度、季度、月度、十天（每周）里程碑等。

在制定施工进度管理目标时，必须全面仔细地分析与施工项目进度有关的所有有利和不利因素，这样才能制定科学合理的进度管理目标。制定施工进度管理目标的主要依据如下：①项目总进度目标对工期的要求；②类似工程的工期定额和实际进度；③工程难度和实施条件等。

在制定施工进度管理目标时，还应考虑以下方面：

第一，对于大型建设项目，要按照尽快提供可用单元的原则，注重分期分批建设，尽快投入使用，尽快充分发挥投资效益。同时，为了确保每个机组都能形成完整的生产能力，在供应这些机组使用时，有必要考虑所有必要的配套项目。因此，必须处理好早期使用与后期施工之间的联系，以及项目各阶段主体工程与辅助工程之间的联系。

第二，结合本工程特点，参考类似建设项目的经验，明确施工进度目标，避免仅根据主观意愿盲目设定进度目标，导致实施过程中进度失控。

第三，合理组织施工工程和设备的整体施工。根据各自特点，合理组织施工顺序、设备基础和设备安装，以及循环、交叉或平行作业，明确施工设备的工程要求以及施工工程的内容和时机，为设备工程提供施工条件。

第四，平衡资金供应能力、施工力量分布、材料供应能力（包括材料、构配件、设备等）和施工进度，以确保项目进度目标的要求，避免项目进度目标的失败。

第五，考虑对外合作的条件，包括与水、电、气、通信、道路等社会服务的合作程度和时机，它们必须与相关项目的进度目标相协调。

第六，考虑项目区地形、地质、水文、气象等方面的局限性。

（三）建筑工程项目进度控制的基本原理

1. 动态控制原理

项目进度控制是一个不断变化的动态过程。在项目开始时，实际进度应根据计划进度进行，但由于外部影响，实际进度的实施往往偏离计划进度，即出现超前或滞后的现象。出现偏差时，应分析原因，采取适当的改进措施，纠正初始计划，使两者与新的起点相吻合，通过充分发挥组织和管理的作用，继续按计划取得实际进展。一段时间后，实际进度和计划进度之间会出现新的偏差。因此，在工程项目进度控制中存在一个动态校正过程，这就是动态控制的原理。

2. 封闭循环原理

建设项目进度控制的全过程是一个规划、执行、检查、比较分析、确定纠正措施和重新规划的闭环过程。

3. 弹性原理

建设项目的进度计划工期长，影响因素多，因此会有空闲时间编制进度计划，使进度计划具有灵活性。在进度监控过程中，应使用这些灵活的时间来缩短相关工作的时间或改变工作之间的重叠关系，使计划进度与实际进度相对应。

4. 信息反馈原理

信息反馈是监控建设项目进度的重要环节。施工的实际进度通过信息传输给工作人员以监控进度。在职责分配的框架内，应对信息进行处理并逐级提交给最高主管部门，最后到达主控室。主控室对信息的各个方面进行分类和统计，通过比较分析做出决策并纠正进度。持续纠正进度控制的过程实际上是一个持续反馈信息的过程。

5. 系统原理

工程项目是一个大系统，其进度控制也是一个大系统，必须充分考虑各种因素的影响。

6. 网络计划技术原理

网络计划技术原理是计划管理和项目进度控制分析计算的理论基础。在监控进度时，不仅要利用网络规划技术的原理来编制进度计划，根据实际进度信息对进度计划进行比较分析，也要运用理论和技术优化工期和成本，优化网络规划资源以纠正计划。

（四）建筑工程项目进度控制的目的

控制建设项目进度的目的是通过控制实现项目进度的目标。对进度计划的监控可以有效地确保进度计划的实施，减少不同单位和部门之间的互动，确保工期目标、质量目标和工程成本的实现。

建设单位是项目实施的重要参与者，建设项目进度的控制不仅关系到建设进度目标的实现，而且直接关系到项目的质量和成本。在工程建设的实践中，要确立和坚持工程管理的基本原则，即以工程建设为中心。在确保工程质量的基础上，还要监控工程进度。为了有效控制施工进度，努力摆脱进度压力造成的项目组织被动性，施工方相关管理人员必须加深对以下几点的理解：

（1）确定整个建筑工程项目的进度目标。

（2）确定影响整个建筑工程项目进度目标实现的主要因素。

（3）正确处理工程进度和工程质量的关系。

（4）确定施工方在整个建筑工程项目进度目标实现中的地位和作用。

（5）确定影响施工进度目标实现的主要因素。

（6）确定建筑工程项目进度控制的基本理论、方法、措施和手段等。

（五）建筑工程项目进度控制的任务

工程项目进度管理是项目施工中的重点控制之一，它是保证工程项目按期完成并合理安排资源供应、节约工程成本的重要措施。建设工程项目不同的参与方都有各自的进度控制的任务，但都应该围绕投资者早日发挥投资效益的总目标去展开。工程项目不同参与方的进度管理任务和涉及的时段如下。

1. 业主方

业主方控制整个项目实施阶段的进度。其涉及的时段为设计准备阶段、设计阶段、施工阶段、物资采购阶段、动用前准备阶段。

2. 设计方

设计方依据设计任务委托合同控制设计进度，满足施工、招投标、物资采购进度协调的要求。其涉及的时段为设计阶段。

3. 施工方

施工方依据施工任务委托合同控制施工进度。其涉及的时段为施工阶段。

4. 供货方

供货方依据供货合同控制供货进度。其涉及的时段为物资采购阶段。

（六）建筑工程项目进度控制计划系统

建设项目调度系统是由多个相互关联的计划组成的系统，这些计划是项目调度控制的基础。编制不同进度计划所需的必要信息是在项目进展过程中逐渐形成的，因此项目调度系统的创建和完善也是一个逐步形成的过程。根据项目进度控制的不同需求和目标，业主和所有项目参与者可以建立以下不同的系统来规划建设项目进度：

（1）进度系统由多个不同深度的相互连接的计划组成，包括总体进度计划、项目子系统进度计划和项目子系统内的单个项目进度计划。

（2）进度计划系统由多个具有不同功能的计划组成，包括按控制进行的进度计划以及规划实施进度等。

（3）时间表系统由多个相互关联的项目参与者的计划组成，包括项目总体实施时间表、设计时间表、设备施工和安装时间表、业主制定的交付时间表。

（4）调度系统由具有不同周期的多个相互关联的计划组成，包括年度计划、季度计划、月度计划和十天计划等。

在建设项目调度系统中，在编制和修改各子系统进度计划时，必须考虑它们之间的相互联系和协调，如项目子系统内的主进度（计划）、项目子系统进度（计划）和单个项目进度之间的联系和协调；控制进度（计划）、管理进度（计划）和实施进度之间的关系和协调；业主编制的项目总体实施进度计划、设计师编制的进度计划、施工安装方制定的进度计划与承包机构和供应商制定的进度计划之间的联系和协调等。

（七）建筑工程项目进度控制的计算机辅助监测

计算机辅助监测建设项目进度的重要性如下：有利于确保项目网络计划的准确性；有利于及时调整建设项目的进度；有利于制订资源搜索计划等。

如上所述，进度控制是一个动态编制和纠正计划的过程，即初始进度和计划在项目实施过程中不断调整。在建设项目中，与进度监测有关的信息应尽可能对所有项目参与者透明，使各方能够共同努力，实现项目的进度目标。为了使业主和项目参与方的工作部门能够轻松、快速地接收进度信息，项目信息门户可以用作基于互联网的信息处理平台，支持对建设项目进度的监控。

四、建筑工程合同管理

（一）建筑工程项目合同管理的内容和程序

在中国，施工合同的管理、控制和综合评估必须符合《中华人民共和国民法典》（以下简称《民法典》，代替了原来的《中华人民共和国合同法》）和《中华人民共和国建筑法》（以下简称《建筑法》）的相关规定。

1.建筑工程合同的内容

施工总承包合同的主要条件，包括词语的含义和合同文件的组成；一般合同的内容；双方的权利和义务；合同履行期；合同价格；工程质量及验收；合同的修改；风险责任和保险；项目保证；关于设计分包商的规定；索赔和争议的解决；违约责任；等等。

施工总承包合同的履行，包括施工总承包合同的订立，应由双方严格按照合同规定执行；总承包方可以按照合同规定将工程分包，但不得分包；建设工程总承包单位可以将部分承包工程发包给具有相应资质的分包商，但总承包合同约定的分包合同除外，必须经雇主批准。

施工总承包合同的内容，包括工程概况；项目授予范围；合同期限；质量标准；合同价格；构成合同的条件；承包商对业主的承诺；业主对承包商的承诺；合同生效；

等等。

组成合同的文件依据优先顺序分别如下：①本合同协议书；②中标通知书；③投标书及附件；④专用条款；⑤通用条款；⑥标准规范及有关技术文件；⑦图纸；⑧工程量清单；⑨工程报价单或预算书。

工程分包商分为专业工程分包商和劳务分包商。分包商的专业工程资质分为 2 ~ 3 级和 60 个资质类别。劳务分包商的资质有 1 ~ 2 个学位和 13 个资质类别。

建设工程总承包方按照总承包合同的规定对施工单位负责，特别是根据分包商的规定，分包商对总承包商负责，总承包商和分包商对中标项目的施工单位承担连带责任。施工单位不得分包或者非法分包。

分包商必须遵守业主和工程师的指示，由项目承包商转发，分包商必须为员工的意外伤害投保并支付保险费。

工资支付：整个工程竣工后，分包商在项目承包商批准后 14 d 内向项目承包商提交完整的工作安排材料，并根据合同约定的定价方法支付最终报酬。工作安排材料在提交后 14 d 内由项目承包商进行检查和确认，并在承包商确认后 4 d 内支付给承包商。

2. 施工合同管理的具体内容

第一，监督检查合同履行情况。通过检查，及时协调和解决检测到的问题，以提高订单执行程度。主要包括以下几点：《民法典》及相关规定适用的核实；检查合同管理措施及相关规定的执行情况；检查合同的签署和执行情况，以减少和避免合同纠纷。

第二，项目经理和相关人员应定期接受《民法典》和相关法律知识的培训，以提高合同管理人员的素质。

第三，建立和完善项目合同管理体系。包括项目合同集中管理制度；评估系统；合同印章管理系统；合同台账、统计和归档系统。

第四，合同执行情况的统计分析。包括项目合同的份数、费用、履约程度、争议数量、违约原因、变更数量和原因等。通过统计分析，及时发现并解决问题，提高生产经营合同的使用能力。

第五，组织并配合相关部门开展相关项目合同项下的认证、公证、调解、仲裁和程序活动。

3. 建筑工程项目合同管理应遵循的程序

（1）合同评审。

（2）合同订立。

（3）合同实施计划编制。

（4）合同实施控制。

（5）合同综合评价。

（6）有关知识产权的合法使用。

（二）建筑工程项目合同管理机构及人员的设置

1.合同管理机构的设立

合同管理组织应成为施工企业的重要内部组织，如企业总经理办公室、工程部等。施工企业应设立专门的法律咨询办公室，管理合同谈判、签署、修改、绩效监测等多项管理活动，适时进行归档和存储。合同管理是一项非常专业且要求很高的工作，因此必须由专门机构和专业人员执行。

大型集团施工企业应建立两级管理体制。本集团及其施工企业是独立的法人实体，虽然它们之间存在投资管理关系，但在法律上相互独立。建筑企业在经营上有自己的灵活性和独立性。对于集团这类施工企业的管理，应建立两阶段合同管理体系，集团及其子公司必须建立自己的合同管理机构，这些机构相对独立，但必须及时联系，形成分散而灵活的管理体制。

中小型建筑企业还需要设立合同管理机构和合同管理人员，平等管理施工队和相关企业的合同，制定合同评审制度，避免将合同管理权下放给项目部，加强规范化管理。

2.合同管理专门人员的配备

合同管理工作繁重的集团施工企业需要配置更多的人员，明确分工，做好自己的合同管理工作；中小型施工企业合同管理人员的数量可根据合同管理的具体工作量确定。合同管理人的分工可以根据合同的性质和类型或合同的履行阶段进行划分，具体决策由施工企业根据自身实际情况和企业管理传统制定。

3.企业内部合同管理的协作

建筑公司必须签署各种不同性质的合同。由于所涉及部门和大型企业的不同特点，不同类型的合同有其自身的特点。在签订不同类型和性质的合同时，企业相关职能部门参与合同的谈判和编制。例如，施工合同的谈判和编制应由企业工程部负责，而贷款协议的谈判和编制必须由企业财务部门负责。所有合同文本由总工程师、总经济师、总会计师和企业合同管理机构共同审查，由相关部门起草，从不同角度提交修改意见，并改进合同文本，供企业决策者参考，定义合同文本并最终签署合同。

（三）建筑工程项目合同管理制度

为了更好地实施合同管理，施工企业需要建立完善的项目合同管理体系。建设工程合同管理制度主要包括施工企业内部合同会签制度、合同签订审查批准制度、管理目标制度、印章制度、管理质量制度、评估制度、统计考核制度、检查和奖励制度等。

1.施工企业内部合同会签制度

施工企业的合同涉及施工企业各部门的管理，为保证合同签订后的全面履行，在合同正式签订前，合同处理业务部门应与施工、监理等部门共同研究，对企业的材料、劳动力、机械能和财务等方面就合同条款提供具体意见并会签。施工企业实行合同会签制度，有利于调动企业各部门的积极性，充分发挥各部门管理职能，以确保合同履行的可行性，并促进施工企业不同部门之间的互联和协调，确保合同的全面有效履行。

2. 合同签订审查批准制度

为了使施工公司的合同在签署后合法有效，必须在签署前履行审批程序。审查是指在部门之间会签后，将合同发送给负责合同的组织或企业的法律顾问进行审查；批准是指企业董事或法定代表人签署的正式同意签署合同的声明。通过严格的审批程序，可以建立可靠的合同签订基础，尽可能避免合同纠纷，保护企业的合法权益。

3. 管理目标制度

合同管理目标体系是所有合同管理活动应达到的预期结果和最终目标。合同管理的目的是通过计划、组织、指挥、监督和协调，促进企业内部各部门和环节之间的联系和密切合作，由施工企业在签订和履行合同时进行，以便合理组织和充分利用人力、财力和物力要素，确保企业经营管理活动顺利进行，提高项目管理水平，提高市场竞争力，以满足社会需求，更好地服务于建筑市场经济的发展和完善。

4. 印章制度

建筑施工企业合同专用章是代表企业在经济活动中行使权力、承担义务、签订合同的凭证。因此，企业必须对合同专用章的登记、保管和使用做出严格规定。合同专用章由合同管理人保管、签字、盖章，专用章专用。合同专用章只能在规定的经营范围内使用，不得在经营范围外使用；不允许在合同的空白文本上盖章；未经审查批准的合同文本不得盖章；严禁为谋取个人利益串通谈判合同而使用合同专用章；外出签订合同时，合同专用章的管理人员应陪同负责签订合同的人员加盖合同专用章。

5. 管理质量制度

质量管理体系是施工企业的一项基本管理制度。它规定了企业承担合同管理任务的部门和合同经理的工作范围，以及他们在履行合同时必须承担的责任和拥有的职能及权力。该制度有利于企业合同管理的分工协作，可以调动合同管理人员和相关员工履行合同的积极性，促进施工企业合同管理的正常执行，确保合同的顺利执行。

施工企业必须建立完善的合同管理质量保证体系，确保人员、部门和制度的部署。一方面，合同管理质量的责任必须适用于人，使合同管理部门主管人员和合同管理员的工作质量与奖惩挂钩，从而吸引特定员工的真正注意力；另一方面，对合同签订和执行的实际执行情况进行评估，并按类别分配不同的合同经理，负责在整个过程中签署和执行不同的合同，以便及时发现和解决问题。

6. 评估制度

合同管理系统是进行合同管理活动及其工作流程的代码。因此，非常有必要建立一个有效的合同管理评估系统。

合同管理评估系统的主要特征如下：①合同管理制度符合国家有关法律法规的规定；②合同管理体系具有规范合同履行、评估、指导和预期合同管理绩效的功能，保护和奖励合法行为，预防、警告或制裁非法行为；③合同管理系统能够满足合同管理的需要，方便工作和履约；④不同合同的管理体系是一个有机的结合，相互制约、相互协调，在工程建设合同管理中发挥不可或缺的作用；⑤合同管理制度能够正确反映合同管理的客观经济权利，人们可以利用客观规律有效地管理合同。

7. 统计考核制度

合同统计评价体系是整个施工企业统计报表体系的重要组成部分。完善的统计和合同评估体系是使用科学的方法和统计数据来恢复合同的订立和履行，通过统计分析总结经验教训，为企业决策提供重要依据。施工企业合同评审制度包括统计范围、计算方法、报告格式、完成规则、提交期限和部门等。建筑公司通常对中标率、合同谈判成功率进行统计估计，签订合同的百分比（即合同表面的履约）和合同履约的百分比。

8. 检查和奖励制度

发现并解决合同执行中的问题，协调企业不同部门在合同执行中的关系，施工单位必须建立合同签订和履行的监督检查制度。通过检查及时发现合同履约管理中的薄弱环节和矛盾，提出改进建议，鼓励企业各部门不断完善合同履约管理，提高企业治理水平。通过定期检查和考核，对完成合同履约管理工作的部门和员工给予表扬和鼓励；对成绩突出、贡献显著的部门和员工给予物质奖励。同时，对工作不力、不负责任或经常"空手道"的部门和工作人员进行批评和教育；对玩忽职守、严重放弃义务或实施违法行为的人实施行政和经济制裁。引入薪酬和处罚制度有助于增加企业所有部门和相关人员履行合同的责任，是一项极其有力的措施。

第五章　装配式建筑设计与管理

第一节　装配式建筑概述

一、装配式建筑的概念

装配式建筑是用通过工厂预制的各类部品、部件在工地装配而成的建筑。《装配式混凝土建筑技术标准》（GB/T 51231—2016）对装配式建筑的定义如下：结构系统、外围护系统、设备与管线系统、内装系统的主要部分采用预制部品、部件集成的建筑。装配式建筑主要包括装配式混凝土建筑、装配式轻钢结构建筑及装配式木结构建筑。装配式建筑具有如下优点。

（一）提高工程质量

采用预制设计方法可以有效地防止和最大限度地解决人为因素造成的弊端。预制构件是在预制构件厂加工制造的，因此现场只需规范结构的组装和连接过程，由专业安装团队进行设计即可有效保证工程质量的稳定性。

（二）缩短建设工期

一般来说，在建筑项目主体结构施工完成后，外部脚手架也用于窗户和外墙饰面的施工。预制建筑的外墙砖和窗框材料在工厂内完成，无须在空间内安装外脚手架。只能使用部分胶水和喷涂材料并结合使用吊篮进行施工，并且不占用整个施工时间。对于10～18层的建筑，采用这种改进的施工措施，可节省3～4个月的工期，也足以充分实现结构安装、装修等设计加工的标准化，大大加快生产进度。

（三）利于环保节能

预制施工方法可以减少木材的使用，节省施工现场不必要的脚手架和模板。这不仅可以降低建设项目的总成本，还可以有效保护我国宝贵的森林资源。此外，预制安装车间的建筑环境可以提供外墙板保温层的质量保证，有效防止现场施工容易损坏保温层的情况，也非常有利于建筑使用阶段保温节能的实施。

预制建筑可分为两部分，一部分是构件的生产，另一部分是构件的组装。因此，建筑业的转型是组件向工业化方式转型，施工凡是向集成化方式转型。与建筑业的传统生产方式相比，装配式建筑的工业化生产在设计、施工、装饰、验收、项目管理等方面具有明显的优势。

二、装配式建筑的分类

建筑是人们对特定空间的需求，根据用途的不同可分为住宅、商业、机构、学校、工厂和实验室。根据建筑高度可分为低层、多层、中高层、高层和超高层。根据施工流程，工厂应该先生产所需的结构元件，然后组装整个建筑。其分类通常基于建筑物的结构体系和附件的材料。

（一）按建筑结构体系分类

1.砌块建筑

砌块建筑是将预制砌块材料嵌入墙体中的预制建筑，适用于 3～5 层的建筑。如果砌块的强度得到改善或加强，则可以适当增加层数。该砌块建筑适应性强，生产工艺简单，施工简单，成本低，还可以利用当地材料和工业废料。结构构件可分为小型、中型和大型。其中，小型砌块适用于人工搬运和砌筑，具有工业化程度低、灵活方便且应用广泛的特点。

2.板材建筑

板材建筑由工厂预制制造的大型室内外墙板、地板和屋板材组成，也称为大板建筑。这是工业系统中主要的全装配式建筑。板式结构可以降低结构的质量，提高劳动生产率，扩大建筑的应用和抗震领域。板式建筑的内墙板大多为实心钢筋混凝土板或空心板。大多数外墙板是具有隔热层的复合钢筋混凝土板，也可以由轻骨料混凝土、泡沫混凝土或具有外部饰面的大孔混凝土制成。建筑物中的设备通常使用中央室内管件或盒式厕所，以提高装配等级。大型配电盘建筑的主要问题是节点的设计。在设计中应确保组件连接的完整性（连接板的方法主要包括焊接、螺纹连接和简单的混凝土连接）。对于防水结构，有必要适当进行板材外墙接缝的防水处理，以及地板接缝和角落的热处理。大型板式建筑的主要缺点是对建筑的形状和布局有很大的限制，水平荷载较小的大型平板建筑的内部分隔不够灵活（纵墙式、内柱式和大跨度楼板的内部分隔可以灵活）。

3. 盒式建筑

盒式建筑又称集装箱建筑，是在板式建筑基础上发展起来的一种预制建筑。这种建筑高度工业化，可以快速安装。一般来说，盒子的结构部分是在工厂完成的，而且内部装饰和设备都是安装好的，甚至家具和地毯都可以完全安装好。盒式建筑组件的形式包括如下几种：

（1）全盒式，完全由承重盒子重叠组成建筑。

（2）板材盒式，将小开间的厨房、卫生间或楼梯间等做成承重盒子，再与墙板和楼板等组成建筑。

（3）核心体盒式，以承重的卫生间盒子作为核心体，四周再用楼板、墙板或骨架组成建筑。

（4）骨架盒式，用轻质材料制成的许多住宅单元或单间式盒子，支承在承重骨架上形成建筑；也有用轻质材料制成包括设备和管道的卫生间盒子，安置在用其他结构形式的建筑内。

盒式建筑工业化程度较高，但投资大，运输不便，且需用重型吊装设备，因此发展受到限制。

4. 骨架板材建筑

框架板的建筑由预制框架和板组成，其支撑结构一般有两种形式：一种是由柱和梁组成的框架结构体系，然后安装楼板和非承重内外墙板；另一种是由柱和楼板组成的承重板柱结构体系，未使用内外墙板。支撑框架通常是重型钢筋混凝土结构，也可以是钢框架和木框架板的组合，通常用于轻型预制建筑。框架板的结构合理，可以减少建筑物的自重，内部隔墙灵活，适用于高层及高层建筑。

钢筋混凝土框架结构体系中有两种框架板建筑：完全组装、预制和现场浇筑。确保此类建筑结构具有足够刚度和完整性的关键是构件的连接。柱与基础、柱与梁、梁与梁、梁与板等的连接应根据结构和建筑条件的需要进行设计和计算选择。常用的连接方法有夹紧法、焊接法、框架放置法和成套钢筋叠加法等。

板柱结构体系的框架是由方形或几乎方形的预制楼板和预制柱组成的结构体系。大多数楼层由四个角度的柱子支撑，地板接缝上也留有凹槽，钢筋插入柱的预防边缘，混凝土在拉伸后浇筑。

5. 升板和升层建筑

这种建筑的结构系统由板和柱支撑，是在底部混凝土楼板上反复浇筑楼板和屋面板，建造预制钢筋混凝土柱，以柱为导向杆，用安装在柱上的油压升降机将屋顶楼板和屋面板提升到结构高度进行紧固。外墙可以是砖墙、钢筋墙、预制外墙、轻质复合墙板等。也可以在提升地板时提升滑动模板。在高架面板建筑施工期间，大量工作在地面进行，以减少高空交通和垂直运输，储存模板和脚手架，并减少施工现场的面积。未来的平板建筑通常使用无框架楼板或双向多肋楼板。一般来说，上承式建筑的柱距较大，楼层的承载力也较强，主要用于商场、仓库、工厂和多层车库。

上升层建筑是指当建筑上升层的每一层楼板仍在地面上时，随着内部和外部预制墙的安装而上升的建筑。成长型建筑可以加快施工速度，更适合面积有限的地方。

（二）按构件材料分类

集成化生产的工厂及工厂的生产线因为建筑材料的不同而生产方式有所不同，由不同材料的构件组装的建筑也不同。因此，可以按建筑构件的材料来对装配式建筑进行分类。

1. 预制装配式混凝土结构（也称为 PC 结构）

建筑是钢筋混凝土结构构件的总称。根据设计承载方式，构建分为剪力墙结构和框架结构。

（1）剪力墙结构。结构物的切割墙实际上是一个板构件。作为支撑结构，它是一个切割墙板；作为一个柔性元件，它是一个地板。目前，预制建筑构件制造商的生产线主要是面板构件。装配期间，结构主要基于提升，提升后，连接结构在部件之间进行操纵。

（2）框架结构。该结构的框架结构分别是生产柱、梁和板构件。当然，这可以通过更换模具在生产线上完成。制造零件是柱、梁和板的单个零件。构件的吊装结构将在施工过程中进行，构件之间的连接结构将在吊装后进行处理。对于框架结构的墙体问题，另一条生产线可以生产框架结构的专用墙板（可以是轻质、隔热、环保的绿板），然后在提升框架后组装墙板。

2. 预制集装箱式结构

容器结构的材料主要是混凝土，通常根据建筑需要制成结构构件（根据房间类型，如客厅、卧室、浴室、厨房、书房、阳台等）。其中包括一个房间，相当于一个集成的盒子（类似于容器），可以在组装过程中提升和组装。当然，材料不限于干混凝土。例如，日本早期预制建筑的集装箱施工使用高强度塑料。这种高强度塑料可以用作刺刀，但其缺点是耐火性差。

3. 预制装配式钢结构（也称为 PS 结构）

该结构使用钢作为构件的主要材料，再加上用于建筑装配的地板、墙板和楼梯。建造的钢结构也分为所有钢结构（型钢）和轻钢结构。所有钢结构上的荷载均采用型钢，其承载能力大，可在高层建筑中组装。轻钢结构采用薄钢壁作为主要构件材料，内置轻质墙板。一般来说，它配备了多层建筑或小型别墅建筑。

（1）所有钢结构（型钢）。所有钢结构（型钢）的截面通常较大，并具有较高的承载能力。截面可以是工字钢或 T 型钢。根据结构设计的设计要求，它是在一条特殊的生产线上生产的，包括柱、梁、楼梯等构件。制造的组件被运输到施工现场进行组装。在装配过程中，附件可以锚固（使用皮带和螺钉）或焊接。所有钢结构的承载能力均采用型钢，其承载能力大，可用于安装高层建筑。

（2）轻钢结构。轻钢结构一般采用截面较小的轻型槽钢，槽钢宽度由结构设计确定。轻型槽钢的横截面很小。墙体一般较薄，轻质板作为轻钢结构的整体板组装在槽中，在施工过程中整体组装。且轻型槽钢横截面小，承载能力强，通常用于多层建筑或别墅建筑的装配。轻钢结构施工中采用螺纹连接，施工速度快，施工时间短，也容易拆卸。装修工程造价一般为（1 500～2 000）元/m²，目前市场前景良好。

4. 木结构

建筑所需的柱、梁、板、墙和楼梯都是由木材制成后进行组装。预制木质建筑具有良好的抗震性能和环保性能，深受用户欢迎。对于木材丰富的国家，如德国和俄罗斯，预制木结构建筑被广泛使用。

装配式建筑现在一般按材料及结构分类，其分类示意图如图 5-1 所示。

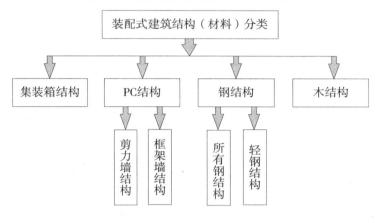

图 5-1 装配式建筑结构分类

三、装配式建筑的意义和发展目标

（一）装配式建筑的意义

当前，我国建筑业面临着改革生产方式、更新发展观念的重大挑战。装配式建筑是提高建筑业工业化水平的重要机遇和手段，是促进建筑业节能减排的重要切入点，是提高建筑业质量的基本保证。发展装配式建筑可以有效提高建筑业的科技含量，减少资源消耗和环境污染，支持建筑业产业结构的优化和现代化。同时，通过标准化设计、工厂化施工、机械化施工和信息管理，建筑行业的工作效率可以大大提高，建筑的安全和质量也可有所提高。因此，在中国支持装配式建筑非常重要，其基本意义如下：

第一，它促进了建设项目效率的提高、劳动力的自由化和经济效益的提高。通过标准化设计，工业生产预制构件和机械化结构，预制构件建筑提高了建筑工人的素质，减少了工作量，显著提高了生产效率，这不仅缩短了施工时间，而且显著减少了建筑工人的数量，降低了人工成本。同时，工业生产制度提高了建筑标准与质量，并使建筑的耐久性更好，这在一定程度上减少了业主的运营和维护成本。

第二，促进能源和资源节约，减少环境污染，促进建筑业的低碳、节能和可持续发展。采用工业施工方法，大大减少了施工现场的模板、脚手架和水电消耗。在生产过程中，也可以省略抹灰和涂装过程，有效改善现场噪声、灰尘和建筑垃圾污染问题，将环保技术和施工技术有效结合，提高建筑的综合效益。

第三，它支持提高工程质量和建筑安全。装配式建筑的生产标准化、产业化，减少了现场人工操作、机械化生产和施工，在很大程度上保证了项目的质量控制和安全性。

第四，它支持加快城市化进程。装配式建筑的发展与城市化的推进是一个良性互动的发展过程。一方面，城市化的快速发展和建筑规模的不断扩大为装配式建筑提供了良好的物质基础和市场条件；另一方面，装配式建筑为城市化带来了新的产业支撑。工业生产可以有效解决大量农场就业问题，促进农民工向工业和技术工人的转变。这两个方面的良性互动可以有效支持整个社会的城市化进程和建筑业的健康发展。

第五，它支持促进建筑业的技术进步和提高建筑业的管理水平。要支持装配式建筑的发展，就要先进行技术创新，研究开发工业建筑体系、设计方法、预制构件制造工艺和装配式制造方法，不断完善工程建设的技术标准和质量标准体系。另外，要不断管理创新，不断完善与装配式建筑发展相适应的工程建筑管理体系，整合和优化产业链上的资源，实现生命周期成本最小化、质量最优化和建筑效益最大化。

新时期大力发展装配式建筑，走出一条科技含量高、经济效益好、资源消耗低、环境污染少、人力资源得到充分发挥的新型建筑工业化道路，是实现一种高效、低碳和环保要求的建筑业生产方式，是转变我国住房城乡建设的发展方式，也是提升质量和效益的有效途径。

（二）装配式建筑的发展目标

为了贯彻落实发展和建设资源经济、环境友好型社会的科学理念，中国政府高度重视发展装配式建筑。根据国家颁布的有关装配式建筑政策，结合装配式建筑的发展现状和发展趋势，我国装配式建筑的发展目标如下。

1. 大力推广装配式建筑

预计到 2025 年，装配式建筑建造方式成为主要建造方式之一，每年新开工装配式建筑面积占城镇新建建筑面积的比例达到 30% 左右。

2. 创建一批试点示范省（区、市）、示范项目和基地企业

预计在全国范围内培育 40 个以上示范省（区、市），200 个以上各类型基地企业，500 个以上示范工程，在东中西部形成若干个区域性装配式建筑产业集群，装配式建筑全产业链综合能力大幅度提升。

3. 加快发展装配式装修

政府资助的金融住房项目应尽快采用装配式装修技术，促进社会对装配式建筑的投资，实现全装修，尽快消除装配式建筑中的空房。

4.全面提高质量和性能

减少建筑垃圾和灰尘的污染，缩短施工时间，延长建筑物的使用寿命，满足人们对建筑物可用性、环境、经济、安全和耐久性的要求。推动绿色建筑和低能耗被动式建筑预制施工方法的完成，在住房和城乡农业建设领域实施节能、节地、节水、材料维护和环境保护。

在国家装配式建筑发展目标的领导下，各省（自治区、直辖市）积极下发相关政策文件，落实具体目标，重点培育试点城市和工业大企业。实施工业化试点和示范项目，建立住房产业化技术体系，完善标准化住房产业化体系，广泛推广预制建筑，开发工业住宅组件，提高住房质量和性能，提高"四节一环保"水平，支持全国预制建筑定期广泛推广。

四、装配式建筑发展存在的问题

近年来，在政策的支持和引导下，装配式建筑发展迅速，建筑体系和支撑技术越来越先进，预制构件的生产能力和机械设计水平不断提高。但是，中国工业化基础相对薄弱，总体发展形势依然严峻，尤其面临以下挑战。

（一）技术标准有待完善，建筑材料和产品的标准化、通用化程度有待提高

预制工程标准的引入是实现建筑产品大规模、社会化和商业化生产的先决条件。制定和改进技术标准有助于建筑材料和产品的标准化和推广。不同公司生产的零部件可以相互流通和更换，促进工业零部件生产和建筑现场组装的健康发展。目前，中国在各种建筑产品的统一技术方面相对先进，但没有系统的建筑标准对其进行有效的集成和整合，这在一定程度上限制了装配式建筑的发展。

（二）建造成本居高不下，施工效率有待提高

工业生产可以大大提高工作效率和节约成本，但它应该建立在大规模工业生产的基础上。目前，由于预制构件标准体系不完善，结构构件可变性差，各工业基地生产自力更生，尚未形成大型建筑业，导致工业构件价格居高不下的同时，工业生产缺乏专业团队和熟练工人，没有安装现代化的企业管理方式，这在一定程度上阻碍了装配式建筑的推广和发展。

（三）产业技术支撑相对薄弱，专业人才和产业工人有待补充

在装配式建筑的支持下，我国在全国各地开展了试点示范工程，积累了一些经验和成果。但在技术体系、产品整合、人才培养和储备方面还存在一些不足，在全国推广实施过程中，施工质量仍存在一些隐患。支持装配式建筑可持续规模发展的前提是发展适合推广、提高技术整合和整个产业链整合能力的产业技术体系，带领优秀的技术和管理人才转型为装配式建筑，建立稳定的工业劳动力队伍。

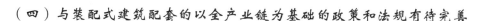

（四）与装配式建筑配套的以全产业链为基础的政策和法规有待完善

完善政策法规是装配式建筑顺利实施的必要保证。虽然我国高度重视装配式建筑，积极制定相关政策法规，但基于装配式建筑发展的整个产业链的政策和体系的研究和开发仍有待完善。为了加快装配式建筑的发展，政府应制定完善的政治和制度措施，制定并实施各种激励和保护措施，将政治和监管体系与装配式建筑的发展相协调，培育装配式建筑的产业链，建立可持续发展的市场机制。

第二节　装配式建筑设计

一、装配式建筑设计的原则

预制构件的设计必须满足建筑物的运行和性能要求，坚持可持续发展规划和绿色环保的原则，采用多种可靠的连接方式组装预制构件，采用主体结构线组装集成技术，装修和设备的空间设计要充分协调给排水、燃气、采暖、通风和空调设备，考虑安全运行和维护管理的要求。此外，作为实现建筑产业化发展的一种手段，装配式建筑的设计必须遵循以下原则。

（一）少规格、多组合原则

装配式建筑设计要求建筑师具备工业建筑设计的概念，并尝试根据标准生产设计模块化单元。应尽可能使用相同类型的房间，不同类型的房间应尽可能标准化为具有相同系数的边缘保护元件。外围保护元件通常适用于阳台、空调面板、壁橱窗、小屋等附件。建议每种类型房间的楼梯具有相同的系数和高重复率。优先选择具有高入住率房间类型（更多公寓入住率）和更多标准楼层（更多立面入住率）的单个建筑，并优先选择正常的施工方案。

可以看出，在装配式建筑的设计阶段，应在相对正常形状的空间水平上选择较大的布置，承重墙和管孔的位置应合理布置。此外，随着装配式建筑技术的不断完善，装配式建筑系统的发展逐渐适用于我国各地各类建筑的功能区和性能要求。

（二）建筑模数协调原则

装配式建筑的主要特点是生产方法的工业化。为了实现优化大小序列化和泛化的目标，协调组件之间的关系是另一个关键点。模块化协调是装配式建筑模块化设计的基础。基于调制，应将基本单元或基本类型的房屋作为一个模块，必须采用基本模块、扩展模块和子模块的方法来实现建筑主体结构、内部装饰部分和内部装饰之间的尺寸协调，以实现构件与构件之间的设计、生产和安装。模块的采用和协调必须满足组件压力原理、简单制造、优化尺寸和有限组件类型的要求，并满足可互换元件和可变位置的要求。内部构件与主楼之间的关系就是一系列模块化协调关系。

1. 平面设计的模数协调

建筑的平面设计应采用基本模数或扩大模数。过去，我国在建筑的平面设计中的开间、进深尺寸中多采用 $3M$（300 mm），设计的灵活性和建筑的多样化受到较大的限制。目前，为了适应建筑设计多样化的需求，增加了设计的灵活性，多选择 $2M$（200 mm）、$3M$（300 mm）。但是在装配式住宅设计中，根据国内墙体的实际厚度，结合装配整体式剪力墙住宅的特点，建议采用 $2M+3M$（或 $1M$、$2M$、$3M$）灵活组合的模数网格，以满足楼宇建筑平面功能布局的灵活性及模数网格的协调性要求。

2. 设计高度的模数协调

建筑物和构件的高度也应协调，并应采用适当的系数和首选尺寸。装配式建筑的层高设计必须采用基本模块或扩展模块的设计方法，根据建筑模块的协调要求，实现结构构件之间的模块协调。地板高度和内部清洁高度之间的首选尺寸空间为 1 m。优先维度是由基本模块、衍生模块和模块序列预先选择的模块序列，与区域的经济水平和生产能力密切相关。粒度越大，成分的灵活性和选择性越强。尺寸越小，零件的标准化程度越高，但实际应用的局限性越大，零件的选择性越弱。

立面高度的确定包括预制构件的规格和尺寸。建筑立面的设计应遵循建筑施工协调的原则，为确保生产过程中操作、质量和经济效益的优化，应制定适当的设计参数。

室内净高根据地板装饰的最终表面和天花板的最终表面计算。为了实现建筑垂直方向上的模块化协调，实现其可变、修改和可再生的目标，有必要设计满足接缝要求的楼层高度。确定不同建筑的楼层高度还必须符合建筑净高规范（层高）的要求。

3. 构造节点的模数协调

施工节点是预制建筑的关键。由于设计节点的互连和组合，所有零部件成为一个整体。结构节点的模块化协调可以实现连接节点的标准化，提高组件的灵活性和互换性。

在组合组件时，每个组件的尺寸和位置应明确，以简化结构、制造和装配零件的协调，并且可以满足集成建筑组件设计的完整性、效率和成本效益要求。它分为一系列数字，分模数为 $1/10M$、$1/5M$、$1/2M$ 的数列，主要用于建筑的缝隙、构造节点、构配件截面尺寸等处。模分解不应用于确定模网络的距离，但可以根据需要用于确定模网络的平移距离。不仅要充分考虑建筑装饰的设计、加固、机电布线，还要充分考虑建筑装饰的点检。应结合基于工业建筑需求的设计、生产和施工一体化研究，将粗放的传统建筑改造为轻薄的传统建筑。

（三）集成化设计原则

集成设计是指根据建筑、施工、设备和室内装饰的集成设计原则，基于集成的建筑系统、构件和部件，对装配式建筑进行集成设计。建筑内部设计与建筑结构和机电设备系统的有机协调是创造高性能、高质量建筑的关键。在预制建筑中，必须充分考虑预制结构的特点。应利用信息技术实施不同部门之间的合作项目。

建筑信息模型技术是装配式建筑施工中的重要工具。通过信息平台管理系统，将设计、生产、施工、物流、运营管理等各个环节互联为一体，实现信息数据共享、资源协同、组织决策管理系统，对于提高工程和部门不同阶段之间的合作效率和质量以及集成管理水平起到了重要作用。

二、装配式建筑设计的要点

（一）一般规定

1. 基本要求

装配式建筑的设计应符合国家政策、法规和规范的要求以及相关地方标准的规定，并应满足建筑的功能和性能要求，体现以人为本、可持续发展、节能、土壤和材料保护的主要思想。

2. 装配式建筑的本质特征

目前，我国积极支持的装配式建筑以标准化设计、工业化生产、装配式施工、一体化装饰、信息化管理为特点，形成了一条完整的有机产业链，实现了住宅建设全过程的产业化、集约化和社会化，提高了建设项目的质量和效率，实现了节能减排和资源节约。

生产工业化的关键是设计的标准化。中心连接是创建一套适应性模块和单元协调原则。因此，在设计中优化了每个功能模块的尺寸和类型，使组件能够实现灵活性和互换性，以确保在住房建设过程中实现操作、质量、技术和经济方面的最佳设计，并支持生产模式从扩展型向集约型的转变。

（二）技术策划先行与经济性分析

装配式建筑的施工是一项系统工程，与传统施工相比，其局限性越来越复杂。为了实现提高项目质量、提高生产效率、减少人工操作和减少环境污染的目标，考虑到预制建筑"两升两降"的好处，有必要尽量减少现场的湿作业。构件按设计在厂内预制，并及时运至施工现场。在短暂的储存期后，应进行提升结构。因此，与传统的施工方法相比，经济合理的预制构件建筑实施方案、生产施工组织设计以及工程、生产、运输、储存和安装的互联协调显得尤为重要。良好的设计可以有效控制成本，提高效率，保证质量，充分体现装配式建筑的行业优势。因此，与已建建筑相比，装配式建筑应增加项目技术设计的阶段。技术设计的总体目标是在项目的经济、环境和社会效益之间实现总体平衡。技术设计的重点是项目经济性评估。

（1）制定初步方案，分析其经济性和建设性。在项目的技术设计阶段进行初步设计和财务分析，并为施工过程的所有环节提供一般措施。建筑、施工、机电、室内装饰、经济、零部件生产和其他紧固件密切协调，以评估技术选择、技术经济可行性和可制造性。

（2）明确结构选型、维修结构选型、综合技术配置等，明确项目组装的建设目标。

①概念设计和结构选择文献。首先，装配式建筑的设计必须满足使用操作的需要；其次，符合标准设计的要求，具有预制施工的特点和优势，并充分考虑施工的方便性和施工的效率；最后，设计的选择应该是合理的，这对建筑的经济性和合理性非常重要。

②预制构件工厂的技术水平、可生产预制构件的形状和生产能力。预制构件建筑中预制构件的几何尺寸、质量、连接方式、完工程度、平面部分或立面部分等技术布置应结合预制构件厂的实际情况确定。

（3）标准产品应用于预制建筑的适当部分。根据国内外的实践经验，以下部件适用于预制和组装：

①具有规模效应，标准统一，易于制造，可以大大提高效率和质量，减少劳动力和零件浪费。

②技术上不困难的零件可以高度应用，并且易于标准化。

③现场施工困难，适合工厂预制。例如，需要高强度混凝土的复合异形构件和其他无法浇筑到空间中的零件需要高集成度和精度，必须在工厂制造。

④其他有特殊要求的部分，如围护结构和配套构件，包括楼梯、阳台、隔墙、空调面板、管井、室内外装饰材料等，必须采用工业标准产品。

（4）对该项目的可行性进行评估。

①预制构件厂与项目的距离。预制构件建筑的施工应充分考虑预制构件厂的适当运输半径。周边土地应具备完善的零部件运输条件，国家必须具备合适的内部物质进出条件。在有限的运输条件下，可以在现场预制单个特殊部件。

②施工组织和技术路线。尤其应包括施工现场预制构件临时堆放计划的可行性，前提是地块有足够的构件临时储存场所和构件现场的运输通道。部件运输的组织计划应与吊装计划协调和同步，并应建立起重能力、起重周期和起重操作单元。

③经济可行性评估。建筑的预制设计协调了建筑部分和所有分支，根据建筑需求、土地使用条件、土地比例和用途进行经济分析。该项目结合预制构件厂的生产能力和预制构件采用的不同高度，确定了该项目的技术设计，包括结构形式、预制速度和装配速度。预制构件建筑应结合工程实际情况，尽量采用预制构件。低预制率不能反映预制建筑的特点和优势。

预制率计算的内容主要是指机柜的主要结构和部件，包括预制外承重墙、预制外围承重墙、内承重墙、柱、梁、楼板、外墙、楼梯、空调面板、阳台配件。由于未组装的内部分隔器范围广泛，这些部件不包括在预制程度的计算中。

预制率主要评价非承重构件和内装部品的应用程度，主要包括非承重内隔墙、整体（集成式）厨房、整体（集成式）卫生间、预制管道井、预制排烟道和护栏等。其中，非承重内隔墙主要包括预制轻质混凝土整体墙板、预制混凝土空心条板、加气混凝土条板、轻钢龙骨内隔墙等以干法施工为特点的装配式施工工艺的内隔墙系统。

技术方案是前期技术策划的重要内容，要综合考虑建筑的适用功能、工厂生产和施工安装的条件等因素，明确结构类型、预制部位、构件种类及材料选择。

（三）建筑设计要点解析

1. 规划设计要点解析

假设装配式建筑的设计满足照明、通风、空间、下载等要求，则应优先选择与住宅单元相结合的住宅单元进行设计。根据安全、经济、合理的原则，考虑施工组织过程，确保不同施工过程的有效衔接，提高效率。预制件必须运输到塔式起重机覆盖的区域，以便在施工期间进行起吊。因此在总平面规划中，应充分考虑运输通道的调节，必须合理安排预制构件临时仓库的位置和面积，塔吊的位置应根据利率施工计划进行调整，准确控制组件的运输连接，提高现场使用效率，并确保施工组织的便利性和安全性。

2. 平面设计要点解析

预制构件平面设计应以模块化协调原则为指导，优化成套模块的尺寸和类型，实现住宅预制构件和室内装饰构件的标准化、系列化和通用化，完善住宅产业化配套应用技术，提高工程质量，降低施工成本。以某住宅楼为例，在设计阶段，应根据不同的使用功能合理划分居住空间，并结合结构规范的要求、项目选址的确定和产业化目标，确定集合的模块及其组合形式。平面设计可以通过研究与设计结构特征相对应的模块系列来创建某个标准功能模块，然后结合实际装配要求创建合适的工业模块，最后结合租赁模块创建单元的最终模块。

建筑水平应选择大空间的布局水平，承重墙和管道孔的位置必须合理调整，以实现居住空间的灵活性和可变性。公寓的功能区应清晰分开，布局合理。通过适当的设计选择，减少公寓承重墙的外观，并使用易于拆卸和更换的工业室内隔断来划分公寓的功能空间。例如，大面积的活动板房实现了灵活性和多功能性，公寓类型必须根据家庭功能的需要灵活变化。

3. 立面设计要点解析

装配式建筑立面的设计必须利用标准化、模块化和系列化组合的特点。预制外墙板可以使用不同的饰面材料，通过外墙各构件的灵活组合，展示不同纹理和颜色的变化，达到具有工业建筑特性的立面效果。建筑预制外墙配件特别包括预制混凝土外墙板、门窗、阳台、空调板和外墙装饰墙构件，可以充分发挥预制异形截面墙体的装饰作用，进行差异化立面设计。立面装饰材料应符合设计要求，预制外墙板应采用工厂预涂、抗爆装饰材料、混凝土纹理等装饰一体化生产工艺。装饰材料必须通过工艺测试进行检查，以确保质量。

在满足通风和采光要求的情况下，外墙门窗通过调整门窗尺寸、虚实比和窗框分离形式，创造了一定程度的灵活性。通过改变阳台和空调面板的位置和形状，立面可以具有更多的可变性。由于装饰元素的自由交换，立面有了不同的设计。

4. 预制构件设计要点解析

装配式建筑预制构件的设计必须坚持标准化配置原则。应该尽力减少配料的种类，提高配料的标准化程度，降低项目成本。现场铸造方法可用于测试复合零件，如多孔、特殊形状和钢板跌落。注意预制构件的质量和尺寸，充分测试构件的加工生产能力、运输、吊装等工程条件。同时，预制构件具有高强度和耐火性。在设计预制构件时，应充分考虑生产的方便性和成品保护的安全性。如果零件尺寸较大，则必须增加用于拆卸和提升零件的内置吊点数量。根据不同区域的隔热要求，选择结构合适的预制外墙板，同时必须考虑预留空调开口和散热器整体安装件的安装要求。对于承重内墙，建议选择重量轻、易于安装和拆卸、隔音性能好的填充墙。室内空间可以根据使用功能灵活划分。非承重内墙板与主体结构之间的连接必须安全可靠，以满足抗震和应用要求。厨房和卫生间等潮湿区域使用的墙壁应防水且易于清洁。隔板及设备、卫生洁具、空调设备等零配件内部管道的安装和连接必须稳定可靠。

装配式建筑的地板应采用复合地板，结构转换层、复合设计或大开间的地板以及作为上部结构组成部分的地下室地板应使用铸造地板。地板之间以及地板和墙壁之间的接缝确保了结构的完整性。必须考虑管道设备、天花板和灯具的连接和集成安装点，以便层压地板满足设备的专业要求。室外空调机组的货架必须与预制阳台结合。预制楼梯应固定防护开口和栏杆一体化。防滑楼梯施工将在工厂预制期间一次性形成，并将采取最终产品的保护措施。

5. 构造节点设计要点解析

预制施工只是一种施工方法，其规则和标准仍以国家设计规则和标准为基础，相当于浇筑结构。由于施工方法不同于现场浇筑的建筑物，因此结构接缝的设计也不同。

预制构件连接节点的结构设计是预制构件混凝土截面墙结构保护层设计的关键。预制外墙板、门窗洞口和其他水密薄弱部位的结构接缝和接缝材料的选择必须满足建筑物的物理性能、机械性能、耐久性能和装饰性能的要求。各种铰链应根据工程的实际情况和气候带合理设计，以满足防水和节能的要求。预制外墙板的垂直接缝必须采用密封材料和结构密封的组合，可以使用槽口接缝或光滑接缝。板预制外墙水平连接采用结构防水时，应采用企口接缝或高低接缝。公共宽度应考虑热膨胀和收缩、风荷载、地震作用和其他外部环境的影响。外墙板接缝密封应具有混凝土兼容性和防滑与膨胀变形阻力设置，并具有防霉、防水、防火、耐候等材料特性。在预制外墙板上安装门窗时，必须确保其连接的安全性、可靠性和紧密性。

预制截面墙板周边防护结构的热工计算必须满足国家设计标准的相关要求。当使用预制夹芯外墙板时，其保温层必须连续，保温层厚度应满足项目区围护结构的节能设计要求。保温材料应轻质高效，保温材料在安装过程中的含水量必须符合现行国家相关标准的规定。

6. 专业协同设计要点解析

（1）结构专业协同。装配式建筑的形状、平面布置和施工必须符合抗震设计的原则和要求。为满足产业结构的要求，预制构件的设计必须坚持压力合理、连接方便、结构合适、规格少、组合多的原则，选择合适尺寸和质量的预制构件，方便加工和运输，提高工程质量，控制施工成本。建筑物的支撑墙和柱子等垂直构件应上下连续，门窗洞口应上下对齐，成排排列，不得使用角窗。门窗洞口的平整位置和尺寸应满足结构压力和预制构件的设计要求。

（2）给水排水专业协同。预制建筑应考虑公共空间中垂直管道源的位置、大小和分布的可能性，并将其放置在易于维护的地方。垂直导线的调整应相对集中，水平导线的调整应减少通道。穿过预制构件的管道应设计孔洞，井内管道和管道顶棚必须安装牢固可靠，便于更换和维护的检修门（孔）必须固定。生活套房宜采用同层排水，同层排水的房间应有可靠的防水施工措施。当使用内置浴室和厨房时，有必要与制造商合作，以保持建筑工程的清洁尺寸以及设备导体接口的位置和要求。热水系统太阳能集热器、储水箱等的安装必须与建筑一体化设计，主体结构必须保持完整。

（3）暖通专业协同。供暖系统的主启闭机、分户控制阀等部件应设置在公共空间的垂直管井上，内部加热线应设置为独立回路。当使用低温热水地板供暖系统时，应结合地板垫施工实践，将配水器和集水器设置在适合维护和控制的位置。使用散热器加热系统时，应合理安排散热器位置和加热线的方向。当采用中央清洁空气系统时，应确定装置和风道的位置和方向。

（4）电气、电信专业协同。确定家庭配电盘的位置，不应连接家庭墙壁两侧的隐藏电气设备。在设计预制构件时，应考虑室内装饰的要求，并根据插座、灯具、网络接口、电话接口、有线电视接口等的位置，确定线路的可调位置以及枕头、墙壁和截面的连接配置。当安装在预制墙上和胶黏板上时，应使用线管进行保护。放置在预制墙上的电气开关、插座、配电盘、连接线等必须固定和集成。该装置的导体不埋入门窗衬里以及预制外墙板和内墙板的锚固区。

7. 装配式内装修设计要点解析

装配式建筑内部装饰的装配式设计必须坚持建筑、装饰和构件一体化的设计原则。系统应符合相关国家标准的要求，并符合安全、经济、节能和环保的要求。应通过优化参数、相应公差、接口技术和其他措施，提高零部件的互换性和灵活性。预制式室内装饰的设计必须充分考虑不同材料、设备和装置的不同使用寿命，装饰部件应具有多样性和适应性，适合施工、安装、使用、维护、维修和改造。当预制室内装饰材料和设备与预制构件相结合时，还必须在设计时采用房屋系统的支架和填料分离技术。如果条件不具备，则应采用固定和插入装置和预制构件的方法，并且不应切割其铸造化合物，这将对主体结构的影响造成安全影响。

第三节 装配式建筑管理

一、装配式建筑管理的概述

（一）装配式建筑管理的重要性

1. 有效管理为行业良性发展保驾护航

（1）政府管理。从政府管理的角度来看，政府应该制定适合装配式建筑发展的政策和措施，并加以实施。

一是支持现代主体结构的组装和完整装修。目前，中国大多数商品房都是以空房的形式供应的。如果只对建筑主体结构进行拼装，而不同时对整个装修进行支撑，那么预制建筑节省施工时间、提高质量等优点就无法充分考虑。

二是支持管道分离和同层排水的应用。如果不进行设计和实施，则无法有效支持诸如在同一楼层进行管道分隔和排水以提高建筑物使用寿命和质量的措施。

三是创建一种适用于装配式建筑的质量和安全监督方法。政府应在提高装配式建筑施工过程的质量和安全管理方面发挥主导作用，如果仍然采用原有的浇筑管理方法，并且不设计适合装配式建筑的管理制度，装配式建筑将无法得到有效管理，装配式建筑的健康发展将受到限制。

四是推动工程总承包模式。使用总承包模式对装配式建筑的发展非常有利。如果政府在这方面没有体制规划和管理措施，将大大限制装配式建筑的进一步发展。

（2）企业管理。从企业管理的角度来看，装配式建筑所有紧密相连的部分都需要良好的管理。

甲方是支持装配式建筑开发和管理的总体领导单位。是否采用一般采购程序以及项目企业是否能够更好地完成组装项目，直接关系到组装项目能否顺利完成。

对于设计单位来说，是否充分考虑了装配式建筑零部件的生产、运输、施工等舒适性因素，决定了项目能否顺利实施。

施工单位是否科学地设计了项目实施方案（如塔吊的布置、吊装组的设置、运输车辆零配件的规划等），对项目是否省工省力起着重要作用。同样，监督和制造企业的管理将在各自的职责中发挥重要作用。

2. 有效管理保证各项技术措施的有效实施

装配式建筑在生产、运输、施工等环节的应用需要有效的管理保障，只有有效的管理才能保证各种技术措施的有效实施。例如，装配式建筑的核心是连接，虽然有高质量的紧固件和可靠的紧固技术，但没有有效的管理，运营商可能就不知道连接的重要性，这将不可避免地给装配式建筑带来灾难性的后果。

（二）装配式混凝土建筑质量管理的特点

装配式混凝土建筑是建筑体系与运作方式的变革，对建筑质量提升有巨大的推动作用，同时形成了区别于现浇混凝土建筑的质量管理特点，主要如下。

1. "一点管理"与"多点管理"

预制混凝土结构的质量管理已将该项目的许多接缝从铸造现场转变为工厂预制，从以前仅在施工现场进行的"一点控制"转变为在合法施工现场和几个预制设施中进行的"多点控制"。因此，有必要增加工厂预制连接器质量管理人员，使其随时与现场质量控制员进行沟通和交流，并能够及时发现和解决各种问题。

2. 构件精度管理

在预制件制造中，人们对零件尺寸、集成件位置、紧急加固、备用位置或孔角度的精度要求很高，必须进行误差计算。如果误差较大，则无法累积，从而导致部件分离。

3. 特殊工艺的质量管理

预制混凝土建筑可以采用与现浇混凝土建筑完全不同的施工工艺，以实现建筑物的饰面或结构装饰。例如，夹层隔热方法可用于建造外墙隔热层，通常称为"外墙夹芯板"。与此制造过程类似，零件厂和监督单位必须共同研究和制定特殊的质量管理措施。

4. "脆弱点"的质量管理

在预制混凝土建筑的质量管理中，存在"脆弱点"、特定连接点、黏结件和一些敏感过程。如果这些"脆弱点"的质量控制不好，无论是出于技术原因还是出于责任原因，都将导致非常严重甚至灾难性的后果。因此，在管理预制混凝土建筑的质量时，通常建议使用现场监督对"脆弱点"进行专门的质量管理。

二、政府对装配式建筑的管理

（一）政府推广装配式建筑的职责和主要工作

在我国，特别是装配式建筑发展初期，政府应主要做好顶层设计（法律、制度、规则），提供政策支持和服务，进行工程和市场监管，鼓励科技进步等工作。其中，guojia行业主管部门与地方政府尤其是市级政府 d 职责有所不同。

1. 国家行业主管部门层面

应做好装配式建筑发展的顶层设计，统筹协调各地装配式建筑发展，具体包括以下几个方面：

（1）制定装配式建筑通用的强制性标准、强制性标准提升计划以及技术发展路线图。

（2）制定有利于装配式建筑市场良性发展的建设管理模式和有关政策措施。

（3）制定奖励和支持政策，并建立统计评价体系。

（4）奖惩并重，在给予装配式建筑相应支持政策的同时，加大对质量、节能和防火等方面的监管，严格执行建筑质量、安全、环保、节能和绿色建筑的标准。

（5）对不适应装配式建筑发展的法律、法规和制度进行修改、补充和完善。

（6）开展宣传交流、国际合作、经验推广以及技术培训等工作。

2. 地方政府层面

地方政府在中央政府制定的装配式建筑发展框架内，结合地方实际情况，制定有利于本地区产业发展的政策和具体措施，并组织实施，具体包括以下几个方面：

（1）制定适合本地实际的产业支持政策和财税、资金补贴政策。例如，在土地出让环节的出让条件、出让金和容积率等要求中给予装配式建筑支持政策。

（2）编制本地装配式建筑发展规划。

（3）建立或完善地方技术标准体系，制定适合本地区的装配式部品部件标准化要求。

（4）推动装配式建筑工程建设，开展试点示范工程建设，做好建设各环节的审批业务和验收管理。

（5）制定装配式工程监督管理制度并实施，重点关注对工程质量安全的监管。

（6）推进相关产业园区建设和招商引资等工作，形成产业链齐全且配套完善的产业园区格局，支持和鼓励本地企业投资建厂和利用现有资源进入装配式领域。

（7）开展宣传交流、国际合作和经验推广等工作，举办研讨会、交流会或博览会等活动。

（8）开展技术培训，可通过行业协会组织培养技术、管理和操作环节的专业人才与产业工人队伍。

（9）地方政府的各相关部门应依照各自职责做好对装配式建筑项目的支持和监管工作。

（二）政府在装配式建筑管理中的常见问题

目前，我国处于装配式建筑发展初期，以下普遍存在的一些问题应成为政府管理的着眼点。

1. 开发建设单位消极被动

目前，我国装配式建筑的发展主要依靠政府的大力支持，大多数发展中的企业仍处于被动状态，甚至处于次要状态，没有积极面对困难和问题的积极性。

从初步设计阶段开始，必须将建筑结构的结构体系、外围防护体系、室内装饰体系以及设备和管道进行整合，并进行适合装配式建筑特点的优化方案，以最大限度地发挥装配式建筑的效益。目前，我国许多装配式建筑结构没有进行整体协同设计，而是按照传统在现场完成建筑设计后，才进行缓慢深入的单独设计。主要原因如下：一是开发商对装配式建筑的系统设计概念不了解，或对整体设计不够重视。二是传统的建筑设计事务所力量不足，一方面他们不了解装配的设计，另一方面装配的设计增加了工作量，但设计成本没有增加或没有增加多少。因此，在装配式建筑中占据领先地位的提议被边缘化并推迟。

2.施工企业积极性有待提高

主要有三个原因：一是建筑企业熟悉原有的场地抛掷方式，而且他们的思维和行为惯性很强，所以很多企业不愿意尝试新的生产方式。二是集中建设使许多企业原有的机械设备、标准等长期资产冗余。三是采用预制结构，部分工程造价与预制厂家分离，损害了施工企业的利益。

3.政府管理系统协同性有待增强

主要表现在三个方面：一是结构设计审查中没有包括预制构件的专篇，或者审查不严格。二是质量管理部门缺乏新的监督方式，如预制构件厂缺乏有效的质量管理手段，监督部门缺乏有效的措施来监督现场吊装和排水等关键连接，以及对项目数据归档的要求比较松散。三是适用于发展装配式建筑的一般合同和技术等措施在系统地共同促进该服务的各个国家主管部门的过程中也存在问题。四是缺乏经验丰富的人力资源，如设计、工程、管理人员和熟练工人，导致预制建筑开发中无法实现许多技术目标，政府必须在未来逐步改进。

（三）政府对装配式建筑的质量监管

为居民提供可靠、安全、绿色和环保的建筑产品是整个预制建筑行业的根本目标。政府必须将装配式建筑的质量管理视为一项重要项目。

（1）结合设计，加强项目和施工方案的审查管理，重点审查结构耦合节点，以确定其是否符合相关技术规范的要求。同时，明确项目总体设计单位应全面负责装配式建筑的详细设计。

（2）在构件生产过程中，应充分发挥监理单位的作用，对居民的监理也应适用平行监理的关键环节。政府还应定期组织工厂生产环节的现场检查，以确保零部件的质量。

（3）在制造和装配过程中，施工单位和监理单位现场监督紧固件的生产，现场拍照或录像操作并保持记录，政府确保随机控制。除必要的控制工作外，还应加强紧固件和隐蔽工程的验收。只有在接管完成后才能进行下一步的施工和组装。

（4）在验收参考中，政府可以采用一种管理预制建筑部分验收的方法。装配式建筑部分接管验收后，在主体建筑竣工后再次进行整体接管和检查，如检查整个建筑是否在后退，整体是否采用热工节能验收等。同时应注意项目档案和各类档案的收集和分类，确保档案真实完整。

（四）政府对装配式建筑的安全监管

安全管理涵盖预制建筑的所有连接、生产、运输、堆场、储存和吊装。

（1）监督预制构件厂的生产。政府对预制构件工厂的安全监督重点是确保生产过程中的安全设备，创建和执行安全操作程序，并定期对起重、电气和其他设备进行安全检查。

（2）交通运输监督。运输安全监督的重点是特殊安全运输设备的配置、组件的组装和保护措施。交通监控连接应禁止车辆超载、超宽、超高、超速以及突然转弯和紧急停车。

（3）监控预制构件的进场。预制构件的进场顺序应设计合理，最好将其直接吊运至现场，形成流动功能，以减少现场的装卸和堆积，显著降低安全风险。

（4）监督预制构件的储存和堆放。预制构件的储存是预制构件建筑的一个重要安全隐患。预制构件的种类很多，各种预制构件需要以不同的方式储存和堆放。部件堆放不当或损坏（如裂缝）将影响结构安全或在零件处置过程中引发事故。仓库必须是具有一定承载能力的坚硬水平表面。堆叠地板水平堆叠，在顶层和底层之间添加枕头块，堆叠层数一般不超过6层。墙板应垂直堆放，并制作特殊的货架，以防止拒收。

（5）施工单位必须严格规范起重过程，设计合理的起重系统。监理公司审查吊装方案，政府安全管理部门审查其监督制度和监督规则，并检查现场的吊装情况。

（6）政府制定适当的安全制度，改善技术人员的培训，定期进行专项安全检查，从施工和维修开始就规范安全生产，并清理有问题的项目和设施，尽可能地消除萌芽阶段的安全风险。

三、开发企业对装配式建筑的管理

（一）开发企业与装配式建筑

1.装配式建筑给开发企业带来的好处

在产品方面，预制建筑可以显著提高家居使用的质量和功能，使现有建筑产品现代化，为消费者提供安全、可靠、耐用和功能性的产品，有效解决安装建筑中的许多常见质量问题，降低客户投诉率，提升房地产公司的品牌。

从投资角度来看，组织良好的装配式建筑可以缩短施工周期，提前出售房屋，加快资金周转率，降低经济成本。

从公司的角度来看，预制建筑是根据国家标准将4个系统（建筑系统、区域保护系统、内部安装系统、设备和管道系统）整合在一起，应用全装修与支撑的管道分隔，满足提高产品质量、绿色设计、环保节能的要求，是符合社会发展趋势的施工方法，具有十分重要的意义。

2.装配式建筑给开发企业带来的问题

就成本而言，现阶段装配式建筑的成本高于浇筑式混凝土建筑的成本，特别是在经济相对发达和房价较低的地区，成本增加的比例相对较大，开发商不愿意在装配式建筑的建设中投入更多成本。

从资源上看，装配式建筑产业链体系不完善，相关配套资源的区域分布不均衡，参与装配式建筑设计、生产、施工、监理、检测等方面的企业数量不多，员工数量和经验不足，这给开发企业在设计、生产、质量控制、监督和测试领域的有效实施和管理带来了更大的困难。

从市场的角度来看，消费者对预制构件的意识不高，开发公司害怕制造不必要的问题，所以他们经常削弱预制构件的宣传。

（二）开发企业对装配式建筑全过程的质量管理

开发企业作为装配式建筑的第一责任主体，必须对装配式建筑进行全过程质量管理。

1. 设计环节

开发企业应对以下设计环节进行管控：

（1）经过定量的方案比较，选择符合建筑使用功能、结构安全、装配式特点和成本控制要求的适宜的结构体系。

（2）进行结构概念设计和优化设计，确定适宜的结构预制范围及预制率。

（3）按照规范要求进行结构分析与计算，避免拆分设计改变初始计算条件而未做出相应的调整，由此影响使用功能和结构安全。

（4）进行4个系统的集成设计，选择集成化部品部件。

（5）进行统筹设计，应对建筑、结构、装修、设备与管线等各个专业以及制作、施工各个环节的信息进行汇总，对预制构件的预埋件和预留孔洞等设计进行全面细致的协同设计，避免遗漏和碰撞。

（6）设计应实现模数协调，给出制作、安装的允许误差。

（7）对关键环节设计（如构件连接、夹心保温板设计）和重要材料选用（如灌浆套筒、灌浆料、拉结件的选用）进行重点管控。

2. 构件制作环节

开发企业应对以下制作环节进行管控：

（1）按照装配式建筑标准的强制性要求，对灌浆套筒与夹心保温板的拉结件做抗拉实验。灌浆套筒作为最主要的结构连接构件，未经实验便批量制作生产，会带来重大的安全隐患。在浆锚搭接中，金属波纹管以外的成孔方式也须做试验，验证后方可使用。

（2）对钢筋、混凝土原材料、套筒、预埋件的进场验收进行管控与抽查。

（3）对模具质量进行管控，确保构件尺寸和套筒与伸出钢筋的位置在允许误差之内。

（4）进行构件制作环节的隐蔽工程验收。

（5）对夹心保温板的拉结件进行重点监控，避免锚固不牢导致外叶板脱落事故。

（6）对混凝土浇筑与养护进行重点管控。

3. 施工安装环节

开发企业应对以下施工环节进行管控：

（1）构件和灌浆料等重要材料进场须验收。

（2）与构件连接伸出钢筋的位置与长度在允许偏差内。

（3）吊装环节保证构件标高、位置和垂直度准确，套筒或浆锚搭接孔与钢筋连接顺畅，严禁钢筋或套筒位置不准采用煨弯钢筋而勉强插入的做法，严格监控割断连接钢筋或者凿开浆锚孔等破坏性安装行为。

（4）构件临时支撑安全可靠，斜支撑地锚应与叠合楼板桁架筋连接。

（5）及时进行灌浆作业，随层灌浆，禁止滞后灌浆。

（6）必须保证灌浆料按规定调制，并在规定时间内使用（一般为 30 min）；必须保证灌浆饱满无空隙。

（7）对于外挂墙板，确保柔性支座连接符合设计要求。

（8）在后浇混凝土环节，确保钢筋连接符合要求。

（9）外墙接缝防水严格按设计规定作业等。

（三）装配式建筑工程总承包单位的选择

总承包制度是一种适用于装配式建筑施工的组织方法。开发公司在选择预制施工项目的总供应商时应注意以下几点。

1. 是否拥有足够的实力和经验

开发公司应选择在市场上具有一定市场份额和良好声誉，并在设计、制造和制造组件方面具有丰富经验的总承包商。

2. 是否能够投入足够的资源

由于项目太多，一些强大的签约机构无法投入足够的人力和物力。开发公司应做好前期调研工作，并与总承包商沟通。应检查总承包商是否能够提供基本管理人员，以及组件制造企业是否具有足够的能力。

（四）装配式建筑监理单位的选择

开发企业选择装配式建筑的监理单位时应注意以下几个要点。

1. 熟悉装配式建筑的相关规范

目前，装配式建筑正处于发展的早期阶段，相关法规和规范有待完善。

2. 拥有装配式建筑监理经验

装配式建筑的设计思想、施工程序和施工方法很多，给监理单位审查和监督建筑施工组织设计带来了很大困难。监理公司的相关经验非常重要，应该关注管理者是否接受过专业的咨询培训，以及是否有一个完善的预制施工监理流程和管理体系等。

3. 具备信息化能力

预制建筑监督单位应主导并具有适当的信息管理能力，以对预制生产和组件组装进行全过程监督和监测。

（五）构件制作单位的选择

开发企业选择零部件生产单位通常有三种形式：总合同、工程合同和指定开发企业。使用前两种方法选择组件生产单元时，应考虑以下几点：

（1）有一些组件制造的经验。有经验的预制构件公司必须提前将人员介绍到初步设计阶段，并提交模块化、标准化的相关建议。在预制构件的设计阶段，预制构件企业必须有足够的能力划分和深化建筑设计的设计，并审查构件的制造和安装能力以及整个建筑的防水防火性能。

（2）有足够的能力。预制构件公司应能同时满足多个工程的施工安装需要。

（3）有一个完善的质量控制体系。预制构件公司应具有足够的质量控制能力，并在材料供应、检验和测试、模具生产、钢筋生产和绑扎、混凝土浇筑、预制构件维护和去污、预制构件的储存和运输方面具有适当的规范和质量控制体系。

（4）有基本的生产设备和场所。应有实验检测设施和专家，有完善的基础生产设施和充足的存储空间。

（5）信息化能力。应有独立的生产管理系统，以实现预制构件的全生命周期管理、生产过程监控系统、生产和记录管理系统、远程故障诊断服务等。

四、监理对装配式建筑的管理

（一）装配式混凝土建筑的监理管理特点

预制结构的监督超越了传统的机械混凝土浇筑，这对监督人员的质量和技术能力提出了更高的要求。

1. 监理范围的扩大

监督工作范围从传统的铸造现场到预制构件工厂。在提前设计模具组件的过程中，必须进行监督。同时，应考虑施工阶段的要求，如构件的重量、集成件、机电设备的导线、现场节点模板的支撑和集成等。

2. 所依据的规范增加

除了混凝土建筑的所有规范外，还增加了预制建筑的标准和规范。

3. 安全监理增项

在安全监督方面，主要增加对生产部件的生产、搬运和储存过程的安全监督，对部件从工厂运输到施工现场的安全监督，对卸载、倾斜、起吊、连接和支撑部件在施工现场的安全监督，等等。

4. 质量监理增项

在质量管理的基础上，预制施工监理增加了对工厂原材料和外加工件、模具生产、支架加工等的监督。

此外，预制建筑的结构安全具有"脆弱点"，这导致横向监督联系增加。一旦装配式建筑施工中出现问题，可以采取的纠正措施就更少，这也对监督能力提出了更高的要求。

（二）装配式建筑监理的主要内容

除了所有的工程监理工作外，装配式施工监理工作还包括以下内容：

（1）收集装配式建筑的国家标准、行业标准和地方项目选址标准。

（2）为项目中的新工艺、技术和材料制定监督规则和工作流程。

（3）应建设单位的要求，在建设单位选择总承包、施工、制造和施工企业时提供技术支持。

（4）参与组织和生产的设计，以及与建筑方的合作设计。

（5）参与组织项目出版和审查；重点检查各行业所需的预埋件以及预埋件和预制构件结构的连接件有无遗漏或"碰撞"。

（6）对预制构件工厂进行监督，全面监督所有构件制造接头的质量和安全生产。

（7）管理人员监督预制建筑的安装，监督生产质量和所有操作连接的安全。

（8）组织采用每个项目流程。

五、设计单位对装配式建筑的管理

预制施工项目单位的管理要点包括统筹管理、建筑师与结构设计师主导、三个先进性、建立协作平台和注重设计质量管理等。

（一）统筹管理

装配式建筑设计是一个有机整体，不应"分割"，而应密切协调。除了建筑设计的各个分支外，装饰的设计必须协调，部门和构件的设计必须协调。虽然一些协会分配给专业机构参与项目，但它们必须在结构单位的组织和管理下进行，并且必须包含在总体设计范围内。

（二）建筑师与结构设计师主导

预制建筑的设计应由建筑师和施工人员管理，而不是根据传统设计划分办公室。建筑师必须组织不同学科的设计协作，并对系统的4个组件进行集成设计。

（三）三个先进性

（1）装配型式试验应提前到设计阶段。

（2）装饰设计应支持施工阶段的设计，并应与建筑、施工、设备和管道部门同时进行，而不是在整个项目完成后开始。

（3）在结构设计开始时，应鼓励与制造和施工工人的互动与合作，而不是在施工结束后发布设计。

（四）建立协同平台

预制混凝土预制建筑强调合作。公共设计是指建筑、结构、水电、设备和装饰之间的综合设计。应利用信息技术实现一体化设计，以满足生产要求，确保施工和建筑物可以长期使用。

在预制混凝土建筑中强调协同设计的原因如下：

（1）预制建筑的特性要求构件之间精确连接，否则无法组装。

（2）虽然现场的混凝土建筑也需要不同行业之间的合作，但它不像预制建筑那样紧凑和昂贵。预制构件建筑的不同部分内置的零部件必须由不同领域的设计师设计。

（3）现场混凝土浇筑建筑物的许多问题可以在现场施工过程中解决或修复，而预制建筑物如果出现遗漏或问题，则很难修复。也就是说，预制混凝土建筑对遗漏和设计错误的容忍度较低。

建筑的预制混凝土设计是一个有机过程。"装配式"概念必须伴随整个设计过程，这需要建筑师、设计师和其他专业设计师之间的密切合作和互动，以及设计师和技术制造商与安装和施工单位之间的密切合作和互动，从而实现设计过程的整个协调。

（五）设计质量管理重点

预制混凝土建筑需要更大的施工深度和精度。出现问题时往往无法弥补，造成巨大损失，延误工期。因此，需要确保设计质量，并注意以下关键点：

第一，结构安全是设计质量管理的重中之重。由于预制混凝土预制构件的结构设计必须特别与机电安装、结构、管道安装、装饰等扣件相匹配，交叉分支多，系统性和结构安全性强，结构设计过程中还涉及其他问题，因此应重点加强库存风险管理的控制和实施，如夹层绝缘连接器和关键连接节点的安全问题。

第二，必须符合相关规范、程序、标准和地图集的要求。满足规范要求是结构设计质量保证的主要保证。设计人员必须充分了解相关规范要求和程序，以便在设计中进行有针对性、准确和灵活地应用。

第三，必须满足《建筑工程设计文件编制深度规定》的要求。2015 年出版的《建筑工程设计文件编制深度规定》作为国家工程建筑设计文件编制的管理文件，是确保项目文件在各个阶段的质量和完整性的有效规定。

第四，制定综合技术管理措施。根据不同类型工程的特点，制定综合技术措施，使设计质量不因人员变动而波动，甚至在一定程度上减少设计师水平的差异，使设计质量保持不变。

第五，建立标准的设计控制程序。预制构件的设计有其自身的规律性，根据其规律制定标准的设计检查程序对于提高设计质量非常重要。一些标准和程序内容甚至可以通过软件扫描创建基于后台的专家管理系统，从而更好地确保设计质量。

第六，引入质量管理体系进行设计。在传统项目计划中，相关项目机构建立的质量管理标准和体系（如学校审查制度、培训制度和设计责任分类）可以扩展到装配式建筑，并通过建立新的协调机制和质量管理体系进一步扩展和补充。

第七，采用 BIM 技术方案。预制混凝土建筑必须采用建筑信息模型技术，实现全专业、全过程的信息管理。这种技术对提高工程管理的综合水平以及结构的质量和效率起着重要作用。

六、制作企业对装配式建筑的管理

混凝土预制构件制作企业管理内容包括生产管理、技术管理、质量管理、成本管理、安全管理和设备管理等。本节主要讨论生产管理、技术管理、质量管理和成本管理。

（一）生产管理

生产管理的主要目的是按照合同约定的交货期交付合格的产品，主要包括以下内容：

（1）编制生产计划。根据合同约定和施工现场安装顺序与进度要求，编制详细的构件生产计划；根据构件生产计划编制模具制作计划、材料计划、配件计划、劳保用品和工具计划、劳动力计划、设备使用计划和场地分配计划等。

（2）实施各项生产计划。

（3）按实际生产进度检查、统计、分析。建立统计体系和复核体系，准确掌握实际生产进度，对生产进程进行预判，预先发现影响计划实现的问题和障碍。

（4）调整、调度和补救生产计划。可通过调整计划，调动资源（如加班、增加人员和增加模具等），或采取补救措施（如增加固定模台等），及时解决影响生产进度的问题。

（二）技术管理

混凝土预制构件制作企业技术管理的主要目的是按照设计图样和行业标准、相关国家标准的要求，生产出安全可靠、品质优良的构件，主要包括以下内容：

（1）根据产品特征确定生产工艺，按照生产工艺编制各环节操作规程。

（2）建立技术与质量管理体系。

（3）制定技术与质量管理流程，进行常态化管理。

（4）全面领会设计图样和行业标准、相关国家标准关于制作的各项要求，制定落实措施。

（5）制定各作业环节和各类构件制作技术方案。

（三）质量管理

1. 质量管理的主要内容

制造厂必须具备制造工艺设施和测试检测条件，以确保产品质量要求，创建完善的质量管理体系和体系，并创建可监控质量的信息管理系统。

质量管理体系应建立与质量管理有关的文件编制和控制程序，包括文件的编制（获取）、审查、批准、分发、修改和保存。与质量管理有关的文件包括法律、法规和规范性文件、公司制定的技术标准和质量手册。

信息管理系统应与生产单元的生产流程相对应，贯穿整个生产过程，并与零件信息模型具有接口，这有助于在整个生产过程中控制零件生产的质量，并格式化整个生产过程文件和图像。

2. 质量管理的特点

混凝土预制构件制作企业质量管理主要围绕预制构件质量、交货工期、生产成本等开展工作，有如下特点：

（1）标准为纲。施工企业必须制定质量管理目标、业务质量标准，应用现行相关国家和行业标准，制定劳动标准、操作规程、原材料和部件的质量控制体系、设备管理规定和各岗位的维修措施，并根据这些标准进行生产。

（2）培训在先。施工企业要建立质量管理的组织架构，配备相关人员，并根据其职能进行理论和实践准备。

（3）过程控制。严格检查预制混凝土生产的所有接缝是否符合质量标准的要求，提前预防黏结容易出现的质量问题，并采取有效的手段和管理措施。

（4）持续改进。识别质量问题的原因并提交维修建议，确保类似的质量事故不再发生。使用新工艺、新材料、新设备等紧固件的人员应先经过培训，制定标准后才能进行工作。

（四）成本管理

目前，我国预制混凝土施工成本高于混凝土施工成本。主要原因如下：一是社会因素，市场规模小，导致生产折旧率高。二是不成熟的结构系统或相对谨慎的技术规范造成的成本很高。三是尚未创建专业生产。零部件工厂生产多种产品，因此不可能创造单一品种的大规模生产。以下几种方法可以降低建筑公司的生产成本。

1. 降低建厂费用

（1）根据市场的需求和发展趋势，明确产品定位，可以进行多样化的产品生产，也可以选择生产一种产品。

（2）确定适宜的生产规模，可以根据市场规模逐步扩大。

（3）从实际生产需求、生产能力和经济效益等多方面进行综合考虑，确定生产工艺，选择固定台模生产方式或流水线生产方式。

（4）合理规划工厂布局，节约用地。

（5）制定合理的生产流程及转运路线，减少产品转运。

（6）选购合适的生产设备。

构件制作企业在早期可以通过租厂房、购买商品混凝土以及采购钢筋成品等社会现有资源启动生产。

2. 优化设计

在设计阶段，应该充分考虑组件的合理分解和生产，尽可能减少规格和型号，并注意形式的灵活性。

3. 降低模具成本

模具成本占组件制造成本的 5%。根据组件的复杂性和数量，可以选择不同规格的材料来降低模具成本，如使用替代水泥基模具。通过增加模具周转次数和合理的模具重新定位，可以降低零部件成本。

4. 合理的制作工期

与建筑单位制定合理的生产计划，确定合理的施工时间，可以确保项目的均衡生产，降低劳动力成本、设备成本和安装成本、模具数量以及不同成本的分配，以达到降低预制构件成本的目的。

5. 有效管理

通过有效管理，创建、完善并严格执行管理体系，制定成本管理目标，改善现场管理，减少浪费，增加资源回收。实施全面质量管理体系，降低无特殊条件和浪费产品的比例，合理组织工作计划，降低人工成本。

七、施工企业对装配式建筑的管理

装配式混凝土建筑的工程结构管理与传统的浇筑式建筑基本相同，但装配式混凝土建筑具有一定的特殊性。

（一）装配式混凝土建筑与现浇建筑施工管理的不同点

装配式建筑与传统现浇建筑在施工管理上有以下不同点：

（1）作业环节不同。增加了预制构件的安装和连接。

（2）管理范围不同。不仅管理施工现场，还要前伸到混凝土预制构件的制作环节，如技术交底、计划协调和构件验收等。

（3）与设计的关系不同。原来是按照图纸施工，现在设计还要反过来考虑施工阶段的要求，如构件重量、预埋件、机电设备管线和现浇节点模板支设预埋等。设计阶段由施工过程中的被动式变成互动式。

（4）施工计划不同。施工计划分解更详细，不同工种要有不同工种的计划。

（5）所需工种不同。除传统现浇建筑施工工种外，还增加了起重工、安装工、灌浆料制备工、灌浆工及部品安装工。

（6）施工设备不同。需要吊装大吨位的预制构件，因此对起重机设备要求不同。

（7）施工工具不同。需要专用吊装架、灌浆料制备工具、灌浆工具以及安装过程中的其他专用工具。

（8）施工设施不同。需要施工中固定预制构件使用的斜支撑。

（9）测量放线工作量不同。测量放线工作量加大。

（10）施工精度要求不同。尤其是在现浇与混凝土预制构件连接处的作业精度要求更高。

（二）装配式混凝土建筑施工质量管理的关键环节

预制构件质量管理的主要内容直接影响到建筑的整体质量，需要引起高度重视。

1. 现浇层预留插筋定位环节

保留钉筋在浇筑层中的位置不准确将直接影响优质预制墙板或柱的顺利安装。集成钉棒时，建议使用预制安装板安装钉棒，这可以有效解决此问题。

2. 吊装环节

吊装连接是装配式建筑施工的基本过程。吊装的质量和过程将直接影响主体结构的质量和整个施工过程。

3. 灌浆环节

资金的质量直接影响垂直成员之间的互联。资金质量问题将对整体结构质量产生致命影响，必须严格控制。管材必须符合设计要求，管道人员必须经过严格培训后方可上岗。

4. 后浇混凝土环节

浇筑混凝土是一种用于预制构件水平连接的钢材。必须确保特定的受力程度符合设计标准，浇筑和振动必须密实，浇筑后必须按照规范的要求进行硬化。

5. 外挂墙板螺栓固定环节

外墙板的螺钉紧固质量直接影响到外墙板结构的安全，因此必须严格按照设计和规范要求进行设计。

6. 外墙打胶环节

外墙黏合剂与预制混凝土建筑结构的防水有关。一旦出现问题，就存在严重的漏水隐患。在黏结过程中，应使用符合设计标准的原材料，并在施工前对黏结操作进行彻底培训。

第六章 装配式混凝土建筑

第一节 装配式混凝土结构体系

装配式混凝土结构包括多种类型。其中，由预制混凝土构件通过可靠的方式进行连接并与现场后浇混凝土、水泥基灌浆料形成整体的装配式混凝土结构，称为装配整体式混凝土结构。这里提到的预制构件，不仅包括在工厂制作的预制构件，还包括由于受到施工场地或运输等条件限制而又有必要采用装配式结构时在现场制作的预制构件。

装配整体式混凝土结构是装配式混凝土结构形式的一种。当主要受力预制构件之间的连接通过干式节点进行连接时，结构的总体刚度与现浇混凝土结构相比会有所降低，此类结构不属于装配整体式结构。

根据我国目前的研究工作水平和工程实践经验，高层混凝土建筑主要采用装配整体式混凝土结构，其他建筑也是以装配整体式混凝土结构为主。

一、装配整体式混凝土框架结构

（一）结构体系

聚合整体混凝土框架结构是指由所有或部分梁和框架柱的预制构件组成的聚合整体混凝土结构。

该建筑框架结构平面布置灵活，造价低，应用范围较广。根据国内外多年的研究成果，如果采取可靠的节点连接和合理的设计措施，装配式整体框架结构在地震区的性能可以相当于现场混凝土框架结构的性能。因此，对于框架的组装整体结构，当节点和节点采用适当的结构并满足相关要求时，原则上可以根据现浇结构的性能来考虑其性能。

（二）预制构件

装配整体式混凝土框架结构中，预制构件主要有预制柱、叠合梁、叠合板等。

1. 预制柱

矩形预制柱截面边长不宜小于 400 mm，圆形预制柱截面直径不宜小于 450 mm，且不宜小于同方向梁宽的 1.5 倍。

柱纵向受力钢筋直径不宜小于 20 mm，纵向受力钢筋间距不宜大于 200 mm 且不应大于 400 mm。柱纵向受力钢筋可集中于四角配置且宜对称布置。柱中可设置纵向辅助钢筋（辅助钢筋直径不宜小于 12 mm 且不宜小于箍筋直径）。当正截面承载力计算不计入纵向辅助钢筋时，纵向辅助钢筋可不伸入框架节点。

柱纵向受力钢筋在柱底连接时，柱箍筋加密区长度不应小于纵向受力钢筋连接区域长度与 500 mm 之和；当采用套筒灌浆连接或浆锚连接等方式时，套筒或搭接段上端第一道箍筋距离套筒或搭接段顶部不应大于 50 mm。

2. 叠合梁

预制混凝土叠合梁是指预制混凝土梁顶部在现场后浇混凝土而形成的整体梁构件，简称叠合梁。

装配整体式框架结构中，当采用叠合梁时，框架梁的后浇混凝土叠合层厚度不宜小于 150 mm，次梁的后浇混凝土叠合层厚度不宜小于 120 mm；当采用凹口截面预制梁时，凹口深度不宜小于 50 mm，凹口边厚度不宜小于 60 mm。

抗震等级为一、二级的叠合框架梁的梁端箍筋加密区宜采用整体封闭箍筋。当叠合梁受扭时宜采用整体封闭箍筋，且整体封闭箍筋的搭接部分宜设置在预制部分。

采用组合封闭箍筋的形式时，开口箍筋上方应做成 135° 弯钩。非抗震设计时，弯钩端头平直段不应小于 5 d（d 为箍筋直径）；抗震设计时，平直段长度不应小于 10 d。现场应采用箍筋帽封闭开口箍，箍筋帽宜两端应做成 135° 弯钩，也可做成一端 135° 另一端 90° 弯钩，但 135° 弯钩和 90° 弯钩应沿纵向受力钢筋方向交错布置，框架梁弯钩平直段长度不应小于 10 d，次梁 135° 弯钩平直段长度不应小于 5 d，90° 弯钩平直段长度不应小于 10 d。

3. 叠合板

预制混凝土叠合板是指预制混凝土板顶部在现场后浇混凝土而形成的整体板构件，简称叠合板。

叠合板的预制板厚度不宜小于 60 mm，后浇混凝土叠合层厚度不应小于 60 mm。跨度大于 3 m 的叠合板，宜采用桁架钢筋混凝土叠合板；跨度大于 6 m 的叠合板，宜采用预应力混凝土预制板；板厚大于 180 mm 的叠合板，宜采用混凝土空心板。当叠合板的预制板采用空心板时，板端空腔应封堵。

（1）桁架钢筋混凝土叠合板。桁架钢筋混凝土叠合板的预制层在待现浇区预留桁架钢筋。桁架钢筋的主要作用是将后浇筑的混凝土层与预制底板联结成整体，并在制作和安装过程中提供一定刚度。

桁架钢筋应沿主要受力方向布置，距板边不宜大于 300 mm，间距不宜大于 600 mm；桁架钢筋弦杆钢筋直径不宜小于 8 mm，腹杆钢筋直径不宜小于 4 mm；桁架钢筋弦杆混凝土保护层厚度不宜小于 15 mm。

（2）预应力带肋混凝土叠合楼板。预应力带肋混凝土叠合楼板，又称 PK 板，是一种新型的装配整体式预应力混凝土楼板。它是以倒"T"形预应力混凝土预制带肋薄板为底板，肋上预留椭圆形孔，孔内穿置横向预应力受力钢筋，然后浇筑叠合层混凝土从而形成整体双向楼板。

预应力带肋混凝土叠合楼板具有厚度薄、质量小等特点，并且采用预应力可以极大地提高混凝土的抗裂性能。由于采用了"T"形肋，且肋上预留钢筋穿过的孔洞，新老混凝土能够实现良好的互相咬合。

4.其他预制构件

此外，用于装配整体式混凝土框架结构的预制配件包括预制混凝土楼梯、预制混凝土阳台板、预制混凝土空调板等。

预制混凝土楼梯是预制混凝土建筑的重要预制构件，具有受力明亮、外观美观、安装后不在空间内支撑模板等优点，可作为施工通道，节省施工时间。通常，混凝土楼梯配件将在楼梯上预制防滑条，并在楼梯自由侧预制集成栏杆部件。

预制混凝土阳台板是一种重要的预制构件，具有承重、围护、保温、防水、防火等功能。预制混凝土阳台板与主体结构采用局部浇筑混凝土可靠连接，形成整体装配式房屋。预制混凝土阳台板一般包括叠层阳台板和全预制阳台板，目前主要使用叠层阳台板。

二、装配整体式混凝土剪力墙结构

（一）结构体系

装配整体式混凝土剪力墙是指全部或部分由预制墙板制成的装配整体式混凝土结构。现在的装配式混凝土建筑是由住宅建筑发展而来的，绝大多数高层建筑采用分段墙体施工。集中整体混凝土截面墙在我国发展迅速，得到了广泛应用。

在装配整体式混凝土剪力墙结构中，墙体之间的接缝数量大，结构复杂。节点的设计措施和设计质量对整个结构的抗震性能有很大影响，因此装配整体式剪力墙结构的抗震性能很难完全等效于现浇结构。

（二）预制构件

在混凝土截面墙的装配式整体结构中，预制构件主要包括预制内墙板、外墙板、组合梁、组合板、预制混凝土楼梯、阳台、空调板等，其中阳台和空调面板的安装与整体混凝土框架结构的安装相同。

1.预制混凝土剪力墙内墙板

混凝土预制内剪刀墙板适用于工厂预制的混凝土剪刀墙构件。预制混凝土切割墙内墙板的侧面通过施工现场的预防性钢筋与切割墙的浇筑部分连接，底部通过调节壳和一层加强砂浆与下部预制切割墙连接。

预制切割墙必须为直形或"L"形、"T"形或"U"形。预制带孔剪刀墙的洞口应布置在中间，洞口两侧墙边的宽度不应小于 200 mm，洞口上方连接梁的高度不应小于 250 mm。

预制剪力墙的连接半径不得打开。如果需要钻孔，必须将套管整合到孔中。孔上部和下部的实际高度不得小于梁高度的 1/3，且不得小于 200 mm。应检查孔削弱的连接梁部分的承载能力。孔应配备加固纵向钢筋和支架，且加固纵向钢筋的直径不应小于 12 mm。

如果采用套管连接，预制路堑墙的水平分布钢筋应从套管底部至套管顶部压实至 300 mm。密集区域内水平分布钢筋的直径不得小于 8 mm。如果地震阶段是第一阶段和第二阶段的构件，密集区域内水平分布的支撑间距不得超过 100 mm；如果构件的抗震等级为三级和四级，则间距不得超过 150 mm。外壳上端的第一个水平钢筋与外壳上部之间的距离不得大于 50 mm。

对于末端没有边缘钢筋的预制切割墙，建议在末端创建两个直径至少为 12 mm 的垂直结构钢筋。拉杆沿钢筋垂直形成，拉杆直径至少为 6 mm，间距不大于 250 mm。

2. 预制混凝土外夹芯外墙板

预制外夹芯墙板也称为"夹芯板"，由内板、中间绝缘层和外板通过连接器可靠连接而成。预制混凝土外夹芯墙板广泛应用于室内外，具有结构一体化、保温和装饰的特点。预制混凝土夹芯墙板按其在结构中的作用可分为承重墙板和无偏压墙板。当用作承重墙板时，它与其他结构元件一起承受垂直和水平力；当用作非承重墙板时，它仅用作机柜的外墙。

根据金属板内外壁之间的连接结构，预制混凝土夹芯墙板可分为复合墙板和非复合墙板。组合板的内外墙板可以通过连接紧固件一起工作。非复合墙体的内外墙板不承受普通压力，板材的外壁仅用作通过连接件作用于内墙板的荷载。由于目前我国缺乏预制室外夹芯墙板的科研成果和工程实践经验，在实际工程中，通常使用非组合墙板，仅使用外板作为保温板的保护层，无论其承载效果如何，但其厚度应至少为 50 mm。夹层的厚度不应大于 120 mm，用于安装具有其他功能（如防火）的隔热材料，也可以根据使用功能和建筑特点进行聚合。如果使用预制混凝土夹芯墙板作为支撑墙板，则内板根据切割墙构件进行设计，使用预制内切割板的设计要求。

3. 双面叠合剪力墙

双面复合防渗墙由内外金属板壁板预制，与桁架钢筋可靠连接，并在该区域的中间空腔浇筑混凝土组成。双面复合墙板是通过全自动流水线生产的，自动化程度高，生产效率和加工精度极高，整体性好，防水性能优异。20 世纪 70 年代以来，随着桁架加固技术的发展，截面墙结构的双面组合体系在欧洲得到了广泛应用。2005 年以来，复合材料双面切割墙系统已缓慢引入中国市场。几十年来，结合我国国情，各大高校、科研院所和企业对组合式双面截面剪力墙施工体系进行了大量的试验研究，证明了组合式双面剪力墙在靠近现浇剪力墙处具有抗震性能和耗能能力。设计计算可参考现场浇筑结构的计算方法。

4.预制外挂墙板

该板是一种永久性模板，由预制混凝土外层加隔热板制成。即在工厂预制金属板的外层和外部"三明治"墙板的中间隔热夹层，然后将其转移到施工现场并拾取到位，再将钢筋连接到金属板内层的一侧，建造模板，最后浇筑混凝土金属板的内层，创建完整的外墙系统。该板主要用于预制切割混凝土外角部分的浇筑。该板的应用可以有效地代替在剪力墙转角处现浇的外模区模板的拼装工作，也可以减少施工现场高空作业条件下饰面外墙的施工。

三、其他结构体系

集中整体混凝土框架结构和集中整体混凝土截面墙在我国发展迅速，应用广泛。此外，我国目前公布的预制混凝土结构体系还包括装配式整体现浇框架筒体结构和装配式整体局部框剪结构。

现场浇筑的混凝土框架剪力墙的整体结构主要由预制框架柱组成，通过水平刚度大的楼板，将两者连接在一起以承受水平荷载。针对我国目前的研究机构，建议剪力墙构件采用现浇结构，以确保结构的整体抗震性能。组装整体框架剪力墙结构中，框架性能与现浇框架相同，因此整体设计性能与现浇剪力墙结构基本相同。整体框架核心的组合管结构和截土墙局部框架的组合整体结构在国内外研究较少，在我国的应用也很少。

第二节 装配式混凝土建筑设计

一、装配式混凝土建筑平面设计

预制混凝土建筑的设计水平应考虑到有利于根据平面设计建造预制建筑的要求，并坚持"少规格、多组合"的原则，建筑层次应标准化、最终化设计，建立标准构件、功能模块和空间模块，实现多功能应用模块，提高基本模块、零部件的复用率，提高施工效率，控制施工成本。

（一）总平面设计

预制混凝土建筑的总体剖面设计必须符合城市规划和国家规范及建筑标准的要求。在设计和总体设计的早期阶段，应对项目位置、技术路线、成本控制、效率目标等制定明确的要求。必须充分考虑项目区域内组件的生产能力、生产和装配能力、现场运输和吊装条件，各部门配合，结合预制构件生产运输条件和工程经济性，确保预制构件的技术路线、位置和适用范围。在现场制定总体施工方案时，要充分考虑构件运输通道的设

置、预制构件的吊装和临时存放。

　　鉴于建筑物预制施工的特殊性，布局的总体设计应考虑以下三个方面。

　　1. 外部运输条件

　　预制件从生产现场运输至塔吊覆盖的临时停车场至施工现场时的道路宽度、荷载、转弯半径和净高应满足流通条件。在交通条件有限的情况下，应整体考虑其他临时通道、出入口或临时道路加固等措施，或考虑空间尺寸、规格、重量等预制件的变化，以确保预制件顺利到达。

　　2. 内部空间场地

　　大多数预制构件运输到现场应短期储存或立即起吊。在总体剖面设计中，必须整合施工顺序、塔吊半径、塔吊起重能力等，并合理调整构件的存储空间，尽可能避免施工开挖。

　　3. 内部安装动线

　　预制构件安装和各种生产过程有效互连的施工组织计划比传统施工方法要求更高。布局的总体设计应结合结构的组织和部件的可移动安装线来考虑。一般来说，剖面的总体设计需要在预制建筑的制造和施工过程中保持足够的空间来运输、堆放和提升构件。如果没有临时仓库，应尽快与施工组织一起维护塔吊和施工的现场条件。

（二）建筑平面设计

　　除了满足建筑物的功能要求外，预制混凝土建筑物的平面设计必须考虑预制混凝土建筑物的施工要求。建筑平面设计需要整体设计的理念。平面设计不仅要考虑建筑每个功能空间的使用规模，还要考虑建筑整个生命周期中空间的适应性，使建筑场地能够适应不同使用时期的不同需求。平面建筑设计应在以下方面满足预制建筑的设计要求。

　　1. 大空间结构形式

　　大形状空间的设计更倾向于减少预制构件的数量和类型，提高生产和生产效率，减少人力，节省成本。设计应尽量根据设计空间来设计公共建筑或公寓的空间。根据结构的电压特性，应合理设计预制结构零部件的尺寸。鉴于预制构件和组件的位置大小，不仅应满足平面设计的需要，还应符合模块化协调的原则。

　　应尽可能使用轻质隔墙来分隔内部空间。轻钢龙骨石膏板、轻质板岩、家具隔墙等轻质隔墙可用于灵活的空间分隔。轻质隔墙可以利用其空腔铺设设备的导体，便于维护和改造，节省空间，形成完整的隔墙系统，有助于建筑的可持续发展。

　　2. 平面形状

　　预制混凝土建筑构件的平面形状、形状和布置对结构的抗震性能有重大影响，应符合现行国家标准《建筑抗震设计规范（附条文说明）》（GB 50011—2010）的相关规定。结构平面形状和形式的设计应注意其规律性对结构安全性和经济合理性的影响。应优先选择标准形式，不得采用严重不规则的平面布置。选择以模块空间为功能模块的大平面空间布局，合理布置立柱、核心墙和管道的位置，集中布置公共交通空间，垂直导体必须通过管孔集中调整，以满足应用间隔的灵活性和可变性。

《装配式混凝土结构技术规程》（JGJ 1—2014）中对平面布置有如下规定：

（1）平面形状宜简单、规则、对称，质量、刚度分布宜均匀，不应采用严重不规则的平面布置。

（2）平面长度不宜过长。

（3）平面突出部分的长度不宜过大，宽度不宜过小。

（4）平面不宜采用角部重叠或细腰形平面布置。

平面设计中应将承重墙、柱等竖向构件上、下连续，结构竖向布置均匀、合理，避免抗侧力结构的侧向刚度和承载力沿竖向突变，应符合结构抗震设计要求。

3. 标准化设计的方法

装配式混凝土建筑的平面设计应采用标准化、成型化、系列化的设计方法，必须坚持"少规格、多组合"的原则。基本建筑单元、耦合结构、配件和附件、设备组件和导线应满足高重复速度、尽可能少的规格和尽可能多的组合的要求。

轴的尺寸和平面深度必须采用统一的模块尺寸范围，并尽可能优化有利于组合的尺寸规格。建筑砌块、预制构件和建筑构件的再利用率是项目标准化程度的重要指标。对于同一项目中具有相对复杂或多个规格的部件，同一类型的部件通常按照大约 3 种规格进行测试，并且在可检查的总数量中所占百分比增加，可以反映标准化程度。

公共建筑的基本单元主要指标准建筑空间。住宅建筑以公寓为基本单元进行设计，住宅单元的设计通常采用模块化组合的方法。对于对组件组合要求较高的功能模块化空间，如生活厨房和卫生间，平面布置必须紧凑合理。应根据清洁模具的尺寸进行设计，以满足整体厨房和浴室的设备、安装和装饰要求。对高再利用率、较少规格和基本单元、建筑构件和建筑构件的大多数组合的要求还规定，预制建筑必须采用标准、模块化和系列设计方法。

4. 住宅模块化设计

预制混凝土建筑的设计应与基本单元或基本公寓作为模块相结合。在预制房屋的平面设计中，应采用模块化设计方法将机组的优化模块与核心管道模块相结合。

插入模块可分为几个独立且相互连接的功能模块。不同的模块设置了不同的功能，以更好地解决复杂和广泛的功能问题。该模块具有"接口、功能、逻辑、状态"等格式。这些包括接口的外部特性、功能和状态响应模块以及逻辑响应模块的内部特性。模块可以组合、拆卸和更换。考虑到序列化的要求，还应对集合的模块进行详细设计。

住宅公寓的模块由客厅、卧室、门厅、餐厅、厨房、浴室、阳台等功能单元组成。在满足住宅需求的前提下，应确保对空间规模进行适当管理，并用大空间进行加强。

插入模块的设计可以由标准模块和可变模块组成。在分析和研究集合功能单元的基础上，使用较大的设计空间来满足多个功能空间的要求，具有高度的并行性，并通过设计集成方法和功能模块的灵活安排创建标准模块（如客厅组合）。可变模块是一个附加模块，平面尺寸相对自由，可以根据程序的需要进行定制，方便设置各种组合（厨房组合、大堂等）的尺寸。变量模块和标准模块应组合成一个完整的插入模块。

（1）起居室模块。根据套房的位置，满足居民日常生活、娱乐和接待的功能要求，并注意检查客厅门的数量和位置，以确保墙壁的完整性，方便任何功能区的布置。

（2）卧室模块。根据功能要求，可分为三种类型：双卧室、单卧室和卧室与客厅相结合。如果卧室与客厅融为一体，则应不低于客厅的水平，响应睡眠的功能，并适当考虑各种空间安排。

（3）餐厅模块。客厅里有一个单独的用餐区。如果厨房空间不足，冰箱的空间应放置到餐厅或客厅，橱柜应放在桌子旁边。

（4）门厅模块。包括存储、整理和装饰功能，可以根据一般生活习惯进行逻辑安排。

（5）厨房模块。包括洗涤、服务、烹饪、储藏、冰箱、电器等功能，应根据公寓的位置合理安排。

（6）卫生间模块。包括厕所、洗漱、洗涤、储存等功能，应根据一般使用频率和生活习惯进行合理安排。

二、装配式混凝土建筑立面与剖面设计

预制混凝土建筑的立面设计必须采用标准的设计方法，通过模块化协调，根据预制建筑结构的特点与平面设计相结合，实现建筑立面的个性化和差异化效果。

根据预制建筑结构的要求，最大限度地测试标准预制构件，尽量减少预制立面构件的规格和类型。立面设计必须采用多种方法的组合，如标准构件的重复、旋转和对称，以及外墙纹理和颜色的变化，从而引入多种逻辑设计和造型风格，实现建筑立面个性的规律统一和节奏变化。

（一）立面设计

预制混凝土建筑的立面是标准预制构件和组装后的立面形状构件的集成和统一。立面设计必须根据技术设计的要求，最大限度地考虑预制构件的使用，并根据"规格少、组合多"的施工原则，尽量减少预制构件规格的类型。

建筑物的正面必须正常，外墙必须没有弯曲和中空。立面的开口必须统一，以尽可能限制装饰元素，避免外墙的复杂配件。基本住宅套房或公共建筑的基本单元应尽可能整合，前提是它们满足项目要求的配置比例。标准单元的简单复制和优雅组合，可以实现高重复率的标准楼层组合模式，并实现外墙的类型标准化和最小化，使建筑立面呈现出整洁统一、简洁卓越、富有装配式建筑特色的韵律效果。

建筑的垂直尺寸必须满足模块化要求，楼层高度、门窗洞口、立面隔断等尺寸必须尽可能协调统一。门窗洞口应上下对齐，成排排列，其平整位置和尺寸必须满足结

构受力和预制构件的要求。门窗应采用标准构件，并应通过连接件可靠地固定在墙上。外窗采用一体化阴影逻辑技术，房屋建筑、阳台、空调面板等配套构件采用工业标准产品。

（二）建筑高度及层高

预制混凝土建筑使用不同的结构形式，可以建造的建筑的最大高度也不同。

装配式建筑的层高要求与安装式建筑相同，必须根据不同类型建筑和功能的需要确定，并且必须符合建筑特殊设计规范中关于层高和净高的规定。

影响建筑物高度的因素包括建筑物使用所需的净高、梁板厚度、屋顶高度等。例如，系统设计的楼层高度不同于传统的楼层高度。传统的地板做法是将电线、低电流导体固定和内置在铸造地板层压地板中，管道和管道设备放置在地面的建筑垫层上。系统设计采用将建筑结构与建筑和设备的内部导体分离的方法，取消导体在结构地板和墙壁上的保留和集成，并采用与吊顶、活动地板和双层轻质墙相结合的明管安装方法。

建筑专业的楼层高度设计必须与结构、机电和室内装饰行业协调，确定梁的高度和楼层的厚度，合理布置屋顶机电电线，避免通行，尽量减少空间占用，合理确定建筑物的层高和明亮高度。

（三）外墙立面分格与装饰材料

预制混凝土建筑立面的分离必须与构件组合的接缝相协调，以实现建筑效果与合理施工的统一。

应充分考虑预制构件的生产条件，结合外墙板的结构浇筑节点和压力点，选择合适的建筑装饰材料，合理设计立面的隔墙，确定外墙壁板的组合方法。立面元素必须具有一定的建筑功能，如外墙、阳台、空调面板、栏杆等，以避免大量装饰元素，避免使用寿命与建筑不同的特殊装饰元素，这将影响建筑物使用的可持续性，不能促进材料保护和节能。

预制外墙板通常分为整体板和条板。整个桌子的大小通常是隔间的长度，高度通常是地板的高度。板条通常分为水平板、垂直板等，也可以设计为非矩形板或非平板，在该区域内整体组装。预制外墙板的立面划分将根据设计要求结合门窗洞口、阳台进行划分，预制附加墙板必须采用与底墙板施工相同的分块法和节点法。

面向预制混凝土建筑材料的外墙的选择和施工应结合预制建筑的特点，考虑到经济原则和满足绿色建筑的要求。

外墙板预制表面处理在构件厂完成，其质量、效果和耐久性远优于现场操作，可节省时间和精力，提高效率。外部装饰表面应采用耐用、无污染和易于可持续的材料，以更好地保持设计风格和视觉效果，降低建筑生命周期内材料更换和维护的成本，减少现场施工引起的有害物质、灰尘和噪声。墙体外表面可选用混凝土、耐候涂料、砖石等。

预制混凝土外墙可加工成彩色混凝土、可见饰面混凝土、外露石混凝土和表面有花纹装饰的膨胀混凝土。不同的表面纹理和颜色可以满足立面效果设计的差异化要求，色彩处理具有较强的整体感，装饰性好，结构简单，维护得当，更经济实用。砖石饰面坚固耐用，具有良好的强度和纹理，易于维护。在生产过程中，物体材料和外墙同时制作成型，采用反攻丝工艺，可减少现场工序，保证物体材料的质量，提高使用寿命。

外墙预制板的外表面必须由耐用且无污染的材料制成。可采用工厂预涂、抗冲击装饰材料、纹理混凝土等装饰一体化生产工艺。装饰材料必须通过工艺测试进行检查，以确保质量。板体和外墙板的接缝构造应满足保温、防水、防火和隔音的要求，建筑立面的隔断应与组合构件的共同位置相对应。

（四）立面多样化的设计方法

预制混凝土建筑应以不同的方式设计，以避免单调和刻板的造型形象。预制建筑的立面受到标准设计的限制，采用标准套件和固定外墙几何尺寸的结构系统。为了减少部件规格，门窗基本上是统一的，并且具有较低的可变性。然而，它可以充分发挥装配式建筑的特点，并采用与建筑美学设计相结合的技术。通过标准公寓的系列化、组合方法的灵活性以及预制配件的各种颜色和纹理，人们将找到一条出路，结合新材料和新技术，以实现不同的建筑风格需求，创造个性化的建筑预制立面。可以采用以下成熟方法。

1. 平面组合多样化

设计应结合装配式建筑的特点，通过系列标准单元实现丰富的组合，在统一的基础上创造复杂性，使建筑形式多样化。

2. 建筑群体多样化组合

在总体布局中，使用一组建筑的布局来创建封闭空间的变化，并使用标准单体结合环境设计来组合不同的空间，从而实现建筑与环境之间的协调。

3. 巧用立面构件

使用弯曲和空心立面组件创建的光影效果来改善主体立面的单调性。它可以充分利用阳台、空调面板、空调百叶窗等各种功能部件和组合形式，创造出丰富的光影关系，反映出建筑立面造型的丰富性和变化性，以"光"实现建筑的美。

4. 营造局部的变化

利用不同颜色和纹理的局部变化，实现建筑立面的差异化设计。立面结构元素可以通过重复、旋转、对称等方法进行组合和变化，在这一时期表现出规则、统一和节奏的特点，通过色彩和纹理的变化，可以增加立面表现的活力，起到"终点"的作用。

5. 新材料、新工艺特点的呈现

应结合建筑造型要求，使用新材料和新工艺来生产和表达建筑立面的新形式和特性。集成技术可以用于将各种建模元素集成到建模单元中，如将建筑物的特殊形状外墙或复合窗组合成标准结构体。

三、装配式混凝土建筑预制外墙防水、保温设计

（一）预制外墙防水技术

预制混凝土建筑的预制外墙板具有良好的防水性能，但面板接缝受温度变化、构件收缩和常见填充材料的影响，外力作用后结构的变形和面板接缝中的结构变形是不可避免的，容易形成裂缝，将导致外墙的防水性能出现问题。接缝必须采取可靠的防水和排水措施。

外墙板预制接缝以密封为主，辅以密封材料。密封材料必须满足接缝在伸长率、耐久性、耐热性、抗冻性、附着力、抗撕裂性等方面的水密要求。可以在预制外墙板连接件的外开口上放置合适的线性结构。例如，水平接缝可以使下墙板的上部成为一个用于蓄水和排水的高架平台，该平台集成在上墙板底部的凹槽中，并且上墙板的下部具有水幕结构。

防水材料的性能对保证建筑物的正常使用和防止外墙接缝渗漏起着重要作用，应对特定部位进行适当的防水和防火处理。

预制外墙板的门窗洞口等部位为弱防水件。结构设计和材料的选择应满足建筑的物理性能、力学性能、耐久性和装饰性能的要求。公共宽度应考虑热膨胀和收缩、空气荷载、地震等外部环境的影响。外墙板连接部分的密封剂不仅应具有混凝土相容性、防滑和抗膨胀设置，还应具有防霉、防水、防火、耐候等材料特性。

（二）预制外墙保温技术

预制混凝土建筑的预制外墙的保温性能必须符合国家建筑节能设计标准的要求。一般绝缘类型包括外绝缘、内绝缘、夹层绝缘、自绝缘系统等，其中对于套管结构的特殊部分，如热（冷）桥，在使用内绝缘系统和自绝缘系统时，应使用预制夹层绝缘系统，应采取保温措施，防止外壳结构内表面冷凝。

预制外墙的隔热设计根据当地气候条件和建筑围护结构的热设计要求确定。使用外夹芯墙时，其保温层应连续，保温层厚度应满足围护结构的节能设计要求，保温材料应轻便高效，穿过保温层的联轴器必须采取与结构电阻相当的防腐措施。在容易冷凝的区域，应使用具有良好热性能的绝缘材料，或应放置孔和槽，以去除板上的水分。外夹芯墙板中保温材料的导热系数不应大于 0.04 W/（m·K），特殊体积吸水率不应大于0.3%，燃烧效果不得低于国家标准《建筑材料及制品燃烧性能分级》（GB 8624—2012）的要求。

在连接预制外墙板和相邻构件（梁、板、柱）时，必须保持保温层的连续性和紧密性。预制外墙板必须满足防火要求，与梁、板和柱相关的填料应为非易燃材料，符合现行国家标准《建筑设计防火规范》（GB 50016—2014）的要求。

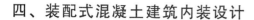

四、装配式混凝土建筑内装设计

预制混凝土建筑的室内装饰设计必须与建筑设计同步进行，实现建筑、施工、设备、装饰等行业之间的有机联系，并选择标准和系列参数，以满足统一协调的建筑设计模块的要求。应采用结构与装饰分离的技术体系。主要零部件应按标准方式设计，特别是通过工厂加工，以减少施工现场的湿作业。当连接到预制构件时，应采用保护和整合安装的方法。采用其他安装和紧固方法，不影响预制构件的完整性和结构安全。

（一）内装部品设计与选型

预制混凝土建筑必须采用工业集成组件进行室内设计，以确保灵活性和互换性。应满足内部组件的连接、维护和更换以及设备和管道的使用寿命要求，以延长建筑物的使用寿命，提高舒适度。

内部部件的集成系统尤其包括墙体集成系统、天花板集成系统、土地集成系统、厨房集成系统、浴室和存储系统、生态门窗系统、供水系统的快速安装和薄法排水系统。室内装饰设计是指在建筑设计阶段对建筑各部分系统进行设计和选择。

1. 墙面集成系统

内部隔墙设计采用工厂预制的轻质墙板或轻质隔墙系统，并选择具有调平高差效果的构件。当采用轻质隔墙系统时，必须预先设计位于夹层空腔中的电线、开关、插座、面板和其他电气部件，以防止安装、维护和更换管道对墙壁造成损坏。隔声和隔热填充材料采用连续石棉、矿棉或玻璃棉，以满足各种功能房间的隔声要求。应在悬挂式空调、画框等部位安装加强板或采取其他可靠的加固措施。

2. 吊顶集成系统

室内吊顶的设计应满足室内清洁高度的要求，优先考虑轻钢龙骨、铝合金龙骨等成品件，厨房、卫生间的吊顶应设置出入口。应安装吊顶、桥梁、管道等所需的集成部件在预制地板（梁）上进行维护，维护开口位于吊顶上管道设备的中间部分。

室内地面的结构必须选择一个符合房间使用承载能力要求的综合组件系统。地板应配备减震结构，增加的高度应根据管道直径、放置路径、调整角度等确定。可以调整供水和排水、供暖和其他管道，根据需要调整端口维护。铺面材料应具有足够的强度，并应使用工业组件，如复合木地板、竹木地板、地毯、瓷砖、石材等。装饰材料应在工厂进行加工和编号，干铺，减少现场切割。

3. 厨房、卫浴及收纳集成系统

厨房应合理配备水槽、炉灶、控制台、抽气罩等设备，厨房电器的位置和接口应保持燃气热水器和排烟口的安装和保持状态。内部导体必须位于中心位置，并且必须调整管道的入口。综合卫生间的设计应为干湿分离。标准配件必须经过充分测试和使用。检修口应置于与给排水、电气等系统接口的连接处，并与设备连接。集成存储应该根据空间的功能分类，功能存储应该根据人性化的使用需求实现。

4. 生态门窗系统

室内门窗系统将由防水、防火、抗变形、环保和抗构件制成，其规格应满足设计要求，安装结构应合理、简单、可靠，以确保安装效率。

5. 快装给水系统及薄法排水系统

内装给水与排水系统应与建筑结构设计一体化设计，布置要合理。给水管线可结合使用要求设置在架空层或吊顶内，方便安装和维修，尽可能减少对结构本体的开槽、留洞等影响。薄法排水系统采取同层排水的方式，空间利用率高，可规避排水时对下层的噪声。

（二）内装部品接口与连接

预制混凝土建筑内部零件、室内设备管道和主体结构之间的接口和连接必须固定到位，逻辑互连，适合拆卸和组装，并且使用可靠。在设计阶段，应明确孔的尺寸和主体结构的准确位置，并应采用约束和集成的安装方法。如果采用其他安装和紧固方法，不得影响预制构件的完整性和结构安全。

轻质隔墙系统的墙体接缝必须密封，隔墙末端必须与结构体可靠连接。当内置卫生间采用防水框架时，防水框架的稳定安装不应损坏结构防水层，防水框架与墙体的连接应设计可靠，并保证防水性。门窗构件的关闭部分必须采用工业门窗框，以便于快速准确地安装门窗，保证质量。

五、装配式混凝土建筑设备与管线设计

预制混凝土施工设备和管道的设计应采用标准和集成的方法。供暖、通风、空调、电气和智能设备及管道系统必须与建筑设计、施工和室内装饰同时进行，以创建相对独立和相互集成的专业系统，最大限度地节省空间，提高运行效率，便于管理和维护。

设备和管道系统的设计必须采用集成技术，布局要相对集中。垂直装置和电线应集中放置在管井内，水平装置和电线应标准化放置在活动地板或天花板上。公共管道、阀门、水井、测量仪器、测量箱、配电箱、智能配电箱等应放置在公共场所。设备和管道的设计必须与建筑设计和室内设计同时进行，并做好建筑设备管道的复杂设计。各系统设备的管道应与主体结构分离，户内边界应清晰，便于维护和更换。类型的选择和位置应符合逻辑且准确。滞留和整合应符合结构专业的相关要求。预制构件安装后不得切割沟槽、孔洞等。浇筑地板可用于有许多集中通道穿过地板的区域，这些通道不应影响主体结构的安全。

设备附件与管道以及管道与主线、附件之间的连接采用标准接口，便于安装、使用和维护。如果管道需要在有限的条件下埋设或通过，则应设计水平放置的管道和设备以及枕头，并且建筑物的开口或盖子也可以保留在预制梁和壁画中。对于垂直安装的管道和设备，沟槽、孔或外壳存储在预制构件中。

设备与管线穿越楼板和墙体时，应采取防水、防火、隔声、密封等措施，防火封堵应符合现行国家标准《建筑设计防火规范》（GB 50016—2014）的有关规定，设备与管线的抗震设计应符合现行国家标准《建筑机电工程抗震设计规范》（GB 50981—2014）的有关规定。

（一）给排水系统设计

对于预制混凝土建筑，应考虑公共空间中垂直管源的位置、大小和分布的可能性，垂直导线应相对集中，水平导线的布置应减少通道。将设备和管道安装到井内和管道天花板中必须稳定可靠，必须制定适合更换和维护的措施，如检修门（开口）。

房屋的主要供水、雨水、消防、供暖和主要回水行程不宜整体布置。用于整体调整和维护的具有通用功能的阀门和其他部件应位于通用零件中。安装水管时，不允许直接放置在建筑物的结构层上。主管和起重机应安装在屋顶、管井和管槽上，支管应安装在地板垫层上或沿管槽中的墙壁安装。安装在垫层管或墙壁孔上的供水支管外径不得大于25 mm。供水系统的水插口与附件水平导线之间的接口应通过连接内螺纹设置。供水分离器应放置在零件中，油水分离器与供水设备之间的管道应逐个连接，管道中间不得有接口。油水分离器位于适合维护和管理的位置。

生活套房宜采用同层排水，同层排水的房间应有可靠的防水施工措施。当使用内置浴室和厨房时，有必要与制造商合作，以保持建筑工程的清洁尺寸以及设备导体接口的位置和要求。太阳能热水系统集热器、储水罐等设备应模块化、标准化安装，并应与建筑一体化设计，结构主体应做好预留预埋。

（二）供暖、通风、空调系统设计

预制混凝土建筑必须采用适当的节能技术，保持良好的热舒适性，减少建筑能耗，减少环境污染，并充分利用自然通风。供暖、通风和空调系统应首选模块化和标准产品。

室内供暖系统可采用低温热水地面供暖系统或散热器供暖系统。对于带有外窗的厕所，应使用散热器供暖，使用整个浴室或同一排水层。

供暖系统的主启闭机、分户控制阀等部件应设置在公共空间的垂直管井上，内部加热线应设置为独立回路。在使用低温热水地板采暖系统时，应结合地毯施工实践，将布水器和集水器设置在适合维护和控制的位置。使用散热器加热系统时，应合理安排散热器位置和加热线的方向。

使用单独空调时，必须满足卧室和客厅专用空调装置的安装位置和预处理条件。当采用中央清洁空气系统时，应确定装置和风道的位置和方向。排气管的位置和尺寸是为公寓的厨房和卫生间设计的。在墙上或地板上安装供暖和空调装置时，必须采取措施加强连接。

（三）电气和智能化系统设计

预制混凝土建筑的电气和智能设备及管道的设计必须确保电气系统的安全可靠、节能环保，并且设备的总体布局应美观。应进行综合管道设计，以减少管道的交叉和重叠。

电气、电信和其他干线将安装在公共部分的轴线上进行维护。配电盘和智能配电盘的布置应合理、准确，不得安装在预制构件上。

一体化厨房和一体化卫生间必须有单独配电，而带淋浴的一体化卫生间必须与卫生间地板平等连接。

当采用预制柱结构时，如果固定柱中的主钢筋不能满足电气要求，则尝试使用预制柱中的主钢筋作为防雷保护，在预制固定柱时，可以预集成两个 25 mm×4 mm 扁钢作为防雷引下线。当建筑物外墙上的金属管道、栏杆、门窗和其他金属物体必须连接到防雷装置时，应将其连接到相关预制构件内的金属部件，以形成一条电气路径。

在设计预制构件时，应考虑室内装饰的要求，并指定插座、灯具、网络接口、电话接口、有线电视接口等的位置，并应指定线路设置的位置以及枕头、墙壁和截面的连接配置。当安装隐藏在预制墙和层压板中时，应采用保护电线和电气开关、插座、电气安装思路、连接管。

第三节　装配式混凝土建筑建造流程

在建筑业迫切转型和现代化的背景下，建筑业产业化已成为一个重要的发展方向，而预制混凝土是实现建筑业产业化的重要起点，近年来在中国得到了迅速发展和广泛应用。与传统混凝土建筑不同，预制和构件组装是预制混凝土建筑施工过程中特殊而重要的环节，为了主导相关技术，有必要了解预制建筑的设计施工、构件生产、运输和安装的全过程。本节简要介绍了装配式建筑施工的主要程序。

预制混凝土建筑与工业生产深度融合。工业生产方法可以完全消除传统混凝土建筑设计、结构、装饰和其他建筑接缝之间的分离，强调建筑工业化的典型特征，如标准设计、工业生产、预制结构，整合装修和信息管理，提高建筑、结构、设备、给排水等不同规模的协调，提高质量，提高效率，减少劳动力和消费，可以从根本上克服传统建筑方式的弊端，有效支持建筑业的转型和现代化。

与传统的现场混凝土建筑的生产过程不同，预制混凝土建筑的生产过程主要分为预制构件设计、预制构件生产、预制构件运输、预制构件组装等。

一、装配式混凝土建筑设计

传统的混凝土设计是一个相对独立的过程，没有充分考虑到施工、装饰等的实际需要，导致不同分支的管道频繁沉淀，并且由于现场混凝土建筑的设计特点，需要槽和开口墙来安装电缆柜或管道,这些机械问题通常通过设计更改进行优化和修改,以更好地解决现场问题。预制构件的设计在全局中起着主导作用,对预制构件的后续生产和装配有着决定性的影响。但与此同时,由于预制混凝土建筑的特点,设计过程必须考虑特殊的生产条件,以及预制构件的运输和组装过程。一旦忽略了一个重要因素,就几乎没有机会进行进一步的更改,这必然会对整个项目造成影响。

预制混凝土建筑设计主要包括初步技术设计、建筑设计、初步设计扩展、结构设计、构件深化设计、成品装饰设计等。在这一系列程序中,从技术设计的角度来看,建筑设计起着实施的作用,它在监测工作中发挥着主导作用,是规划过程中的一项关键任务。

预制混凝土建筑的设计必须符合生态建筑"四节一环保"的标准。同时,应尽可能进行部件的标准化和成型,以降低工厂的生产成本,并且必须通过标准部件的"更少规格"和"更多组合"来满足不同建筑用户的个性化需求。

预制构件的深化设计是预制构件设计过程中重要而必要的一部分,通过深化设计,可以在设计阶段提前解决生产阶段的问题。施工阶段的问题可以在设计和生产阶段提前解决,这是充分发挥设计合作效率、提高工业生产效率、降低成本、统筹施工的重要途径。在深化预制构件设计的过程中,除了所采用的结构体系和技术体系外,必须要充分考虑生产设备、运输设备、起重设备、吊装顺序、临时支撑和紧固方法等各种因素,以确保预制构件的高质量生产和高效生产。

二、预制构件生产与运输

预制构件的生产与运输是装配式混凝土建筑区别于传统现浇混凝土建筑建造最突出的环节。

预制构件的工业化生产是建筑工业化和住宅产业化的重要组成部分。它主要通过一系列自动化机械设备在预制厂车间的流水线上通过工业生产方式生产各种类型的建筑预制构件。预制构件的生产是预制混凝土建筑施工的关键要素。建筑的整体质量首先取决于预制构件的质量。为了实现组件设计并确保组件质量,需要一条完整的组件生产线和配套的工艺流程。

结合预制构件工业化生产的特点,预制构件的工业化生产经历了模板拼装、钢筋连接、混凝土浇筑和养护等主要工序。

预制构件的运输过程(尤其包括零件的储存和物流)通常直接影响预制构件混凝土施工的决策。例如,适当的运输半径不仅影响程序预制构件的逻辑来源,还决定预制构件工厂的科学位置。运输预制构件时,必须根据各种构件的特点充分确定运输系统(垂直运输或水平堆积运输)和储存系统(货架、水平堆积、分散储存等),必须设计和制造专用运输货架,必须控制构件的强度,必须保护成品并确定适当的运输路线,必须特别注意对最终构件的保护,因为一旦预制构件在储存和运输过程中被破坏,就会造成经济损失甚至产生一些质量安全风险。

目前，为了充分提高预制构件的运输效率，有必要积极研究和开发专用运输设备，并适应和支持相关政策。

三、预制构件安装

预制构件安装是混凝土预制构件施工中的主要环节，其效率和质量将直接决定工程的施工时间、成本和质量。预制构件现场安装主要包括预制构件的安装、连接和浇筑后施工。由于预制混凝土建筑对预制构件的安装精度和质量要求较高，施工现场应努力实现高精度机械安装，取代传统工作，提高现场施工的效率和质量。同时，应该注意吊装预制构件的质量，并且注意安全设计，确保没有安全事故。

预制构件在工厂制造，并在现场组装，安装过程中需要高精度。预制构件进场时，必须有预制构件的质量证明文件或出厂质量控制记录。可以直接进入吊装过程的零件应尽量避免存放在空间内。应合理安排堆放位置，便于现场堆放。同时，应减少不必要的侧面搬运，根据起吊顺序、规格、品种、使用地点等用皮带存放，在通道中留出足够的自由空间，并确定不同类型配料的堆放方式。

第七章 装配式混凝土建筑基础工程施工

第一节 装配式混凝土建筑施工准备

一、技术准备

（一）深化设计图准备

装配式混凝土结构工程施工前，应由相关单位完成深化设计，并经原设计单位确认。预制构件的深化设计图应包括但不限于下列内容：

（1）预制构件模板图、配筋图、预埋吊件及各种预埋件的细部构造图等。

（2）夹心保温外墙板，应绘制内外叶墙板拉结件布置图及保温板排板图。

（3）水、电线、管、盒预埋预设布置图。

（4）预制构件脱模、翻转过程中混凝土强度及预埋吊件的承载力的验算。

（5）对带饰面砖或饰面板的构件，应绘制排砖图或排板图。

（二）施工组织设计

在确定项目后，应仔细编制专门的设计组织设计，该设计应强调装配式结构安装的特点，并证明施工组织和开发的科学性、施工过程的合理化、生产方法选择的技术经济性和可行性。施工组织专项规划的基本内容必须包括以下要素：

（1）预备基地。施工计划（包括拆分部件和组件布局计划）以及管理安装所需的相关国家、行业、部级、省级和地方标准，以及具有约束力的规定和商业标准。

（2）项目概述。包括项目名称、地址、建筑规模、建筑场地、设计单位、监理单位、质量安全目标。

（3）结构和建筑元素的工程设计。明确结构安全度、抗震度、地质和水文、基础和基础结构、消防、隔热等要求。同时，有必要强调系统的形状和设计结构的过程特征，并明确预测机械难点和关键部件。

（4）项目环境特征：现场供水、供电和排水。详细描述与施工密切相关的气候条件，如雨、雪、风特征。另外，道路和桥梁状况对构件的运输也有很大影响。

（三）施工部署

（1）贯穿结构构件的逻辑分离是保证结构质量和结构过程、有效现场组织和管理的必要前提。预制混凝土结构通常将一个单元作为建筑部分，而贯穿结构从每栋建筑的平均单元开始。预制构件目录的编制和生产部门的划分为制定预制构件生产计划、组织运输提供了非常重要的依据。

（2）施工开发还应包括总体项目、结构的总体施工项目、构件生产计划、构件安装方案以及分项工程和分项工程施工方案。

（3）预制构件运输，包括车辆数量、运输路线、现场装卸方法、起重和安装计算。

（4）施工场地平面布置。

（5）主要设备机具计划。

（6）构件安装工艺：测量放线、节点施工、防水施工、成品保护及修补措施。

（7）施工安全：吊装安全措施、专项施工安全措施及应急预案。

（8）质量管理：构件安装的专项施工质量管理。

（9）绿色施工与环境保护措施。

（四）施工现场平面布置

现场平面布置图是现场施工计划的空间整合，是为拟建项目的施工水平（包括环境）服务的各种临时结构、临时设施和材料、施工机械、预制构件等的布置。它反映了现有建筑和拟建项目之间的空间关系，以及临时建筑和临时设施之间的空间关系。布局将直接影响到工程的施工组织、施工进度、工程造价、质量和安全。根据区域内不同施工阶段，施工现场总平面布置可分为工程基础结构总平面布置、预制结构施工阶段总平面布置和装饰阶段总平面布置。

1.施工总平面图的设计内容

（1）装配式建筑项目施工用地范围内的地形状况。

（2）全部拟建建（构）筑物和其他基础设施的位置。

（3）项目施工用地范围内的构件堆放区、运输构件车辆装卸点、运输设施。

（4）供电、供水、供热设施与线路，以及排水排污设施、临时施工道路。

（5）办公用房和生活用房。

（6）施工现场机械设备布置图。

（7）现场常规的建筑材料及周转工具。

（8）现场加工区域。

（9）必备的安全、消防、保卫和环保设施。

（10）相邻的地上、地下既有建（构）筑物及相关环境。

2.施工总平面图的设计原则

（1）平面布置科学合理，减少施工场地的占用面积。

（2）合理规划预制构件堆放区域，减少二次搬运；构件堆放区域单独隔离设置，禁止无关人员进入。

（3）施工区域的划分和场地的临时占用应符合总体施工部署和施工流程的要求，减少相互干扰。

（4）充分利用既有建（构）筑物和既有设施为项目施工服务，降低临时设施的建造费用。

（5）临时设施应方便生产和生活，办公区、生活区、生产区宜分离设置。

（6）符合节能、环保、安全和消防等要求。

（7）遵守当地主管部门和建设单位关于施工现场安全文明施工的相关规定。

3.施工总平面图的设计要点

（1）调整闸门，使路径偏离位置。必须在施工现场测试两扇以上的闸门。大门应考虑周围路网、转弯限制和坡度半径，大门的高度和宽度应满足大交通面积车辆的交通要求。

（2）布置大型机械设备。在改造塔机时，应充分注意其塔臂的覆盖范围、塔机端部的起吊能力、单个预制构件的重量，以及预制构件的运输、堆放和组装。

（3）安排零件存储空间。零件库应满足施工流水段的组装要求，以及车辆和汽车起重机大型运输零件的运输和装卸要求。为了确保现场建筑物的安全，零件仓库应设置围栏，以防止未经授权的人员进入。

（4）安排运输配件的车辆装卸点。预制建筑构件由大型运输车运输。运输车辆配件多，装卸时间长，因此运输部件的车辆部件装卸地点必须进行适当安排；避免因车辆长期滞留而影响该地区道路的平整度，并防止该地区其他工序的正常运行和施工。装卸地点应在塔式起重机臂盖或起重装置内，不得放置在道路上。

4.图纸会审

建筑设计方案是建筑公司开展施工活动的主要依据。项目联合审查是技术管理的一个重要方面。图纸内容知识、项目特征和技术要求的澄清以及对设计意图的理解是确保项目质量和项目顺利进行的重要前提。

联合设计审查会议是涉及设计、施工、监理和相关部门的设计审查会议。其目的有二：一是使设计单位和所有相关单位熟悉设计方案，了解机械性能和设计意图，发现需要解决的技术问题并制定解决方案；二是解决图纸中存在的问题，减少图纸错误，使设计经济合理、切合实际，便于顺利施工。常见的设计审查过程通常由设计单位揭示，包括设计意图、生产过程、建筑结构建模、采用的标准和组件以及建筑材料的性能要求。

项目技术负责人应组织各专业技术人员认真学习设计图纸,了解设计意图,做好会前设计自检工作,采用"先粗后细、先施工、先结构、先大、先主体、先装饰、先一般后特殊"的方法。在项目自查中,还应注意以下几点:一是图纸与说明相结合,认真考虑设计的总体说明和每项设计中的详细说明,注意说明是否与建议书一致,说明中存在的问题是否清晰,说明中的要求是否实用;二是必须将工程和安装政策计划相结合,并与建筑和工程、电气、水和其他计划进行比较,以验证土木工程和安装之间是否存在差异,内置铁件和预留孔的位置、尺寸和高度是否一致,并应提前在书面总结中纳入自己的审查意见。

二、人员准备

(一)人员培训

根据机械预制混凝土结构的管理和施工技术特点,对管理人员和操作人员进行专项培训,严禁未经培训的人员上岗;建立适当的内部培训和评估制度,通过定期评估和工作竞争提高员工素质;长期从事预制混凝土结构施工的公司还应逐步建立专业施工队伍。

钢结构房屋的焊接功能是预制结构的基本工艺,是一种不同于传统建筑的新工艺。因此,在施工前,工人必须接受专门的焊接技能培训,以模拟现场焊接生产过程,提高焊接工人的质量意识和专业技能,确保部件组装生产的质量。

(二)技术安全交底

技术交底采用三级制度,即技术项目经理→ 建筑工人→ 团队负责人。项目技术经理应与施工人员进行详细、充分的沟通,并与特种作业部门共同沟通关键部位、作业点和安全措施的质量要求。

三、进场预制构件的检验与存放

(一)构件停放场地及存放

应根据预制混凝土结构的专项施工方案,制定现场预制构件的运输和储存计划。预制构件现场运输和储存计划包括进场时间、顺序、储存区域、运输线路、紧固、堆放和支撑垫要求、成品保护措施等。

(1)施工现场道路的旋转半径和坡度应根据施工运输车辆的要求合理确定。

(2)区域的道路和堆场应坚实平坦,并采取排水措施。运输车辆进入施工现场的道路必须满足预制构件运输的要求。在预制构件的装卸和吊装区域,应有一个覆盖周转和使用预制构件的地方。

(3)装卸预制构件时,应考虑车体的平衡,并采取绑扎和紧固措施。与紧固绳接触的预制构件或零件的角落应采用衬里保护。

（4）预制件运至现场后，应根据规格、品种、应用位置和吊装顺序调整储存区域。存储空间位于起重机起重量有效覆盖的电路中，通道是固定的。

（5）预制墙板必须对称插入或相对放置，以便存放。支架应足够牢固和支撑。预制外墙板应与外立面对称放置，与地面的倾角不应小于 80°。

（6）预制板件可以堆叠存放。组件层应在加热下变平和冷凝，每层组件之间的滑动或堵塞应在同一垂直线上。根据工程经验，一般中小型构件的堆码层数不大于 5 层，大型和特殊构件的堆码层数和支撑位置应根据构件结构控制计算确定。

（7）预制墙板插入 PVC 专用堆放架。堆叠架设计为两侧插入。堆垛架必须满足强度、刚度和稳定性要求。堆垛架必须配备防冲击和浸没的保护措施。应确保配料正确合理地存放，并且使配料易于提升，覆盖面积最小。堆放墙体时，应按照墙体起重数量的顺序进行堆放。两侧应交替堆叠，以确保堆叠架的整体稳定性。

（二）预应力带肋混凝土叠合楼板（PK 板）的存放

预应力带肋混凝土叠合楼板的堆放场地应进行平整夯实，堆放场地应安排在起重机的覆盖区域内。堆放或运输时，PK 板不得倒置，最底层板下部应设置垫块，垫块的设置要求如下：当板跨度为 $L \leq 6.0$ m 时应设置 2 道垫块，当板跨度为 6.0 m $\leq L \leq 8.7$ m 时应设置 4 道垫块。垫块上应放置垫木后再将 PK 板堆放其上。各层 PK 板间需设垫木，且垫木应上下对齐。每踩堆放层数不大于 7 层，不同板号应分别堆放。

（三）构件入场检验

进入现场的预制构件的外观质量完全通过观察控制，要求外观质量不存在一般缺陷或严重缺陷。

对于生产过程中临时使用的预埋件，中线位置和预制混凝土构件的尺寸偏差可按相关规定加倍。不超过同一生产企业和品种的主要部件被视为一个批次，不超过 100 个为一批，每批抽查构件数量的 5%。

重新详细检查粗糙表面（外露集），以查看其是否符合规范和设计要求。检查焊接套筒是否解锁并排出异物和油污。检查锚固方法和锚固钢筋的长度。

检查并持有生产证书，检查以下文件：预制构件隐蔽工程质量验收表、组装件质量验收表、入厂支持审查报告、具体样品检验报告、主要材料审查报告，如保温材料、扎带和套管进厂、产品证书、产品手册和其他相关质量证明文件。

四、场内水平运输设备的选用与准备

（一）场内转场运输设备

现场运输设备必须根据该地区当前的道路条件进行合理选择。如果面积较大，可以选择托盘车；如果面积较小，可以使用拖拉机牵引车辆。当塔式起重机难以覆盖时，可以使用安装的汽车起重机运输壁板。

（二）运输架

运输架通常位于两侧侧面，具有灵活性，也可以用作临时存储架。还有一种货运箱式运输架，可以垂直安装，占用空间小，容量大。

（三）翻板机

对于长度大于生产线宽度且运输量也极高的垂直板，必须将短边侧转向侧面以提升和运输模板，并且必须将板旋转 90° 以在该区域内实施垂直提升。

五、垂直起重设备及用具的选用与准备

（一）起重吊装设备

应根据预制机械混凝土结构的施工要求合理选择和配备起重设备。选择起重机械吊装主体结构预制构件时，必须注意的问题如下：起吊重量、工作半径（最大半径和最小半径）、扭矩必须满足预制构件最大组装的要求，起重机械的最大起重量不应小于 10 t，塔吊应具有安装和拆卸空间，轮式或铁路起重设备应具有操作和拆卸的移动空间，起重机械的升降速度应满足预制构件安装和调整的要求。

预制混凝土工程中使用的起重机械按设置形式可分为固定式和移动式。根据施工场地和施工形式灵活选择。

吊装工程一般包括两种类型：一种是预制混凝土和模板构件、钢筋和与主体相关的临时配件的水平和垂直吊装；另一种是水平和垂直提升管道、电缆、机械设备和建筑材料、楼板、地板材料、砂浆、厨房配件和其他装饰材料的设备。

选择起重机械的关键是将工作半径控制到最小。根据预制混凝土部件的运输路线和起重机施工现场的存在，决定使用移动式履带起重机或固定式塔式起重机。此外，在选择项目时，还应考虑主程序的时间，并评估租赁总成本、组装和拆卸成本以及更换起重机的成本。

1. 汽车起重机

汽车起重机是一种以汽车为框架的支腿起重机。它的主要优点是具有灵活性。在工程中，汽车起重机主要用于吊装低钢结构和外墙、现场辅助运输附件、塔吊或履带吊的组装和拆卸等。

2. 履带起重机

履带起重机也是一种臂架起重机。它的机动性不如汽车起重机。它的吊杆可以伸展，起重能力大，在提升扭矩允许的情况下可以提升和行走。在预制建筑工程中，主要集中在大型公共建筑大型预制构件的装卸和吊装、大型塔吊的组装和拆卸以及塔吊难以覆盖的死角的吊装。

3. 塔式起重机

目前，建筑工程中使用的塔吊按组装方式分为固定式、互联式和室内攀爬式，按安装模具分为拖车和安装臂。

（1）塔式起重机选型。塔式起重机的型号取决于预制建筑的项目范围。例如，对于小型多层预制施工项目，可以选择小型经济型塔式起重机。在高层建筑中选择塔式起重机时，建议选择适合它们的塔式起重机。建造的结构必须满足提升高度要求。上部起重机的提升高度必须等于建筑物的高度加上安全提升高度加上预制构件的最大高度加上安装高度。

（2）塔式起重机覆盖面的要求。塔式起重机的类型决定了塔式起重机的长度。在调整塔式起重机时，杆臂必须覆盖堆场的零件，以避免盲盖，减少预制构件的二次搬运。对于具有主楼和深度的高层建筑，杆塔的杆臂必须完全覆盖主体结构和存放场配件的地方，基座尽量完全覆盖杆塔的杆臂。当建筑物侧盖问题难以解决时，可考虑使用临时租赁的货运起重机来解决车辆边缘和角落的垂直运输问题。

（3）最大起重能力的要求。在选择塔式起重机时，应结合塔式起重机的尺寸和起重载荷的特点，并应检查较重预制构件在施工过程中对塔式起重机起重能力的要求，特别是塔式起重机是否具有由存储位置确定的相应起重能力。扭矩在确定塔式起重机设计时，必须留有实际起重扭矩通常小于额定起重扭矩的 75% 的空间。

（4）塔式起重机的定位。塔式起重机与外部脚手架之间的距离必须大于 0.6 m。在团队塔架施工期间，两台塔式起重机水平梁之间的安全距离必须大于 2 m，起重机水平梁与第二台塔式起重机塔身之间的安全距离也必须大于 2 m。

塔式起重机臂长是指塔身中心到起重小车吊钩中心的距离。随着塔式起重机臂长的变化，塔式起重机的起重能力也是变化的。通常以塔式起重机的最大工作幅度作为塔式起重机臂长的参数，如 QTZ 125（6018）塔式起重机实际工作臂长是 3 ~ 60 m，3 ~ 27.155 m 的臂长起重量最大，即最大起重量为 5 t，最大起重臂长为 60 m 时，塔式起重机起重能力最小，仅为 1.8 t。

对于装配式建筑，当采用附着式塔式起重机时，必须提前考虑附着锚固点的位置。附着锚固点应该选择在剪力墙边缘构件后浇混凝土部位，并考虑加强措施。

4. 内爬式塔式起重机

室内攀爬塔式起重机，简称内爬式塔式起重机，是指安装在建筑物内电梯井道或梯子上的塔式起重机，可通过生产过程逐步提升。除了专用的内爬式塔式起重机外，通用塔式起重机也可以作为室内攀爬起重机来代替攀爬系统，并修改和添加一些附件。

内爬式塔式起重机在建筑物内工作时不占用施工场地，适用于面积狭小的工程。其无须铺设路径，无须制作钢筋混凝土的特殊基础（高层建筑通常需要 126 t 以上的钢筋混凝土），且结构准备简单（只须保留孔洞并局部提高强度），可节省成本。

（二）吊具的选择

起重设备应根据相关国家标准的相关规定进行设计或测试，并在验证其适当性后才能使用；起吊时，织带的水平角度不得大于 60°，且不得小于 45°；对于大尺寸或复合形状的预制构件，应选择分配梁或分配梁的路径，并确保起重机主钩的位置、扩散器和杆的重心在垂直方向上重合。

铰链和铰链的使用必须符合设计和安装的安全规定。起吊预制构件时，吊点的后续力应与构件的重心一致。为了均匀起吊，建议使用标准起吊设备。根据相关产品标准和技术应用规定，选择特殊集成螺母或集成带和支撑带。

预制混凝土构件的吊点应提前设计，并根据规定的吊点选择相应的起吊设备。起吊附件时，为了使部件稳定，避免摇摆、倾斜、旋转、翻转等现象，有必要选择合适的起吊设备。无论使用多少次提升点，都应确保吊钩和织带之间的连接所占用的垂直线穿过提升部件的重心。它直接关系到政治装备和行动安全的结果。

硬币仪器的选择应确保被提升的部件不会变形或损坏，并且在提升后不会旋转或倾斜。起吊设备的选择应根据起吊部件的结构、形状、体积、重量、锁定起吊点和起吊要求，结合现场操作条件，确定合适的起吊设备。应确保织带被均匀压下。使用说明书中规定的电梯结构的附件应按照电梯结构进行吊装。在装配特殊形状的附件时，可以使用提升辅助吊点和简单提升装置的方法来调整物体的所需位置。

如果部件没有结构钩（点），则应通过计算确定连接点的位置。这种连接方法确保了挂钩的可靠性。

（三）人货两用电梯的准备

与传统建筑不同，干式固定杆锚固位置的选择和通道平台的选择必须考虑到所建造结构的特殊条件和特点。

附着式人货两用电梯只能将入口和出口放置在预制外墙板的窗户内，该外墙板与内地平面的高度差很大，这给运输材料带来了极大的不便。因此，对于预制高层建筑，应开发能够在承载电梯的设计房间内工作的建筑电梯。

六、装配式混凝土结构工程施工辅助设备的准备

（一）装配式结构脚手架

高层住宅的建造必须形成外部脚手架，并受到严密保护。装配式整体高层建筑采用外三角防护脚手架，安全实用地解决了建筑要求。

外三角防护脚手架的安全措施如下：

（1）确保材料质量，避免使用不合适的安装工具和材料，脚手架中使用的钢管、夹具、三脚架和贯穿螺钉必须符合建筑技术法规的要求。三角铰链应牢固地连接在钢管接头上，以防止铰链旋转，并确保铰链的稳定性。

（2）严格按照结构设计规定的尺寸施工，确保节点连接符合要求。操作平台必须铺设脚手架板，并用12号钢丝固定。应采取可靠的安全预防措施，包括两道栏杆。应在操作层外侧放置密集的安全网。安全网应使用钢丝牢固地固定在脚手架上。脚印应放置在脚手架外，脚印高度不应小于18 cm。外保护架组装后，每次吊装时必须进行检查验收，合格后方可使用。

（3）外部保护框架上的最大允许载荷不应超过2.22 kN/m。严禁在脚手架上堆放材料或在脚手架上支模，人员不得集中停留。

（4）严禁使用脚手架吊运重物，提升时，轻敲或拉动外部保护框架并站在脚手架上。

（5）6级以上大风、大雾、大雨、大雪天气，外防护架表面设计悬挂。雨雪后在车架外防护平台上作业时应采取防滑措施。

（6）定期检查墙壁拉杆、安全网和外部框架提升装置是否损坏；如果松动，必须及时进行更换。

（二）建筑吊篮

虽然使用了"三明治"，即在外墙的夹层隔热板中，大量的外部工程，如外部保温和抹灰以及外部脚手架和保护已被淘汰，但在高处仍有少量功能，如板接缝和涂层的防水黏结。高空作业需要悬挂式结构吊篮，但选择合适、安全的悬挂式结构吊篮非常重要，这关系到高空作业人员的人身安全。在选择施工吊篮时，应根据吊篮使用的项目施工计划中规定的参数选择吊篮的特定型号。

检查设计吊篮制造商期间的具体操作数据，包括检查制造商的钢材测试报告、提升机构的设计和焊接吊篮焊接工艺流程，同时应检查工厂质量保证体系的运行和售后产品服务。此外，还需要检查钢丝绳、安全锁、电器和其他重要配件的生产证书，如有必要，还需要进一步考虑与制造商配套的产品的质量控制状态。

吊篮是船员在进行施工作业时使用的一种悬挂式起重设备，必须严格遵守以下安全规则：

（1）吊篮操作人员必须接受培训，并在完成考试后获得有效证书。吊篮必须由合格人员操作，未经培训或主管批准，严禁操作吊篮。

（2）操作人员在操作过程中应戴好安全帽和安全带，安全带上的自动扣应固定在救生索上，且救生索单独牢固地固定在建筑物（结构）上。

（3）操作员不得在饮酒、过度疲劳和情绪异常后工作。

（4）两台机器起吊的吊篮必须由两人以上使用，严禁一人起吊。

（5）操作人员不得穿硬底鞋、塑料底鞋、拖鞋或其他湿滑鞋进行操作，严禁使用楼梯，悬挂平台上的货架等攀爬工具和其他起重设备应放置在悬挂平台外进行操作。

（6）操作员必须在地面上进出吊篮，不得在空中进入窗户，且严禁在空中从一个悬挂平台攀爬到另一个悬挂平台。

（三）灌浆设备与用具

连接设备主要包括用于混合焊接材料的便携式电动钻孔混合器、用于测量水和紧固件的电子秤和量杯、用于连接墙壁的连接装置和用于润湿接触面的水枪。

接地工具主要包括用于保水和液体测试的量杯、用于液体测试的落锤和平板、用于盛水和焊接材料的大小桶、用于将木塞钻入焊接孔的锤子、小铲、剪刀、扫帚等。

第二节　场地平整及清理

一、场地平整

（一）一般规定

（1）土石方工程应合理选择施工方案，编制、审批、实施尽量采用新技术和机械化施工。

（2）施工中如发现有文物或古墓等应妥善保护，并应立即报请当地有关部门处理。

（3）在敷设有地上或地下管道、光缆、电缆、电线的地段施工进行土方施工时，应事先取得管理部门的书面同意，施工时应采取措施，以防损坏。

（4）土石方工程应在定位放线后再施工。

（5）土石方工程施工应进行土方平衡计算，按照土方运距最短、运程合理和各个工程项目的施工顺序做好调配，减少重复搬运。

将需进行建设范围内的自然地面，通过人工或机械挖填平整改造成为设计所需的平面，以利于现场平面布置和文明施工；平整场地要考虑满足总体规划、生产施工工艺、交通运输和场地排水等要求，并尽量使土方挖填平衡，减少运土量和重复挖运。平整场地的一般施工工艺程序安排是现场勘查→清除地面障碍物→标定整平范围→设置水准基点→设置方格网→测量标高→计算土方挖填工程量→平整土方→场地碾压→验收。

（二）填方压实

填土尽可能用同一种土壤填充，并将土壤含水量调节在最佳含水量范围内。如果使用不同的土壤进行填充，则应根据土壤类型对其进行定期平整和层压。透水性高的土层应置于透水性低的土层下方，不得混合。边坡不应与透水性低的地面闭合，以利于排水和地基土的稳定，避免填土时形成水坑和滑动。

填土应从最低处开始，由下向上整宽度分层铺填碾压或夯实。

在地形起伏之处，应做好接槎，修筑 1∶2 台阶形成边坡，每台阶高可取 50 cm，宽 100 cm。分段填筑时每层接缝处应做成大于 1∶1.5 的斜坡，碾迹重叠 0.5 ~ 1 m，上下层错缝距离不应小于 1 m。接缝部位不得在基础、墙角、柱墩等重要部位。

（三）机械压实方法

为了保证充填压缩的均匀性和紧凑性，避免滚轮缩回，提高压缩效率，建议在使用碾压机碾压之前使用推土机将其整平，并将其预设为低速 4 ~ 5 次，以使表面光滑紧凑。必须使用振动平筒对矿渣或碎石进行压缩，即先对其进行静态压缩，然后进行振动。

当用滚压机压制填充物时，移动速度是受控的。滚压机应与底座或导线保持一定距离，以防止底座或导线被压碎或移位。

压路机的填筑和压实应采用"精填、慢行、多次"的方法，填筑厚度不应超过 25.30 cm。轧制方向应从中间两侧逐渐开始，每次轧制宽度的涂层约为 15 ~ 25 mm，以避免轧制不足。操作期间，圆筒边缘和填充边缘之间的距离应大于 50 cm，以防止滑动和倾斜。如果倾斜角度和边缘无法压缩，则必须用手动或小型机具密封。除非另有规定，否则应降低压缩密度，直到车轮布置超过 1 ~ 2 cm。

碾压层后，必须手动或用推土机将表面粗糙化。当土壤表面非常干燥时，必须浇水，然后重新填充，以确保顶层和底层可以良好结合。

（四）场地平整土方开挖

开挖坡度取决于作业时间（临时或永久）、土壤类型、物理力学性质、水文条件等。对于永久性场地，开挖坡度根据设计要求进行分类。长期使用的临时沟槽边坡的坡度应根据工程地质和边坡高度结合当地实际经验确定。

现场边坡开挖自下而上，沿等高线分层分段进行，禁止采用挖空底角的方法；如果是机械开挖，则应在边坡上同时进行多个台阶，上部台阶的开挖深度不得小于下部台阶的深度 30 m，以防止坍塌。

倾斜台阶的开挖应在边坡的一定动态下进行，以便于排水。当角盖和排水沟位于边坡最低处时，应尽快解决楼梯的反向排水坡度，并必须进行护腿格栅和排水沟的砌筑和疏浚，以确保坡脚不被冲刷和在影响边坡稳定的范围内积水，否则应采取临时排水措施，避免清理倾斜的指状物，并在影响边坡稳定性的区域内积水。

开挖边坡、土质软弱边坡或软岩易腐蚀边坡时，开挖后必须对坡面和坡指进行浇筑、抹灰、铺设和砌筑，并对上部和坡指进行排水，以防止水池对边坡造成一定程度的影响。

（五）场地平整的质量通病及预防措施

1. 场地积水预防措施

平整前，应对整个场地进行系统设计，本着先地下后地上的原则，做好排水设施，使整个场地水流畅通；填土应认真分层回填碾压，相对密实度不低于 85%；应做好测量复核工作，避免出现标高误差。

2. 填方边坡塌方预防措施

根据填方高度，土的种类和工程重要性按设计规定放坡，当填方高度在 10 m 内时，宜采用 1：1.5；高度超过 10 m 时，可做成折线形，上部 1：1.5，下部 1：1.75；土料应符合要求，不良土质可随即进行坡面防护，保证边缘部位的压实质量，对要求边坡整平拍实的，可以宽填 0.2 m；应在边坡上下部做好排水沟，避免在影响边坡稳定的范围内积水。

3. 填方出现橡皮土现象

捕获（滚动）后，密封（滚动）位置下沉并在周围膨胀。这种橡胶地面降低了基础的承载力，增加了变形，并且不能长期稳定。预防措施如下：

避免转化为腐殖质土、泥炭土、黏土、底土和其他含水量过多的密实土壤；检查含水量，尽量在最佳含水量范围内进行，将其保持在球中，并在落地时将其分散；排水沟应放置在填料中，用于排放地表水。

4. 回填土密实度达不到要求的预防措施

如果土壤材料不符合要求，则应挖出并更换以补充或与石灰、砾石和其他压缩材料混合；由于含水量过多，可以进行脱毛、干燥、空气干燥，甚至与干燥土壤混合。

5. 滑坡预防

保持边坡有足够的坡度，尽可能避免在坡顶有过多的静、动载。

6. 质量要求标准及检测方法

（1）平整场地。平整区域的坡度与设计相差不应超过 0.1%，排水沟坡度与设计要求相差不超过 0.05%，设计无要求时，向排水沟方向做不小于 2% 的坡度。

（2）场地平整的允许偏差。表面标高：人工清理 ±30 mm；机械清理：±50 mm；长度、宽度（由设计中心向两边量）不应偏小；边坡坡度人工施工表面平整，不应偏陡，机械施工基本成型，不应偏陡；水平标高 0～50 mm，平整度 ≤ 20 mm。

（3）基底处理。必须符合设计要求或施工规范的规定。

（4）填料。回填土的土料必须符合设计要求或施工规范的规定；碎石类土、砂石和爆破石渣粒径不大于每层铺填的 2/3，可用于表层下的填料；含水量符合压实要求的黏性土，可作为各层填料；淤泥和淤泥质土，未经处理不能用作填料。

（5）回填土压实。必须按规定分层夯压密实；机械分层压实，使得每层厚度不大于 30 cm，场地压实密度不小于 90%，道路压实密度不小于 95%。

二、场地清理

（一）清理与掘除

1. 砍树挖根

树根挖掘主要是指在 1.3 m 的高度切割和挖掘直径超过 100 mm 的树根。树木主要是手工砍伐。砍伐后的树木由手动装载机通过临时车道从施工现场运出，运至休息区或仓库，并分类堆放在堆场，以节省土地。根部挖掘应与清理空间一起进行。

施工期间，在现有公路附近砍伐树木。为了防止通道中树木坠落，切割喷嘴必须从车辆移动方向垂直设计，同时避免损坏相邻建筑物、电力道路和其他线路。施工过程中，施工人员必须注意树木坠落的方向，防止树木坠落。

2. 清理现场

清理现场主要指清理施工范围内的所有垃圾、灌木、竹林及胸径小于 100 mm 的树木、竹林、石头、废料、表土（腐殖土）、草皮等，表土清理厚度 30 cm。清理现场后的回填施工应结合施工填筑进行。

（二）安全措施

（1）对整个施工范围进行全封闭施工。

（2）向一线施工人员进行安全交底。

（3）对施工人员进行安全施工教育，施工人员进入现场必须佩戴安全帽，临空钢构件切割时系好安全带。

（4）在拆除区周围设置警示牌，并由专人警戒，确保安全，严格按《安全技术操作规程》及安全交底规定的安全措施施工，安全员到现场监督，发现问题立即整改。

（5）上下交叉作业时，上方人员要注意下方人员的安全。

第三节　土方工程

一、施工排水

（一）一般要求

该区域周围修建临时或永久排水沟、防洪沟或挡水沟，用于保护防洪沟或挡水沟的圆形沟渠位于斜坡段的坡顶或坡脚，用于从施工现场的相邻斜坡收集雨水和井水。

必须尽可能长时间地维护房屋内外原有的物理排水系统，或根据需要适当维修、淹没、重建或添加少量排水沟，以方便当地湖泊、雨水和表面积水的排水。

在条件允许的情况下，尽量利用正式项目的排水系统为施工服务，并先设计正式项目的主要排水设备和管网，以便于清除地下和地表积水。

排水沟必须位于当地道路两侧，小型排水沟必须位于交叉道路两侧。沟底坡度一般为 2% ～ 8%，以保持现场排水和道路畅通。

对于土方开挖，在地表水、登陆沟和挡水沟的前方安装排水沟，以收集地表积水；在低洼地区挖掘基坑时，挖出的土可用于在水面周围或一侧或两侧建造 0.5 ～ 0.8 m 高的垃圾填埋场，用于防水。

对于较大的地表水，可将深层排水池挖入施工现场，并在排水方案区设置垂直和水平排水沟，然后将集水和排水设备设置到低洼地段进行排水。

在可能发生滑坡的路段，在路段外放置更多的圆形沟渠，以捕捉附近的地表水，在坡脚修建并下沉原有排水沟，下沉地表水，处理该区域的生活用水和机械用水，并防止其渗透到隔墙中。

应在折叠隔间内安装临时或永久性排水和水密装置，以使基坑不会沉入水中并导致基础后退。蓄水结构、灰场、防洪沟、排水沟等必须采取措施防止漏水，并与建筑物保持一定的安全距离。非折叠式失重区一般不应小于 12 m，与土方区相同折叠式重量时不应小于 20 m，折叠式失重区 25 m 内不得有集水井。材料和设备的积累不应阻止雨水排放。需要灌溉的建筑材料应堆放在距离基坑 5 m 处，并在基坑内严格防水。

（二）人工降低地下水位

排水和人工降低地下水位是配合基坑开挖的安全措施之一。当基坑或基坑开挖到地下水位以下时，土壤的水层被切断，地下水将继续渗漏到基坑中。大气降水和施工用水也将流入矿坑。基坑或护城河中的土壤被水浸泡后会导致边坡坍塌，使施工无法正常进行，也会影响机构的承载力。因此，做好结构的干燥和维护工作并保持开挖区域干燥非常重要。施工前必须进行排水和排水设计。

1. 集水井降水法

集水井降水法是在基坑开挖过程中沿坑底周围开挖排水沟，排水沟纵坡宜控制在 1‰～ 2‰，在坑底每隔 30 ～ 40 m 设置集水井，地下水通过排水沟流入集水井中，然后用水泵抽至坑外。

集水井降水法是一种常用的简易的降水方法，适用于面积较小、降水深度不大的基坑（槽）开挖工程。

（1）集水井设置。四周的排水沟及集水井一般应设置在基础 0.4 m 以外、地下水流的上游。沟边缘离开边坡坡脚不应小于 0.3 m，底面比挖土面低 0.3 ～ 0.4 m，排水纵坡控制在 0.1% ～ 0.2%。集水井的直径或宽度一般为 0.6 ～ 0.8 m（其深度随着挖土的加深而加深，要始终低于挖土面 0.7 ～ 1.0 m）。当基坑挖至设计标高后，井底应低于坑底 1 ～ 2 m，并铺设 0.3 m 碎石滤水层，以免在抽水时将泥沙抽出，并防止井底的土被搅动。排水沟和集水井应设置在建筑物基础底面范围以外，且在地下水走间的上游。应根据基坑涌水量的大小、基坑平面形状和尺寸、水泵的抽水能力等，确定集水井的数量和间距。一般每 20 ～ 40 m 设置一个。

（2）水泵的选用。集水明沟排水是用水泵从集水井中抽水，常用的水泵有潜水泵、离心泵和泥浆泵。选用水泵的抽水量为基坑涌水量的 1.5 ～ 2 倍。

2. 井点降水法

如果软土或土层包含细砂、泥沙或泥层，则不适合采用集水排水方法，因为如果水直接排入基坑，地下水就会产生从上到下或从边坡流向基坑的动水压力，这很容易造成边坡坍塌和"流沙现象"，破坏地基土结构。在这种情况下，应考虑井点脱水的方法。

如果土层中出现局部移动的沙子，则有必要采取处理措施，降低动水压力，以稳定坑底的十个颗粒。方法如下：

安排在旱季施工，使坑底最大地下水位不高于 0.5 m。在水中挖掘时，不要抽水或减少抽水，并保持坑内水压与地下水压力基本平衡。采用点脱水法、打入板桩法和地下膜墙法，以防止砂体移动。

排水井是指在开挖基坑之前，将井点管埋在基坑周围一定距离的地下水层中，地下水通过抽水装置从井管中连续排出，使地下水位降至坑底以下，以确保钻孔设计在干燥状态，从而有效防止形成移动的沙子。井脱水包括井的轻点和井的管道点。根据土壤渗透系数、排水深度、设备条件和经济性，可以选择不同类型的井排水，其中井点被广泛使用。

二、定位放线

（一）定位测量前的准备工作

1. 熟悉图纸资料

包括熟悉一楼建筑物的设计、基础设计、相关详图、建筑物的总体设计和与位置测量相关的技术数据，以便了解建筑物布局的水平、不同的轴线、长度、宽度和建筑物的结构特征。检查每个部分的尺寸，了解建筑物的坐标、设计高度以及在建筑物总体设计中的位置。熟悉结构的总体设计和布置，包括大型临时设施的长度和宽度。了解建筑物的坐标、设计高度、在总体设计中的位置以及该位置与临时设施的永久建筑物的关系。了解定位测量前的准备计划、现场检查测量、选择的定位测量方法、中心数据集、设计设置和检查方法，以及中心叠加设置后的精度要求。

2. 配备施测人员

测量工作需要仪器观测人员，前、后尺手，记录人员，辅助人员等。

3.配备仪器、工具

经纬仪，脚架，钢卷尺，标杆，木桩若干，锤子，小钉若干，记录簿，铅笔，小刀。

4.检校仪器

对上述仪器进行仔细检验，确保仪器能够正常使用。

（二）土方工程的抄平放线

基础放线是指根据定位的角点桩，详细测设其他各轴线交点的位置，并用木桩标定出来。据此按基础宽和放坡宽用白灰撒出基槽边界线。

抄平是指同时测设若干同一高程的点，此处是指测设 ±0.000 及其他若干已知高程的点。

1.设置龙门板

设置龙门板挖基槽（坑）时，定位中心桩不能保留。为了便于基础施工，一般都在开挖基槽（坑）之前，在建筑物轴线两端设置龙门板。将轴线和基础边线投测到龙门板上，作为挖槽（坑）后各阶段施工中恢复轴线的依据。

设置龙门板的步骤及检查测量如下：

钉龙门桩：支撑龙门板的木桩称为龙门桩，一般用5 cm×5 cm～5 cm×7 cm木方制成，钉龙门桩步骤：①在建筑物轴线两端，基槽边线1.5～2 m处钉龙门桩，桩要竖直、牢固，桩侧面应与轴线平行；②用水准测量的方法，在龙门桩外侧面上测设 ±0.000 标高线，其误差不得超过 ±5 mm；③建筑物同一侧的龙门桩应在一条直线上。

钉龙门板步骤及检查测量：①将龙门板顶面（顶面为平面）沿龙门桩 ±0.000 标高线钉设龙门板；②用水准仪校核龙门板顶面标高，其误差不允许超过 ±5 mm，否则调整龙门板高度。

投测轴线及检查测量：①安置经纬仪于中心桩上，将各轴线引测到龙门板顶面上，并钉小钉作为标志（称为中心钉）；②用钢卷尺沿龙门板顶面检测中心钉间距，其误差不超过1/2 000为合格；③以中心钉为准，将墙基边线、基槽边线标记到龙门板顶面上。

2.设置轴线控制桩

设置控制桩的步骤：①安置经纬仪于某轴线中心桩上，瞄准轴线另一端的中心桩；②在视线方向上（轴线延长线上）离基槽边线 4～5 m 外的安全地点，钉设 2 个用水泥砂浆浇灌的木桩，并把轴线投测到桩顶，用小钉标志。

三、土方开挖

（一）工作内容及范围

根据施工现场实际情况、图纸设计等内容进行叙述（工程概况、工程特点等）。

（二）施工准备

1. 技术准备

熟悉施工图纸，编制土方开挖施工方案，并通过审批。组织土方施工人员根据地勘资料摸索地形、地貌，实地了解施工现场及周围情况。施工单位设置土方开挖控制点，层层控制点位。

2. 主要机具设备

①挖土机械：推土机、铲运机、挖掘机（包括正铲、反铲、拉铲、抓铲等）、装载机等；②辅助工具：测量仪器、铁锹、手推车、锤子、梯子、铁镐、撬棍、龙门板、线、钢卷尺、坡度尺等。

（三）作业条件

在挖掘地质工程之前，有必要彻底检查施工现场的地下和地上障碍物。必须拆除、改造或加固位于基坑和管沟中的管道以及相互靠近的地面和地下屏障。根据设计要求将控制坐标和参考点引入施工现场，并在项目现场建立研究控制网，包括控制基准、轴线和水平参考点。进入现场时，应提前检查穿过施工机械的道路、桥梁和卸货设备，必要时应做好加固和扩建等准备工作。在机器无法工作的零件生产中，坡口底部的斜坡切割和清洁是手动进行的。

如果挖掘深度存在地下水，则必须根据当地地质技术数据采取措施降低地下水位。在钻沟槽之前，应将其降至沟槽表面以下 0.5 m。做好施工现场的防洪和排水工作，全面设计施工现场，平整各部位高度，确保施工现场排水畅通，并在施工现场周围设置必要的集水区和排水沟。如果坡道的摊铺强度较低，则必须用适当厚度的砾石或泥浆铺筑路面的地面层。如果挖掘机占用的土层饱和，还必须用适当厚度的砾石或泥浆填充，以防止挖掘机下沉。

（四）施工工艺

土方开挖施工工艺流程如下：测量放线→确定开挖顺序和坡度→分段、分层均匀开挖→排（降）水→修坡和清底→坡道收尾。

（五）施工要点

开挖坡度的确定：基坑开挖，应先测量定位，抄平放线，根据开挖宽度，按放线分块（段）分层挖土。根据土质和水文情况，采取四侧或两侧直立开挖或放坡，以保证施工操作安全。

在天然湿度的土中开挖基槽和管沟时，当挖土深度不超过下列数值规定时，可不放坡，不加支撑：

密实、中密的砂土和碎石类土（填充物为砂土）——1.0 m；

硬塑、可塑的粉土及粉质黏土——1.25 m；

硬塑、可塑的黏土和碎石类土（填充物为黏性土）——1.5 m；

坚硬的黏土——2.0 m。

土质具有天然水分、均匀结构、良好的水文地质条件（即无坍塌、移动、松动或异常垂直）和无地下水时，基坑开挖也可以不倾斜进行，垂直开挖采用无支撑，但应规定开挖深度，基坑宽度应略大于基础宽度。如果超过规定深度，但不大于 5 m，则应根据土壤质量和特殊建筑条件形成坡度，以免坍塌。放坡后，基坑上部孔的宽度由基础底部的宽度和坡度决定。坑底宽度应为 30 ～ 50 cm。

在工程施工区域设置测量控制网，包括控制基线、轴线和水平基准点；做好轴线控制测量的校核。控制网应该避开建筑物、构筑物、土方机械操作及运输线路，并有保护标志；场地整平应设 10 m × 10 m 或 20 m × 20 m 方格网，在各方格点上做控制桩，并测出各标桩处的自然地形、标高，作为计算挖土方量和施工控制的依据。基坑（槽）和管沟开挖时，上部应有排水措施，防止地面水流入坑内冲刷边坡，造成塌方和破坏基底土。

开挖基坑（槽）或管沟时，应合理确定开挖顺序、开挖路线和深度，并均匀地分段分层进行开挖。采用挖土机开挖大型基坑（槽）时，应从上而下分层分段，按照坡度线向下开挖，高度超过 3 m 的不稳定地面上不可作业。每层的中间部分必须略高于两侧，以避免形成积水。如果在开挖边坡上检测到软土、移动砂层或裂缝，则停止开挖，并及时采取适当的纠正措施，以防止土壤坍塌和滑动。

采用反铲、拉铲挖土机开挖基坑（槽）或管沟的施工方法有下列两种：

（1）端头挖土法。挖土机从基坑（槽）或管沟的端头，以倒退行驶的方法进行开挖，自卸汽车配置在挖土机的两侧装运土。

（2）侧向挖土法。挖土机沿着基坑（槽）边或管沟的一侧移动，自卸汽车在另一侧装土。

挖土机沿挖方边缘移动时，机械距离边坡上缘的宽度不得小于基坑（槽）和管沟深度的 1/2，如挖土深度超过 5 m 时应按专业施工方案来确定。机械开挖基坑（槽）和管沟时，应采取措施防止基底超挖，一般可在设计标高以上暂留 300 mm 的一层土不挖，以便经抄平后由人工清底挖出。机械挖不到的土方，应配以人工跟随挖掘，并用手推车将土运到机械能挖到的地方，以便及时挖走。

应注意修帮和清底。在距槽底实际标高 500 mm 槽帮处，抄出水平线，钉上小木橛，然后用人工将暂留土层挖走。同时由两端轴线（中心线）引桩拉通线（用小线或铅丝），检查距槽边尺寸，确定槽宽标准。以此修整槽边，最后清理槽底土方。槽底修理铲平后进行质量检查验收。开挖基坑（槽）的土方，在场地有条件堆放时，应留足回填的好土，多余土方应一次运走，避免二次搬运。

一般来说，不应在雨季进行土地挖掘。必须要施工时，开挖面积不得过大，必须逐块完成。雨中开挖的基坑（槽）或管沟，应注意边坡的稳定性。如有必要，可以适当减缓坡度，或保护支架和坡面。同时，必须在基坑外部周围修建土壤或沟槽，以防止地表水流入。应经常检查边坡、支架和地网，发现问题及时解决。地面开挖不应在冬季进行。如果必须在冬季施工，则施工方法必须按照冬季施工计划进行。

使用防冻方法挖掘土壤，可在冻结前用隔热材料覆盖表层土壤或松耕。在施工过程中，应每天都在结构表面采取防冻措施。

施工时若引起邻近建筑物的地基和基础暴露，则应采取防冻措施，以防产生冻结破坏。

（六）质量通病控制方法

1. 挖方边坡塌方

应根据不同土层的土质和开挖深度，确定适当的开挖倾角或设置支架。当地下水位于基坑开挖范围内时，应采取脱水和排水措施，将水位降至基础以下 0.5 m。应避免挖掘机和车辆在坡顶附近磨损、堆积和行驶。

2. 场地积水

场地内填土应认真分层回填压（夯）实，使密实度不低于设计要求，避免松填。应按要求做好场地排水坡和排水沟，做好测量复核，避免出现标高错误。

3. 边坡超挖

采用机械开挖，预留 0.2 ～ 0.3 m 厚土层，采用人工修坡；对松软土层避免各种外界机械车辆等的振动，采取适当保护措施；加强测量复测，进行严格定位。

4. 基坑（槽）泡水

在开挖的基坑（槽）周围设排水沟或挡水堤；设排水沟和集水井，用水泵抽排，使水位降至开挖面以下 0.5 ～ 1.0 m。

5. 围护墙渗水或漏水

如果漏水量较小，则在坑底设置明沟排水；如果漏水量较大，但不会产生沉积物，则可以使用排水修复方法进行检查。如有大量渗漏，应将柜壁背面挖至漏水点以下 0.5 ～ 1.0 mm，并用厚混凝土封堵，或检查墙后的冷凝或高压喷射缝。

6. 围护墙倾斜、位移

对于重力支承结构，减少坑侧的额外负载，使动态负载作用于机柜壁或坑侧区域。加快垫层和底板的浇筑速度，以减少基坑的开启时间。对于支撑结构，一般可增加支架或牵引锚或从墙背上清除地面，并应及时浇筑枕头。对于承重结构，使用接缝或高压喷射接缝来加强基坑底部，以提高被动区域的阻力。

7. 流砂及管涌

坑内出现流砂现象时，应增加坑内排降水措施，将地下水位降低至基坑开挖底以下 0.5 ～ 1.0 m；基坑开挖后，可采取加速垫层浇筑或加厚垫层的办法"压住"流砂；管涌严重时可在支护墙的前面再打设一排钢板桩，在钢板桩与支护墙之间再进行注浆。

8.邻近建筑与管线位移

当建筑物和管道的位移或布置达到规范的允许值时，应立即监测基坑开挖。围墙背面和建筑物前方可设置多个管孔，但管道压力不宜过大。如果条件允许，可以在开挖前对相邻建筑物的基础或挡土墙后的土壤采取稳定措施，如压缩、桩混合、锚桩静态压缩等。对于基坑周围的电线，可以在靠近基坑的电线侧面放置根桩进行密封，或者可以挖掘隔离墙。当地下管道靠近基坑时，很难驱动封闭锯和挖掘保温沟，可采用上部导线法将导线与支撑墙后的地面分离。

（七）质量验收及标准

（1）开挖标高、长度、宽度、边坡均应符合设计要求。

（2）施工过程应保持基底清洁无冻胀、无积水，并严禁扰动。

（3）开挖过程中应检查平面位置、水平标高、边坡坡度、压实度、降水系统、排水系统等，防止影响周边环境。

（4）基面平整度应符合规范要求，基底土质应符合设计要求。

第四节　基础工程施工

一、浅基础施工

根据压力特性，传统浅基础可分为刚性基础和柔性基础。由抗压强度高、弯曲强度和抗拉强度低的材料制成的基础，如砖、碎片、石灰岩土、混凝土等，是比较坚实的基础。实心基础的最大拉应力和剪应力必须在其可变截面中，其值受基础台阶宽度的高度比的显著影响。因此，刚性基础台阶的宽高比（称为刚性角）是关键。由钢筋混凝土建造的基础称为柔性基础。它具有很高的抗弯、抗拉强度和抗压性，适用于地基表面软弱、上部结构荷载较大的基础。

预制建筑中常见的浅基础有条形基础、结构基础和箱形基础。对基础形式和施工结构的要求如下。

（一）条形基础

条形基础包括柱下钢筋混凝土独立基础和墙下钢筋混凝土条形基础。这种基础的抗弯和抗剪性能良好，可在竖向荷载较大、地基承载力不高以及承受水平力和力矩等荷载情况下使用。因高度不受台阶宽高比的限制，故适宜于需要"宽基浅埋"的场合下。

1.构造要求

锥形基础（条形基础）边缘高度 h 不宜小于 200 mm，阶梯形基础的每阶高度宜为 300～500 mm。垫层厚度一般为 100 mm，混凝土强度等级为 C10，基础混凝土强度等级不宜低于 C15。底板受力钢筋的最小直径不宜小于 8 mm，间距不宜大于 200 mm。当有垫层时钢筋保护层的厚度不宜小于 35 mm，无垫层时不宜小于 70 mm。插筋的数目与直径应与柱内纵向受力钢筋相同。插筋的锚固及搭接长度，按国家现行标准《混凝土结构设计规范》（GB 50010—2010）的规定执行。

2. 施工要点

对基坑（槽）进行检查，局部软土层必须用灰土或碎石分层挖填夯实，直至基础平整。必须清除基坑（槽）中的浮土、池塘、泥浆、废物和各种物种。检查沟槽后，应立即浇筑基础混凝土，以避免扰动地基土。枕头达到一定力后，断开线，调整其上的模板。安装钢筋网时，底部应覆盖与保护混凝土层相同厚度的水泥砂浆，以确保位置正确。浇筑混凝土前，必须清除模板中的废物、土壤和油污，并浇水湿润钢筋和模板中的其他杂物。基础混凝土必须分层连续浇筑。台阶基础的每个高度必须分层浇筑和锻造。锥座斜向部分的模板必须建在浇压混凝土段，上部必须压缩，以避免模板的复杂和变形。角落里的混凝土必须变形。严禁在无模板的情况下用铁铲踏坡。如果是基于普通砌块，则应将其固定，以确保普通砌块的正确位置，并避免浇筑混凝土的位移。浇筑混凝土后，应用水覆盖外露表面进行养护。

（二）结构基础

结构基础由钢筋混凝土楼板和梁组成，适用于低基础荷载和高上部结构荷载的情况。它的形状和结构就像一个整体刚度很大的反向钢筋混凝土楼板，可以有效地调整每根柱子的排列。

1. 施工要求

保护钢筋层的厚度不应小于 35 mm。基础标高的布置必须尽可能线性，以减少基础荷载的偏心率。下板的厚度不应小于 200 mm。梁横截面和板的厚度应通过计算确定。上梁高于底板上表面的高度不应小于 300 mm，梁宽度不应小于 250 mm。

2. 基本设计要点

施工前，如果地下水位较高，可手动将地下水位降至基坑底部，以确保基坑和基础结构的开挖可以无水进行。施工时，可先将下板、梁钢筋和普通柱锚筋绑在枕木上，下板混凝土达到结构强度的 25% 后即可浇筑，梁模板可支撑在下板上，混凝土可连续浇筑。下板和梁模板也可同时支撑，混凝土可瞬间连续浇筑，梁侧模由支架支撑并牢固固定。混凝土浇筑过程中一般不留施工缝。必须离开时，则应按照施工缝的要求进行处理，并设置止水带。浇筑基层后，应覆盖表面并浇水养护，防止基层浸水。

（三）箱形基础

箱形基础为封闭式箱体，由钢筋混凝土底板、顶板、外墙和一定数量的内隔墙组成。基础中心可通过内隔墙的开口用作地下室。该基础具有整体性好、刚度大、不规则沉降和抗震适应性强的特点，可以消除由于基础变形而产生裂缝的能力，减轻与原基础相同重量对基础的压力，减少整体沉降。适用于面积小、平面形状简单、上部结构荷载大、软基分布不均匀的高层建筑基础，以及对沉降要求严格的设备或特殊结构的建立。

1. 构造要求

箱形基础在平面布置上应尽可能对称，以减少荷载的偏心距，防止基础过度倾斜。混凝土强度等级不应低于 C20，基础高度一般取建筑物高度的 1/12～1/8，不宜小于箱形基础长度的 1/18～1/16，且不小于 3 m。底、顶板的厚度应满足柱或墙冲切验算要求，并根据实际受力情况通过计算确定。底板厚度一般取隔墙间距的 1/10～1/8，一般为 300～1 000 mm，顶板厚度一般为 200～400 mm，内墙厚度不宜小于 200 mm，外墙厚度不宜小于 250 mm。为保证箱形基础的整体刚度，基础面积上墙体长度应不小于 400 mm/m²，或墙体水平截面积不得小于基础面积的 1/10，其中纵墙配置量不得小于墙体总配置量的 3/5。

2. 施工要点

对于基坑开挖，如果地下水位较高，必须采取措施将地下水位降至基坑底部以下 50 mm，并应尽量减少对基坑基底的干扰。当基坑采用机械开挖时，应在检查基坑后用手挖掘并清理基坑底部以上 200～400 mm 厚的土层，并立即进行基础施工。施工过程中，基础板、内外墙、屋面的模板拼装、钢筋绑扎、混凝土浇筑可分块进行。建筑接缝的维护位置和处理必须符合施工和钢筋混凝土工程采用规范的相关要求。基础的下板、内外墙和上板必须连续浇筑。为了防止裂缝的热收缩，通常应在铸造带的后面设置一个宽度不小于 800 mm 的通道。在浇筑顶板后，应使用薄混凝土骨料填充和压缩后续条带，其水平高于结构强度，需要改进维护。基础施工完成后应立即进行补充。当碰撞停止时，应根据基础的浮动稳定性进行检查和计算，抗浮动稳定系数不得小于 1.2。如果无法满足这一要求，则必须采取有效措施，如在上部结构荷载增加后继续抽水，直到满足浮式结构的稳定性要求，或者向基础浇水或增加重量，以防止基础漂浮或倾斜。

二、桩基础施工

（一）混凝土灌注桩施工

现浇混凝土是在施工现场直接在桩的位置上钻孔，然后将混凝土灌入孔中形成桩。在锯现场浇筑的钢筋混凝土也必须在锯孔中放置钢筋笼，然后再将混凝土浇筑到锯中。

与预制锯屑相比，铸造锯屑可以节省钢材、木材和水泥，设计工艺简单，成本低。它可用于改变载体层，以生产不同长度的桩，并可根据项目需要制成大直径桩。在施工过程中，无需建造并将锯连接到部件，以减少运输和起吊期间的工作量。施工过程中无振动，噪声低，对环境干扰小。然而，其操作要求相对严格，施工后需要一定的硬化时间，因此无法立即承受荷载。

灌注桩按成孔方法分为钻孔灌注桩、沉管灌注桩、人工挖孔灌注桩、爆扩成孔灌注桩等。

1. 钻孔灌注桩

钻孔桩是指通过钻孔机在大孔外钻孔，并将混凝土浇筑到孔内（或先提升孔内钢筋笼）而形成的桩。它也分为以下两种施工方法：

（1）泥浆护壁成孔灌注桩。壁钻是一种机械钻孔方法，使用黏土保护和稳定孔壁。它使用循环泥浆悬浮破碎的泥土，然后将其从孔中排出。在桩位钻孔的污泥支护墙适用于地下水表面以下的黏性土、泥浆、砂、填料、碎石土（砾石）和浮动岩石，以及地质条件复杂、夹层多、气候条件异常、软硬变化大的岩层。钻孔灌注桩除了适应上述地质条件外，还可以穿透旧地基、岩石等障碍物，在岩溶地区应谨慎使用。

泥浆护壁成孔灌注桩施工工艺流程如下所述：

①测定桩位。平整清理好施工场地后，设置桩基轴线定位点和水准点，根据桩位平面布置施工图，定出每根桩的位置，并做好标志。施工前，桩位要检查复核，以防被外界因素影响而造成偏移。

②埋设护筒。护筒的作用是固定桩孔位置，防止地面水流入，保护孔口，增高桩孔内水压力，防止塌孔，成孔时引导钻头方向。护筒用 4 ～ 8 mm 厚钢板制成，内径比钻头直径大 100 ～ 200 mm，顶面高出地面 0.4 ～ 0.6 m，上部开 1 ～ 2 个溢浆孔。埋设护筒时，先挖去桩孔处表土，将护筒埋入土中，其埋设深度在黏土中不宜小于 1 m，在砂土中不宜小于 1.5 m。其高度要满足孔内泥浆液面高度的要求，孔内泥浆面应保持高出地下水位 1 m 以上。

③泥浆的制备。泥浆的任务是保护墙壁、转移沙子和折叠土壤、切割土壤进行润滑、冷却钻头等，主要是保护墙壁。泥浆的生产方法取决于土壤条件，在黏土和淤泥质黏土上钻孔时，可以注入清水。为了在其他土层中形成孔隙，可以从高塑性黏土中制备黏土。施工期间，定期测量污泥密度、黏度、含砂量和胶体比。可以添加掺料，如增重剂、增黏剂、分散剂等来改善污泥质量。

④成孔。潜水钻机是一种旋转钻机，机器的防水变速机构用钻头密封。安装好钻杆后，使其浸入水中和泥浆中进行钻孔。注入污泥后，切入孔内的土壤颗粒和石渣通过正循环或反循环排渣的方法排出孔内。目前使用的潜油钻机的钻孔直径为 400 ～ 800 mm，最大钻孔深度为 50 m。水下钻机适用于水下钻井和在地下水位低的干燥土层中钻井。

在形成水下装置的孔中有两种排渣方式：泵的正循环和反循环。

正循环排渣法：钻井过程中，旋转钻机将污泥切割成污泥后，高压污泥由污泥泵泵送，通过中心管和中开钻杆送至钻头底部，并猛烈喷射。它与切成黏土的碎泥浆混合，地面沿孔壁向上移动，并从套管溢流孔排出。

反循环排渣法：砂石泵由主电机钻进孔内，用泥浆直接从孔内泵出切屑。冲击穿孔。冲击钻机通过机架和卷筒将重刃钻头（冲击锤）提升到一定高度，并利用自由落体的冲击力将破碎岩层或冲击土层切割成孔。钻孔前，将钢护套埋入地下，并准备好墙体保护材料。

冲击部件可以是常用的对角形、I 形等。点击并抓取圆锥体以形成一个孔。锥形钻削头和锥形夹具上有一个重型铁块和一个活动夹具。钻孔和固定锥体由框架和绞车提升到一定高度。当它落下时，鼓式制动器释放，手柄打开，锥头自由落在地面上，捡拾盘开始提升锥头。钻孔和固定锥体整体提升至地面，清除土壤渣，并将其回收到孔中。通过这种方法形成的孔的直径为 450～600 mm，孔的深度约为 10 m。它适用于软土层（砂土和黏土）中的孔，但当遇到硬土层时，建议使用冲击钻进行施工。

⑤清洁孔。当钻孔达到设计深度并通过检查时，应立即清理孔，以清除孔底沉积物，减少锯座沉降，提高承载能力，确保锯座质量。清孔方法包括真空排泥法、喷水排渣法、污泥交换法和排渣法。

在生土中钻孔时，钻机可以在无材料的情况下空转，同时可以注入清水。当钻孔底部的残余泥浆被研磨后，排出的污泥比重大约减少至 1.1。对于注入准备好的泥浆的钻孔，可以使用泥浆交换方法清洁钻孔，直到替换泥浆的比重小于 1.15～1.25。

⑥吊放钢筋笼。安装钢筋笼，并在清理孔后立即浇筑混凝土。钢筋笼通常在该地区生产。施工时，应沿边缘方向均匀布置主筋，箍筋的直径和间距、主筋的保护层和箍筋的硬化间距应符合设计要求。分段制作的钢筋笼接头应进行焊接，并符合设计和验收规范的规定。钢筋笼应垂直缓慢放置，以避免与孔壁碰撞。如果孔洞坍塌或钢筋笼放置过长，则在对孔洞进行二次清理后浇筑混凝土。

⑦水下混凝土浇筑。泥浆护壁成孔灌注桩的水下混凝土浇筑常用导管法，混凝土强度等级不低于 C20，坍落度为 18～22 cm，导管一般用无缝钢管制作，直径一般为 200～300 mm，每节长度为 2～3 m，最下一节为脚管，长度不小于 4 m，各节管用法兰盘和螺栓连接。

（2）干作业成孔灌注桩。干作业成孔灌注桩适用于地下水位以上的干土层中桩基的成孔施工。施工设备主要有螺旋钻机、钻孔扩机、机动或人工洛阳铲等。但在施工中，一般采用螺旋钻成孔。螺旋钻头外径分别为 φ400 mm、φ500 mm、φ600 mm，钻孔深度相应为 12 m、10 m、8 m。

干作业成孔灌注桩施工流程一般为场地清理→测量放线定桩位→桩机就位→钻孔取土成孔→清除孔底沉渣→成孔质量检查验收→吊放钢筋笼→浇筑孔内混凝土。为了确保成桩质量，施工过程中应注意以下几点：

①钻孔前应进行现场准备。钻孔表面必须平整。在雨季施工期间，要确保钻井作业的安全。

②当钻机根据桩位就位时，钻杆将与桩位中心垂直对齐，钻机将下降，使钻头接触地面。钻进时，转动旋转轴旋转钻杆，先慢后快，防止钻杆移动，并随时检查钻头的偏差。如果发现问题，应该及时解决。在施工过程中，注意使钻头垂直，钻头穿过软土层和硬土层的连接时应缓慢进行。钻进含砖瓦的各种填料或含水量高的软塑黏性土层时，应尽量减少钻杆晃动，以避免扩大钻头直径和增加孔底真空土。如果发现钻杆泄漏、机

架振动、内部钻头故障等异常现象，应立即停止钻孔进行检查。钻孔过程中，必须不断清理孔内积聚的土壤。

③钻至所需深度后，钻头可在初始位置缓慢运行以清洁地面，然后停止旋转，并提起钻杆卸载地面。如果孔底的空土超过允许厚度，可使用辅助切削工具或侧钻清理孔底。清洁孔后，用盖板盖住喷嘴。

④钻孔清理完大孔后，先吊钢筋笼，然后浇筑混凝土。为防止孔壁坍塌和雨水冲刷，检查孔后必须及时浇筑混凝土。如果土层良好且没有雨水冲刷，则从孔洞形成到混凝土浇筑的时间不应超过 24 h。桩位承受的特定强度等级不应低于 C15，落差通常为 80～100 mm。混凝土分层连续浇筑和密封，每层高度不应大于 1.50 m。在桩顶浇筑混凝土时，必须适当超过顶面标高，以确保分层后顶面标高和质量满足设计要求。

（3）常见工程质量事故及处理方法。泥浆护壁钻孔灌注桩的设计往往容易出现孔壁坍塌、斜孔、孔底层、泥浆夹杂、动砂等力学问题。水下混凝土浇筑是一项隐蔽工程，一旦发生质量事故，很难观察和修复。因此，要严格遵守操作规程，在有经验的机械技术人员的指导下精心制作，做好隐蔽任务的记录，确保工程质量。

①孔壁坍塌。孔壁坍塌是指造孔过程中不同阶段孔壁上土层的坍塌。主要原因是在提升冲击锤时，桩盖和孔壁发生碰撞，主要是清除熔渣或加固框架。桩的护筒环境中黏土填充不紧密，孔内黏土含量降低，孔内水压降低，导致孔坍塌。处理孔坍塌的方法如下：首先，将砾石黏土插入孔壁坍塌段，再次钻孔，并调整污泥密度和液位高度；其次，在使用钻机时，填充混合物后，低锤闭合攻丝，使孔壁稳定，然后正常冲击。

②偏孔。偏孔是指形成孔时孔位置的偏差或孔体的倾斜。引起孔斜的主要原因是桩架不稳定、导杆不相关或土层硬度不均匀。钻孔和成孔可能是由于导块松动或探测器石块倾斜造成的。处理方法如下：更换框架桩，使其稳定垂直。如果孔的偏差过大，则填充岩石并再次形成孔。如果有探测石，可以用凿岩机移除或用低锤压碎。如果基板倾斜，则杂质可以放置在较低的位置，然后牢固钻孔。

③孔底隔层。孔底隔层是指孔底剩余的道碴很厚，泥浆和沙子灌入孔中或墙壁将地面塌陷到底。孔下部夹层的主要原因是孔清理不彻底，清理孔后泥浆浓度降低，或在浇筑混凝土时与孔壁和加固框架的位置发生碰撞，导致孔坍塌和地面坠落。预防的主要方法是做好清孔工作，注意孔内泥浆浓度和水位的变化，并在施工过程中保护孔壁。

④夹泥或软弱夹层。泥浆或软弱中间层的夹杂是指将锯切混凝土与泥浆混合或形成可成型泡沫的软弱中间层。其形成的主要原因如下：当浇筑混凝土时，开口壁坍塌或开口太低，无法埋在混凝土中，黏土被喷射并混合到混凝土中。防治措施是注意改变混凝土表面的高度，注意埋在混凝土表面的最低孔的高度变化，注意埋在混凝土下面的最低孔的高度，并将混凝土浇筑到钢筋笼的缩孔中。

⑤流砂。在形成孔的过程中，孔底部有大量移动的沙子。砂移动的原因是孔外的水压大于孔内的压力，并且孔壁上的地面是自由的。当移动的沙子很强时，可以将其扔进碎砖、石块和黏土中，并用锤子冲洗到移动的砂层中，以防止移动的沙子流入。

装配式混凝土建筑施工技术

2.沉管灌注桩

沉管灌注桩是指利用锤击打桩法或振动打桩法，将带有活瓣式桩靴或预制钢筋混凝土桩尖的钢管沉入土中，然后边浇筑混凝土（或先在管内放入钢筋笼）边锤击或振动拔管而成。前者称为锤击沉管灌注桩，后者称为振动沉管灌注桩。

（1）锤击沉管灌注桩。锤击沉管灌注桩是采用落锤、蒸汽锤或柴油锤将钢套管沉入土中成孔，然后灌注混凝土或钢筋混凝土，抽出钢管而成。

锤击沉管灌注桩的施工方法如下：

施工时，先将桩机就位，吊起桩管，垂直套入预先埋好的预制混凝土桩尖，压入土中。桩管与桩尖接触处应垫以稻草绳或麻绳垫圈，以防地下水渗入管内。当检查桩管与桩锤、桩架等在同一垂直线上（偏差≤5%）即可在桩管上扣上桩帽，起锤沉管。先用低锤轻击，观察无偏移后方可进入正常施工，并检查管内有无泥浆或水进入，然后灌注混凝土。桩管内混凝土应尽量灌满，然后开始拔管。拔管要均匀，第一次拔管高度控制在能容纳第二次所需灌入的混凝土量为限，不宜拔管过高。拔管时应保持连续密锤低击不停，并控制拔出速度，对一般土层，以不大于 1 m/min 为宜；在软弱土层及软硬土层交界处，应控制在 0.8 m/min 以内。桩锤冲击频率则视锤的类型而定：单动汽锤采用倒打拔管，频率不低于 70 次/min，自由落锤轻击不得少于 50 次/min。在管底未拔到桩顶设计标高之前，倒打或轻击不得中断。拔管时应注意使管内的混凝土量保持略高于地面，直到桩管全部拔出地面为止。

为了提高锯的质量和负载能力，通常使用重启来扩展铸造锯。设计方法是在完成第一个单独的打入和拉动锯管的方法后，清除锯管外壁和锯孔周围地面上的泥土，立即将桩边缘放回桩的原始位置，然后第二次浸入管道，使未确认的混凝土在桩直径膨胀周围被压缩，然后浇筑第二次混凝土。拔管方法与第一次相同。在重复吹扫的施工过程中，应注意两个浸入管的轴线必须重合，并且必须在第一次浇筑的混凝土初凝之前进行重复吹扫。

（2）振动沉管灌注桩。振动沉管灌注桩是通过振动激励器或振动冲击锤将钢套管浸入地面成孔而成的灌注桩。浸没管的原理与振动浸没桩完全相同。

振动沉管灌注桩的作业方法如下：

施工时，应先安装桩机，关闭桩管底部的阀门，将其与桩的位置对齐，缓慢放置桩管，将其推到地面上，不要连接，然后运行振动器使管下沉。桩管浸入设计要求的深度后将停止振动，这时立即用混凝土桶填充管，并再次运行振动器，在振动时拔出管，并在拔管过程中继续向管中浇筑混凝土。

重复此操作，直到将所有桩管拉出地面，形成大块混凝土体。振动铸造桩可以通过单独振动、反向插入或复合振动的方法生产。

①单振法。在沉入土中的桩管内灌满混凝土，开动激振器 5～10 s，开始拔管，边振边拔。每拔 0.5～1.0 m，停拔振动 5～10 s。如此反复，直到桩管全部拔出。在一般土层内拔管速度宜为 1.2～1.5 m/min，在较软弱土层中，不得大于 0.8～1.0 m/min。单

振法施工速度快，混凝土用量少，但桩的承载力低，适用于含水量较少的土层。

②反插法。在桩管内灌满混凝土后，应先振动再开始拔管。每次拔管高度为 0.5～1.0 m，向下反插深度为 0.3～0.5 m。如此反复进行并始终保持振动，直至桩管全部拔出地面。反插法能扩大桩的截面，从而提高了桩的承载力，但混凝土耗用量较大，一般适用于饱和软土层。

③复振法。施工方法及要求与锤击沉管灌注桩的复打法相同。

（3）施工中常遇问题及处理。

①断桩。断桩通常发生在地下软土层和硬土层的交叉处，大多数发生在黏性土中，而很少发生在砂土和自由土中。断桩的主要原因如下：桩的距离很小，由于打入相邻桩时挤压的影响，锯体中的混凝土在最终调整后很快就会受到振动和外力，以及软土层和硬土层之间传递的各级水平力，这将对桩产生剪切压力。处理方法包括在验证是否有断桩后拔出部分断桩，稍微增加桩的切割面积或添加箍筋，然后再次浇筑混凝土。也可以在施工过程中采取预防措施，如在施工过程中检查摊铺中心距至少为摊铺直径的 3.5 倍，采用省略法或时间间隔控制法，使相邻摊铺混凝土达到结构强度的 50%，然后推进摊铺等。

②瓶颈桩。瓶颈桩是指桩的某一部分直径减小，看起来像"窄颈"，空间的横截面不符合设计要求。大部分出现在黏性土、软土、高含水量，尤其是饱和淤泥或淤泥质软土层中。桩超载的主要原因如下：当管道浸入含水量高的软土层中时，土壤被压缩，在孔隙中产生高水压，然后在拔出管道后压缩成新浇混凝土。管道的拉拔速度很快，混凝土量小，加工能力差，混凝土从管道中扩散差。处理方法如下：在施工过程中，管道中的混凝土应保持略高于地面，以便有足够的扩散压力。应采用复吹或重新插入的方法，并应严格控制管道的拉拔速度。

③吊脚桩。吊脚桩是指桩底混凝土与泥沙分开或混合形成自由层的桩。主要原因是预制钢筋混凝土柱端部的承载力或钢阀端部的刚度不够，在管道下沉过程中被破坏或变形，导致水或泥沙进入散装管道。拔管时，桩靴没有出来或阀门没有打开，混凝土没有及时流出管道。处理方法是拔出散装管道，然后在填充沙子后再次导入，或在拔管反向插入开始时，在正常拔管前多次采取密集振动和缓慢拔管等预防措施。

④桩尖进水进泥。桩尖处的水和污泥流入通常发生在地下水位高或含水量高的污泥层中。主要原因是钢筋混凝土锯末端与锯管或钢阀末端之间的连接不紧密，钢筋混凝土锯边缘断裂或钢阀边缘变形。处理方法是拔出散装管道，清除管道中的泥沙，缩小桩边缘钢阀的变形间隙，用黄砂填充散装孔，然后再次打桩。如果地下水位较高，当管道浸入地下水位时，应先将 0.5 m 厚的水泥砂浆倒入埋弧管中进行底部密封，浇筑 1 m 高的混凝土进行加压，然后继续下沉桩管。

3. 人工挖孔灌注桩

现场人工挖孔是指人工挖大孔、放置钢筋笼、浇筑混凝土形成的桩。其设计特点是设备简单、无噪声、无振动、不环境污染，对施工现场周围原有建筑物影响较小。其施工速度快，必要时可根据施工过程的要求确定同时开挖的锯孔数量，每个大孔可同时施工。同时，可直接观察地质变化，清除桩底沉渣，施工质量可靠。特别是当大直径桩用于高层建筑且场地位于狭窄的城市区域时，人工挖孔比机械挖孔更具适应性。然而，其缺点是劳动力消耗高、挖掘效率低、安全操作条件差等。一般来说，可以根据孔的直径、孔的深度和现场的具体情况选择施工设备。

（1）施工方法。为了确保沟槽的安全和孔的设计，在建造手动挖掘铸锯时，必须采取措施防止孔壁坍塌和移动沙子。因此，在施工之前，必须根据水文地质数据制定适当的保护措施和排水方案。护壁方法有很多，包括保护混凝土墙、保护砖砌体墙、保护钢包墙等。

①按设计图纸放线、定桩位。

②开挖桩孔土方。采取分段开挖，每段高度取决于土壁保持直立状态而不塌方的能力，一般取 0.5～1.0 m 为一施工段。开挖范围为设计桩径加护壁的厚度。

③支设护壁模板。模板高度取决于开挖土方施工段的高度，一般为 1 m，由 4～8 块活动钢模板组合而成。

④放置操作平台。内模支设后，吊放用角钢和钢板制成的两半圆形合成的操作平台入桩孔内，置于内模顶部，以放置料具和浇筑混凝土操作之用。

⑤浇筑护壁混凝土。护壁混凝土起着防止土壁塌陷与防水的双重作用，因而浇筑时要注意捣实。上下段护壁要错位搭接 50～70 mm（咬口连接）以便起连接上下段之用。

⑥拆除模板继续下段施工。当护壁混凝土达到 1 MPa（常温下约经 24 h 后），方可拆除模板，开挖下段的土方，再支模浇筑护壁混凝土，如此循环，直至挖到设计要求的深度。

·⑦排出孔底积水，浇筑桩身混凝土。当桩孔挖到设计深度，并检查孔底土质已达到设计要求后再在孔底挖成扩大头。待桩孔全部成型后，用潜水泵抽出孔底的积水，然后立即浇筑混凝土。当混凝土浇筑至钢筋笼的底面设计标高时，再吊入钢筋笼就位，并继续浇筑桩身混凝土而形成桩基。

（2）安全措施。应特别注意人工挖孔桩施工的安全性。在锯孔内作业时，工人必须严格遵守安全操作规程，并有切实可靠的安全措施。开口下方的操作人员必须佩戴安全帽。支撑墙应高出地面 150～200 mm，以防滚入孔内。应急软楼梯必须放置在开口处。供上下行走人员使用的电动葫芦和吊笼应安全可靠，并配备自动安全装置。不得使用麻绳和尼龙绳上下悬挂或推动井壁法兰。使用前必须检查安全起重能力。每天开始工作前，应检测地下室中的有毒有害气体，并采取适当的安全措施。当锯孔的挖掘深度超过 10 m 时，必须有一个特殊装置向地下室供气。

开口周围必须安装防护栏杆。开挖土石方应及时运出洞口，不得堆放在洞口周围 1 m 处，机动车辆通行不得影响轴壁安全。

现场所有电源和电路的安装和拆卸必须由授权电工进行。电器必须严格接地，并使用漏电保护器。必须关闭每个孔的电源，严禁使用多个开关。孔内电缆应大于 2.0 m，严禁拖地和埋入地下。孔内电缆和电缆应防止磨损、受潮和破损。照明时，应使用上部

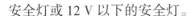

安全灯或 12 V 以下的安全灯。

4.爆扩成孔灌注桩

膨胀爆炸桩是通过钻孔或膨胀爆炸的方法在现场浇筑的桩，将炸药放置在孔底部，浇筑适量的混凝土，然后燃烧，以在孔底部形成扩大头。孔中的混凝土落入孔底部的空腔中，然后放置钢筋骨架，并从桩体中浇筑混凝土。

加长爆破桩对黏性土层有良好的作用，但在软土地基和砂土上不易形成，桩长（H）一般为 3 ~ 6 m，最大不超过 10 m。扩大头直径 D 为（2.5 ~ 3.5）d（d 为桩身直径）。这种桩具有成孔简单、省力、成本低的优点，但质量不便于控制，设计要求严格。

（1）施工方法。爆扩桩的施工一般可采取成孔和爆扩大头分两次爆扩形成。

①成孔。爆扩桩的成孔方法可根据土壤条件确定，一般包括手动成孔（铲或手动钻孔）、机钻成孔、套管成孔和膨胀爆炸成孔。其中一种方法是使用钢铲或钻头将炸药膨胀到孔中，钻一个直孔，当地面较差且地下水较高时，直径通常为 40 ~ 70 mm，孔直径约为 100 mm，然后将安装在直孔玻璃管中的爆炸膜捡起，并在管中连续放置两个雷管。桩孔是在燃烧和清除积聚的土壤后形成的。

②爆扩大头。扩大头应使用硝酸铵炸药和电雷管进行膨胀，同一项目应使用相同类型的炸药和雷管。根据结构要求的膨胀头直径，通过现场测试确定爆炸剂量。药包应使用塑料薄膜等防水材料紧密包装，并用防水材料密封。药袋应包裹在一个细长的球中，以使头部扩大的区域更大。最好在药筒中心平行放置两个雷管，以确保顺利爆炸。用绳子把药包中心吊下来，放在洞底的中间。如果孔中有水，可以压下砝码以防止漂浮。药包中心放置好后，用 150 ~ 200 mm 厚的沙子填充，以确保药袋不会从混凝土中断裂。将一定量的混凝土倒入桩孔后，引爆扩大头。

（2）施工中的常见问题。

①拒爆。拒爆又称"瞎炮"，这意味着弹药在激活和引爆时不会爆炸。主要原因是炸药或雷管储存不当、液体故障、水无法进入弹药筒、电缆断裂、接线不正确等。

②拒落。拒落又称"卡脖子"。主要原因是混凝土颗粒尺寸过大，落差过小，混凝土的压力爆破浇筑量过大，混凝土在爆炸时开始凝结，爆炸后收缩。

③回落土。在形成大孔后，地面塌陷是由于孔壁的松散和软弱地面、相邻桩的振动爆炸和膨胀的影响、接受爆炸和膨胀形成孔时对口部的不当处理以及冲洗和小便雨水造成的孔壁坍塌和孔底后的坠落。如果锯孔底部有一滴土，膨胀头混凝土和完整支撑层之间将形成一定厚度的自由土层，因此桩将具有更大的安装价值，或者由于混凝土中混合了大量土壤，其强度将显著降低。因此，必须重视落土的防治。

④偏头。偏头是指延伸头不在散装孔的指定位置，而是在一侧之前。主要原因是扩大头处的土质不均匀、药包的位置不正确。扩头偏心头出现后，整个扩底爆破桩的力学性能将发生变化，处于非常不利的状态。因此，应充分重视设计。

（二）装配式建筑基础定位钢筋施工

在预制建筑基础的施工中，必须安装钢筋和楼板，以确保基础与墙和柱上部之间的精确连接。施工前，应检查钢筋备用位置的长度是否准确，并进行修复。

基础的专属接头钢筋对应于墙段和柱段的整体管道。在精确插入管道的所有管道后，构件将缓慢下落，最后进行浇筑。

（三）混凝土灌注桩常见问题及处理

1. 灌注桩施工工具和工艺选择不当

在地基处理中，现场混凝土灌注桩因为具有机具设备、工艺不太复杂、承载力高、施工振动噪声小、施工速度较快和造价较低等优点，在工业与民用建筑工程中得到了广泛的应用。灌注桩的施工机具、工艺方法种类较多，因此正确选用工具对确保工程质量、加快工程进度和节约资金都有很重要的意义。

各种灌注桩施工机具设备及施工工艺方法都有一定的使用条件。各地因为地质、水文条件、工程对象千变万化，所以为符合"多快好省"的原则，应根据不同工程的地质、水文情况及工地施工机具、技术条件，选择、使用不同成桩机具设备和工艺方法。

通常来讲，对于杂填土、黏性土、较软弱的淤泥质土和稍密及松散的砂土，其深度在 15 m 以内。对于地下水不丰富的情况，因为成孔易于缩孔，最好采用振动或锤击沉管灌注桩方法成孔；当遇软弱土层，最好采用复打法。

对于一般性黏土、粉质土、无地下水，直径 250 ～ 400 mm，深度在 10 m 以内，最好选用钻孔灌注桩成孔工艺、施工速度较快，一台螺旋钻孔机每班可完成 10 ～ 15 根桩。

对于地质坚硬的卵石、砂砾石等地层，选用振动沉管机或螺旋钻孔机成孔都不能满足要求。这时最好选用 0.5 ～ 3.0 t 的冲击钻成孔，设备、工艺都比较简单。这种成桩方法的缺点是孔形常不规整，成孔速度慢，现场泥浆泥泞严重，污染环境。

对于直径大于 0.6 m 的灌注桩，地质为黏性土、淤泥质土及砂土，地下水较丰富，可采用潜水电钻成孔，泥浆护壁，正循环排渣。若地质良好，地下水少，直径在 1.2 m 以上，也可采用人工挖孔，用混凝土护壁，可直接放钢筋笼，浇筑混凝土成桩，无需复杂的机具设备，施工简便，但成孔施工速度较慢，尤其是要有一定的安全技术措施。为了加快进度，通常可同时开挖多个桩孔，间隔成桩，在一般土质良好的情况下，净距可达 3.5 m。对于直径在 0.6 m 以下、深度在 5 m 以内且地下水位以上的黏性土、黄土、碎石土及风化岩，也可以选用爆扩成孔。

2. 泥浆护壁成孔时出现塌孔

钻、冲孔灌注桩的塌孔是指孔壁局部坍塌或严重时引起桩孔周边土体下陷，护筒倾斜无法直立。产生坍塌后，应先将钻头提上地面，迅速将桩架撤离，以防止设备倾倒事故。

钻、冲孔灌注桩塌孔是严重的事故。在施工中，应当认真分析地质情况，配备适宜

的泥浆，控制钻进速度。总而言之，应做到以预防为主。预防措施如下：

（1）做好地表排水系统，地表水不得大量渗入土层中。

（2）在松散砂土、砂卵石或流塑淤泥质土层中钻进时，应控制较慢进尺。

（3）选用较大密度、黏度、胶体率的优质泥浆护壁，或投入黏土掺片石、卵石，低锤密击，使黏土膏、片、卵石挤入孔壁。

（4）若在岩溶地区施工，应在现场备用大量的片石、黏土块或黏土包。

（5）若地下水位变化大，应采取升高护筒、增大水头等措施。

（6）成孔完成后，应当在短时间内进行混凝土浇筑工作。

（7）安放钢筋笼时，应避免碰撞孔壁导致塌孔。

应按照不同的施工阶段，采取下列不同的塌孔的治理方法：

（1）成孔、清孔阶段。如果是泥浆出现渗漏或快速大量漏失，应抛入片石、黏土块或黏土包，同时迅速注入大量泥浆保持液面稳定或加深护筒，将护筒的底部贯入黏土中。其他原因造成的塌孔，应通过加大泥浆密度或回填和砂混合物到塌孔位置以上 $1 \sim 2$ m。若塌孔严重，应全部回填，待回填物沉积密实后再重新成孔。重新成孔时，应采用黏度和胶体率较大的优质泥浆，严格控制钻进速度或采取小冲程（$0.5 \sim 1.0$ m）。

（2）钢筋笼就位后浇混凝土前发生坍塌，应该想办法将钢筋笼吊出地面，再按上述方法处理。

（3）若浇筑混凝土过程发生坍塌，只要浇筑混凝土工作还能继续，就应继续浇筑，待混凝土达到龄期时，通过各类检测方法对桩身混凝土缺陷进行验证；补强后还能使用的桩，应进行补强处理，否则按废桩处理。

3. 泥浆护壁成孔时，钻孔偏移、倾斜

桩架不稳，钻杆导架不垂直，钻机松动，或土层软硬不均以及冲孔机械成孔时，对遇到的探头石或基岩倾斜未做处理等原因，都会引起孔位偏移或孔身倾斜。

为防止这种情况出现，可采取下列措施：将桩架重新安装牢固，并对导管架进行水平和垂直校正，及时检修设备，如有探头石时，宜用钻机钻透，并用冲孔机，低锤密击，将石头打碎后，再继续恢复正常冲击。当基岩倾斜时，应投入块石，使表面略平，再用锤密击。当偏斜过大时，应填入石子黏土，重新钻进，并严格控制钻进，慢速提升下降，往复扫孔，进行偏位纠正。

4. 在稳定性差的土层中采用空气吸泥清孔

钻、冲孔灌注桩的清孔方法通常有两种：一种是压缩空气吸泥清孔法，另一种是泥浆循环清孔法。

（1）压缩空气吸泥清孔法。压缩空气吸泥清孔法是利用空压机压缩空气，将压缩空气输送至桩内排泥管（一般到桩底）的底部，使排泥管形成真空，让桩孔内泥浆从桩底通过排泥管排出桩外，清除桩底内沉渣和置换泥浆，从而达到清孔的目的。这种方法通常用在地质条件较好且不易塌方的大口径桩孔。在稳定性差的软弱、松散土层中，应采用空气吸泥清孔，因为吸力作用会扰动土壁，造成坍孔。对孔壁稳定性差的桩孔，应用泥浆泵吸正循环、泵举反循环或抽渣筒清孔。

（2）泥浆循环清孔法。泥浆循环清孔法是将泥浆通过钻杆从钻头前端高压喷出，携带泥渣一同上升至桩孔顶排出。对于大口径桩孔，此法泥渣上升速度慢，泥渣容易混在泥浆中，使泥浆的相对密度增大。因此，通常在此之前先用抽砂筒排渣，把桩底大量泥渣快速排出。这种方法通常用在地层稳定性差的桩孔或小直径桩孔。

清孔的要求如下：

①清孔过程中，不管采用哪种方法，都必须有足够的泥浆补给，并保持孔内泥浆液面的稳定。

②使用钻机成孔时，可选用泥浆循环法清孔，钻头提高 20 cm 空转，压入泥浆循环。

③使用冲机成孔时，可选用泥浆循环法清孔，应将泥浆管口挂在冲锤上，在桩孔底1.0 m 范围上下拉动，同时不断压入符合指标要求的泥浆。

④清孔后，在孔底 50 cm 范围的泥浆密度应当控制在 1.15 ~ 1.25。

⑤清孔时，在浇混凝土前，沉渣允许厚度应符合规范和设计要求。通常沉渣厚度的允许值是端承桩 ≤ 50 mm，摩擦桩 ≤ 150 mm。

5. 钢筋笼偏位、变形、上浮

混凝土浇筑时，钢筋笼上浮，会使钢筋笼变形、保护层不够、深度及位置不符合设计要求。因此，当钢筋笼过长时，应分 2 ~ 3 节制作，分段吊放、分段焊接或设加劲箍加强；在钢筋笼部分主筋上，应每隔一定距离设置混凝土垫块或加焊耳环控制保护层厚度；桩孔本身偏斜、偏位应在下钢筋笼前往复扫孔纠正；孔底沉渣应置换清水或以适当密度的泥浆清除；浇筑混凝土时，应将钢筋笼固定在孔壁上或稳压住；混凝土导管应埋入钢筋笼底面下 1.5 m 以上。

6. 桩孔底部不清理，沉碴厚度超过规定

灌注桩成孔后，孔底常积有较多沉渣，如不清除，或仅进行简单清孔，沉渣厚度仍超过规范允许的沉渣厚度，成桩后会降低桩的承载力，致使建（构）筑物附加沉降大。清沉渣方法如下：对冲击钻（冲抓锥）成孔，可使用底部带活门的钢抽渣筒，反复掏渣，将孔底淤泥、沉渣清除干净；密度大的泥浆借水泵用清水置换使密度控制在 1.15 ~ 1.25 t/m³。对回转钻（潜水电钻）桩孔，可选用循环换浆法，即让钻头继续在原位空转，将泥块破碎成细小颗粒，继续注水，用反循环方式清水换浆（系原土造浆）。若土质较差，则宜用泥浆循环清孔，使泥浆密度控制在 1.15 ~ 1.25 t/m³，并保持浆面稳定；若孔壁土质较好，则可用空气吸泥机用正循环方式清孔，排除沉渣。清孔通常在钢筋笼安装前进行，在下钢筋笼后，混凝土浇筑前，再测一次孔底沉渣厚度，若不符合要求，则进行二次清孔。测孔底沉渣厚度通常用优质测绳下挂 0.5 kg 重铁砣或用沉渣仪进行。

7. 湿作业成孔灌注桩的导管堵塞

在建造液体钻孔桩时，有时会堵塞管道。如果震颤被拔出，震颤下降，再次浇筑混凝土，新混凝土和原混凝土之间将出现一层黏土绝缘层，导致桩断裂。如果该桩被视为断桩，并且在管道堵塞后没有采取进一步的纠正措施，就会给施工公司带来巨大的经济损失。有时桩的距离很小，这给填充桩带来了一些困难。下面总结了导管阻塞后的不同处置方法：

（1）如果该区域内有钢轨或其他重物，可通过钻机提升起重设备，以冲洗堵塞的混凝土。

（2）如果上述方法不可行，则可以拔出、浸入，再次降低管道，并将其插入旧混凝土中，直到可以插入。如果该区域有污水泵，则运行管道，将所有泥浆泵入管道，然后再次浇筑混凝土。新混凝土可以与原混凝土很好地结合，并且在界面处不会混合，这不会导致桩断裂。

（3）如果该区域有高压水泥浆泵，在拔出管道并下沉后，应将管道重新安装到混凝土中，直到可以插入，然后将高压泵管道从管道降到混凝土表面，放入混凝土中，最后用高压泵注入水泥黏土。

8. 出现缩颈（淤孔）

原因是管道被很快地拔出，局部地幔周围土壤颗粒之间的水和空气不能快速扩散，产生孔隙压力，将局部桩推入颈部。或者因为周围的土壤在爆破过程中立即被压缩，形成一个球颈，混凝土立即被填充。在直桩和研磨的交叉处，由于喷嘴对土壤的压缩，直桩的直径被压缩得很小，从而形成颈部。

为了防止颈部的形成，可以快速钻孔，快速浇筑混凝土，并完成颈部前方爆炸性膨胀桩的所有工作。对于土质较差的孔，可以向孔内填充干土粉或石灰石粉，将水分吸收到土壤的软层中，并稳定孔壁；也可以在回填孔内各层黏性土后形成孔，或者在钻孔期间和钻孔完成后浸入套管壁的保护。如果相邻锯的爆炸传播受到影响，可以采用多组锯的联合爆炸。对于较轻的颈部，可使用挖土工具进行修复。如果颈部较重，建议使用成孔机重新启动盖，并使用不拉动盖的爆炸延伸方法来延伸大端，然后进行具体施工。在爆炸膨胀之前，也可以在质量孔的狭窄颈部放置一定的爆炸带，填充其周围的混凝土，并与扩大的头部同时爆炸，以移除狭窄的颈部。

第八章　装配式混凝土建筑施工技术

第一节　装配式框架结构施工流程

一、建筑施工基本建设程序

基建过程是建设项目从设计、施工到竣工、运营必须遵循的工作联系和顺序。这是由大量技术程序总结而成的机械设计的客观规律，反映了机械施工各个阶段之间的内在关系，是参与施工工程的所有相关部门和人员必须遵循的过程。

工程基本建设主要包括项目建议书阶段、可行性研究阶段、初步设计阶段、技术设计阶段、施工图设计阶段、建设准备阶段、施工阶段、竣工验收阶段和后评价阶段。

（一）项目建议书阶段

项目建议书也称为项目启动请求或项目启动报告。根据国民经济发展、国家和地方中长期规划、产业政策、生产力组织、国内外市场以及项目所在地的内外部条件，建筑单位为特定新建筑和项目扩建设计的项目设计文件从宏观角度讨论了项目创建的必要性和可行性，这是拟议项目的总体框架案例。

项目建议书特别包括以下内容：项目建设的必要性和依据；产品设计初步思路、设计规模和场地；初步分析来源、建设条件和合作关系；投资和融资评估；经济、社会和环境效益初步评估。

项目建议书编制完成后，提交相关服务部门审批，然后进入可行性研究阶段。

（二）可行性研究阶段

可行性研究是对项目在技术上是否可行和经济上是否合理所进行的科学分析和论证。

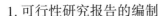

1. 可行性研究报告的编制

可行性研究报告的编制应由与项目水平和专业知识相对应的设计、设计和技术咨询单位进行。可行性研究报告的主要内容因项目性质而异，但通常包括以下几点：项目背景和依据；估计需求、产量、产品体系、市场预测和确定依据；工艺流程、主要设备及生产标准；资源、原材料、能源、交通、供水和公共设施；建设条件、场地、项目分布方案、占地面积等项目建议书及配套合作条件；环境保护、设计、抗震、防洪等要求和适当措施；施工时间要求和实施进度；生产组织、劳动定额和员工培训；投资评估和财务计划；财务和国民经济评估；经济、社会和环境效益评估。

2. 可行性研究报告的论证

报告编制完成后，项目建设单位应委托有相应资质的单位进行评估和论证。

3. 可行性研究报告的审批

建设单位应向项目审批机构提交可行性研究报告和其他程序文件供审批。可行性研究报告经批准后便不得随意修改或变更，在主要内容上有重要变动，应经原批准机关复审同意。只有在可行性研究报告获得批准后，项目才能获得正式批准。

（三）初步设计阶段

初步建议书的目的是根据批准的可行性研究报告和精确的设计原理，对设计对象进行全面研究，并在规定的地点、时间和投资控制数内澄清拟建项目的技术可行性和经济合理性。最后，应根据设计对象的基本技术规定编制项目总预算。

初步设计文件通过后，总平面布置、主要工艺、主要设备、场地、建筑结构、总预算等不得随意修改或变更。经批准的初步设计是项目部实施建筑方案的重要依据。

（四）技术设计阶段

对于一些施工复杂、技术要求高、施工难度大的工程，也应在初步设计的基础上进行技术设计。

技术设计阶段是指在某些技术复杂或有特定要求的建设项目中增加的设计阶段，以进一步确定初步设计中使用的建筑和结构中的工艺流程和主要技术问题，纠正设备的选择、建设范围和一定的技术经济指标。技术建议书应根据批准的初步设计文件起草。其内容取决于项目的特点，其深度应满足设计、相关科学试验和设备制造中主要技术问题的要求。在技术设计阶段，应在设计的一般初步评估的基础上制定修订的一般评估。技术设计文件应提交主管当局批准。

（五）施工图设计阶段

施工图设计是根据经批准的初步设计要求，结合施工现场的实际情况，充分实现建筑的形态、内部空间布局、施工体系、施工情况、施工队伍的组成和环境协调，以及设计各种交通工具、通信、管道系统和施工设备。在技术方面，应明确各种设备的型号和规格，以及各种非标准设备的制造和加工工艺。

建筑规划设计完成后，建筑单位应当向有关建筑行政主管部门提交建筑规划，并向有关审查机构发出指示，审查结构安全和强制性标准规范的执行情况。一旦建筑平面图得到审查和批准，未经授权便不得修改。

（六）建设准备阶段

建设准备阶段的主要内容是成立设计部门、购买土地、拆迁，"三交一平"（水、电、路、场地平整），以及组织材料和设备的订购。它涉及建筑工程质量监督程序；分配项目监督；准备必要的图纸；组织施工招标，确定施工单位；申请建筑许可证；等等。应根据规定进行施工准备，满足开工条件后，建筑单位提交开工申请。

（七）施工阶段

项目获批开工后，项目进入建设阶段。项目开工时间是指任何永久性项目首次正式开工的日期。

在确保工程质量、施工时间、成本、安全、环保等目标的前提下，应按照工程设计、施工合同条款和施工组织设计的要求进行施工和组装活动。

（八）竣工验收阶段

工程竣工验收是指根据国家有关规定和法律，按照工程规划文件的要求和合同约定的内容完成工程，建设单位收到工程建设、消防、设计、环境保护、城市建设等质量验收文件或许可文件后，组织工程竣工验收，编制工程验收报告。采用集成是投资成果转化为生产或利用的标志，也是对基本建设成果、设计控制和工程质量进行综合评价的重要环节。

工程竣工交付验收必须满足以下要求：工程已按设计要求竣工，并能满足生产和使用要求；主要工艺设备的配套设备已通过负荷试验，形成生产能力，能够生产设计文件规定的产品；生产准备可以满足生产需要；环保设备、职业健康安全设备和消防设备已按设计要求完成并与主体工程同时使用。

（九）后评价阶段

后评价是国家对一些重大建设项目在竣工验收若干年后所进行的一种系统而又客观的分析评价，用以确定项目的目标、目的、效果和效益的实现程度。这主要是为了总结项目建设成功和失败的经验教训，供以后项目决策借鉴。

二、装配式混凝土框架结构施工

预制混凝土框架结构作为工业建筑的生产方式，是一种重要的建筑体系，由于其施工速度快、经济效益和环境效益好，越来越受到设计者和业主的重视。

（一）预制全装配式混凝土框架结构施工准备

1. 材料及主要机具选择准备

预制钢筋混凝土梁、柱、板和其他构件必须具有出厂合格证。构件的规格、型号、部位、数量、外观质量等应符合设计要求和《预制混凝土构件质量检验评定标准》（GBJ 50204—2002）的规定。水泥应使用普通硅酸盐水泥。不得使用矿渣水泥或酸洗水泥。石料含泥量不大于 2%，中砂或粗砂含量不大于 5%。焊条的选择应符合设计要求和焊接工艺的相关规定，包装整齐，无锈蚀和水分，并具有产品合格证和使用说明书。模板应根据设计要求和所需规范进行充分准备，并涂上脱模剂。主要机具有起重机械、烘干箱焊条、电焊机及支撑设备、碎块环、钢丝绳、柱锁环、花篮整流器、滑绳、支架、板钩、经纬仪、塔尺、水平尺、铁臂杆、导板、落链器、千斤顶、撬棍、钢尺等。

2. 施工进场准备

根据设计图纸和加工单附件，检查进场的防腐钉棒零件的型号、数量、规格、比强度、整体铁件、位置和数量是否与设计图纸相符，是否有该零件的出厂合格证。将轴（中心线）拉到元件上，即安装位置线并指定方向、轴号和高度线。柱的轴应从 3 个侧面夹紧。除断开一层柱轴线外，还需要在 3 个侧面标记 ±0.00 条水平线，并断开整体部分中线的对角线。拉动梁两端的轴，并使用轴控制安装和位置。在连接和锚固构件的结构部分施工后，安装楼板柱网络的轴线和高度控制线，抹灰顶柱和底柱接缝的重叠层。钢安装板必须整合并调平，其高度必须校准。根据施工组织方案选择起重机械进入现场，并通过测试验证其是否符合安全生产规定。只有在准备好提升装置后，才能将其放置在提升中。

（二）预制全装配式混凝土框架结构工艺流程

1. 柱子吊装

一般来说，柱沿着纵轴向前推进，并逐层执行流动功能。每层从一端开始，以限制重复操作。应将立柱安装部位清理干净，清除高于内置定位钢板的松散混凝土和胶水，检查立柱和安装板的位置以及起吊和锚固轴线是否符合设计要求。检查顶部和底部主筋从预悬柱中伸出，根据设计长度切除多余部分，并确保柱接头的小安装头顺利放置在安装钢板上。将突出底部的主筋拉直，使其与底柱钢筋紧密连接，以便焊接。立柱提升点的位置和数量由立柱的长度和切口的形状决定。一般情况下，正扣用于紧固，吊点选择在柱顶部 600 mm 处，用于紧固特殊柱环，要将钢丝绳环锁在柱环下方，吊绳应直

| 213 |

接位于吊点上方。缓慢起吊,拉紧吊绳后暂停起吊,及时检查自动断环的可靠性,避免跳闸。为了在提升到位时控制来回摆动,应将滑动绳连接到立柱底部,检查各部分的连接,只有在正确后才能提升。

2. 梁吊装

按照施工方案规定的安装程序,将相关型号、规格的梁拼装在一起,两端的轴(或中心线)必须固定,两端伸出的钢筋必须调直。立柱吊装后,在间隔内先吊装远光,再吊装侧梁,在间隔内拆除底板。根据施工方案中规定的设计或吊点锚固和锁定绳索。需要注意的是,吊绳角度不得小于45°。如果使用吊环起吊,必须同时连接安全绳。从袋子底部提起时,必须用安全环牢牢固定。挂好钩绳后,缓慢吊起,拉紧钩绳,当钩绳离地约 500 mm 时停止攀爬,进入现场前仔细检查吊带是否牢固,紧固是否安全可靠。起吊前,再次检查钢柱头垫的高度和位置是否符合安装要求。应找到立柱顶部的安装轴和梁上的轴之间的关系,以便正确定位梁。梁的两端必须由支柱牢固支撑。梁两端中心线的下部必须与柱顶部的定位杆对齐。再次从支架上轻轻提起起重机,操作员将其两端牢牢握住,目视与轴对齐,平稳放下吊钩,缓慢放置,然后将梁底部的轴线与立柱顶部的轴线对齐。

3. 梁、柱节点处理

混合器采用预制焊接密封环的整个密集区域的尺寸空间。直径、数量、135° 弯钩平直部分长度等应符合设计要求和设计规范的规定。组合梁的上部铁件必须用焊接封闭安装环安装,以检查主筋柱上下接头的正确位置。梁钢筋和柱的锚固和焊接长度应符合设计图纸和抗震规范的要求。上部角柱接头处梁的上部钢筋必须由梁的下部钢筋焊接,其余上部钢筋必须由柱顶部的整体锚固钢筋紧密焊接。立柱顶部的锚筋呈对角并紧密焊接。公共空间可通过补偿混凝土收缩浇筑,其程度也必须比柱混凝土高 10 MPa。

4. 楼板或屋面板安装

采用支撑硬架模板或直线定位的方法,根据设计在捆的侧面绘制板和板缝的位置线。清洁梁或墙的上表面,检查高度,再次检查轴,然后将所需的板提升到位。本层所有梁、柱、板安装完毕后,将竖向钢筋插入梁内,水平钢筋与柱内预埋铁(钢板)紧密焊接。

第二节　预制装配式混凝土框架结构施工技术

一、混凝土结构工程简述

(一)模板工程

1. 模板的基本要求和种类

机械模板施工涉及模板的选材、选型、设计、施工、组装、拆除、周转等过程。模板工程是混凝土结构工程的重要组成部分,尤其是在浇筑工程混凝土结构的施工中,它决定了施工方法和施工机械的选择,直接影响施工时间和成本。

模板系统由三部分组成：模板、支架和连接件。它可以确保浇筑过程中混凝土的形状和尺寸正确，是硬化过程中保护和维护混凝土的工具。因此，模板和支架必须满足以下要求：确保工程结构和附件的形状、尺寸和相互位置正确；其承载能力、刚度和稳定性足以可靠地承受新浇筑混凝土的相同重量、侧向压力和结构荷载；结构简单，拆装方便，适用于钢筋绑扎安装和混凝土浇筑养护。

　　近年来，越来越多的工程要求浇筑在平整的混凝土表面，这对模板提出了新的要求：首先，模板表面必须具有一定的硬度和耐磨性、抗冲击性、耐碱性、耐水性和耐热性；其次，模板必须具有大面积、轻且均匀的表面，并且可以浇筑到表面光滑的清水混凝土中。

　　随着新结构、新技术和新工艺的采用，模板也在不断发展。其发展方向是结构从无定形到定型。随着模板混凝土结构的发展，模板逐渐实现了定型、组装和仪表化，降低了工程成本，加快了工程进度。

　　2.模板搭设和拆除的基本要求

　　梁或板的跨度应等于或大于4 m，应使梁或板底模板起拱，防止新浇筑混凝土的荷载使跨中模板下挠。如设计无规定时，起拱高度宜为全跨长度的1/1 000～3/1 000（木模板为1.5/1 000～3/1 000；钢模板为1/1 000～2/1 000）。

　　拆除模板的日期和混凝土的强度、每个模板的用途、结构的性质和混凝土硬化时的温度有关。及时拆除模板可以提高模板周转效率，为下一步工作创造条件。然而，当模板很早拆除时，混凝土由于强度不足，无法承受自身重量或外力而变形甚至断裂，将会导致严重的质量事故。混凝土强度能够确保其表面、边缘和角度不会因拆除而受损时方可拆除侧模。

　　一般来说，拆除模板的顺序是先拆除侧模，然后拆除底模。对于大型复杂模板的拆除，应提前制定模板拆除计划。对于肋形楼板，其拆模顺序一般是柱模板→楼板底模板→梁侧模板→梁底模板。

　　多层楼板模板支架的拆除应按下列要求进行：上层楼板正在浇筑混凝土时，下一层楼板的模板支架不得拆除，再下一层楼板模板的支架仅可拆除一部分；跨度在4 m及4 m以上的梁下均应保留支架，其间距不得大于3 m。

　　拆除模板时，应尽量避免损坏混凝土表面或模板，以防止整个砌块掉落和人员受伤。当可拆卸模板中有钉子时，钉子尖端应向下，以避免脚钻。拆卸后，必须及时清洗和维修，并按型号和尺寸堆放，以备下次使用。对于具有可移动模板和承重结构的混凝土，只有在其强度达到标准结构强度值后才允许承受所有操作荷载。如果支座结构荷载的影响比使用荷载更不利，则必须计算并添加临时支撑。

（二）钢筋工程

1.钢筋的验收与存放

如果将辅助材料转移到施工现场，则必须严格按照批次、类别、品牌、直径和长度进行储存，并且必须注明数量，不得混淆。应在仓库或区域周围开挖排水沟，以便于排水。堆放钢筋时，应使用木材覆盖，木材距离地面不应小于 200 mm，以防止钢筋腐蚀和污染。最终钢筋应根据项目名称、零件名称、位置、钢筋类型、尺寸、钢材质量、直径和数量分别堆放。同时，应注意不要接近产生有害气体的实验室，以避免钢筋受到污染和腐蚀。

2. 钢筋冷加工

钢筋冷加工包括冷拉、冷拔和冷轧。冷加工的目的是提高钢筋的结构值，节省钢材，满足预应力钢筋的需要。

（1）冷拉。冷拉可提高屈服强度，节约材料，将热轧钢筋用冷拉设备加力进行张拉，经冷拉时效后使之伸长。冷拉后，屈服强度可提高 20% ～ 25%，可节约钢材 10% ～ 20%。

（2）冷拔。冷拔工艺比纯拉伸作用强烈，钢筋不仅受拉，而且同时受到挤压作用，经过一次或多次冷拔后得到的冷拔低碳钢丝的屈服点可提高 40% ～ 60%，其抗拉强度高、塑性低、脆性大，具有硬质钢材的特点。

（3）冷轧。冷轧是将圆钢在轧钢机上轧成断面形状规则的钢筋，可提高其强度及其与混凝土的黏结力。

（三）混凝土工程

1. 混凝土制备

（1）小型混凝土搅拌机械。自 20 世纪初以来，由机车驱动的滚筒式混凝土搅拌机开始出现。20 世纪 50 年代后，人们引进并逐步发展了具有反向卸料和卸料倾斜的双锥搅拌机和分鼓式搅拌机。径向布置的搅拌叶片布置在单独混凝土搅拌机搅拌筒的内壁中。在操作过程中，混合鼓绕其水平轴旋转，并将材料添加进去。搅拌筒由叶片提升到一定高度，然后从自身重量上掉落。落地式混凝土搅拌机结构简单，一般主要用于搅拌塑性混凝土。

20 世纪 70 年代以后，随着轻电池的使用，出现了一种带强制槽的圆形横轴混合器，它分为单横轴式和双横轴式，具有独立和强制混合的特点。其搅拌叶片线速度低，耐磨性好，能耗低，发展迅速。强制混凝土搅拌筒内轴的旋转臂上装有搅拌叶片，搅拌叶片和物料进入搅拌筒时就会形成对角物流。

（2）混凝土搅拌站。主要由搅拌主机、物料称量系统、物料输送系统、物料贮存系统和控制系统等五大系统和其他附属设施组成。

2. 混凝土运输

随着现代工业的兴起，以混凝土为基础的施工方法已成为建筑业的主要结构之一，在各种工程结构中占有很大份额，这使得混凝土机械的耐久性得到发展，并有不断增长的趋势。混凝土牵引泵（简称牵引泵）是用于混凝土结构中运输和浇筑的各种混凝土机械之一。

该泵车是一种利用压力沿管道连续输送混凝土的机器，由泵体和输送管道组成。按设计形状分为活塞式、挤压式和液压隔膜式。泵体安装在汽车框架上，然后配备可伸缩或扭曲的布料杆，形成泵车。

3. 混凝土浇筑

混凝土浇筑包括分布、找平、压缩、抹灰和修整。它对混凝土的密实度和耐久性、结构的完整性和形状的正确性具有重大影响。

混凝土浇筑的一般要求如下：施工准备工作必须根据工程主体、结构特点，结合特殊情况，研究制定混凝土浇筑施工方案；搅拌机、运输车、料斗、滚筒、振动器等机器和设备应根据需要做好充分准备，并考虑故障时的维修时间；所有使用的机器和工具必须在铸造前进行检查并投入使用；确保水、电和原材料的供应；管理天气和季节变化，准备必要的泵送设备和材料，以在铸造过程中防雨、防热和防寒；检查模板、支架、钢筋和整体部分是否符合设计要求；检查安全装置和分工是否合适，是否能够满足浇筑速度等要求。

4. 混凝土密实

浇筑后，必须对混凝土混合物进行压缩，以达到特定产品或结构的特定形状和内部结构。混凝土的强度、抗冻性、抗渗性和耐久性与密实浇筑的质量有关。

压实和成型混凝土有三种方法：一是使用外部机械力（如机械振动）克服混合物的稠度和内摩擦，并液化和压缩；二是适当增加混合物中的水消耗，以提高其流动性并促进其形成，然后通过离心、真空模式去除多余的水和空气；三是向混合物中添加高效减水剂，以显著增加其坍落度，使其自流成型。

5. 混凝土养护

浇筑和压缩后的混凝土会逐渐变硬，这主要是由于水泥的水化，这需要足够的湿度和温度。如果天气温暖、空气干燥、养护不及时，混凝土中的水蒸发过快并脱水，使形成凝胶的水泥颗粒不能充分水合，不能转化为稳定的晶体，并且没有足够的黏结强度，就会导致混凝土表面上的薄片或灰尘剥落，影响混凝土强度。此外，当混凝土强度不足时，如果其中的水过早蒸发，也会形成较大的收缩变形和干缩裂缝，这将影响混凝土的完整性和耐久性。因此，在浇筑后的初始阶段对混凝土进行维护非常重要。浇筑塑性混凝土后，必须在 12 h 以内加以养护。干硬性混凝土和空脱水混凝土应在浇筑后立即养护。养护方法包括物理养护、蒸汽养护、蓄热养护等。

二、装配式混凝土框架结构施工技术

（一）施工技术介绍

楼板柱的网格轴线应保持在内部且干净，应记录安装节点的高度，并应清楚标记待加工的构件。不得随意污损、涂改或污染。安装梁、柱的内置安装件时，应保证高度的准确性，不得随意检查、拍摄和移动。接头中的主筋不得旋转或弯曲，在清理铁锈和污垢的过程中不得猛烈压碎。钢筋应焊接到闭合安装箍上，以确定主柱钢筋的位置。节点密度区域的搅拌器应紧密闭合，其距离应符合设计和地震图集的规定。安装梁时，必须经常观察立柱的垂直位置，并及时停止或纠正偏差。堆积位置应平坦牢固，无积水，使用 100 mm × 100 mm 方木或双层脚手架板的支撑垫层稳定。安装不同管道时，不得随意雕刻构件。在施工过程中，不允许任意切割钢筋或弯曲成硬弯，以防止损坏成品。

（二）注意事项

（1）在运输和安装之前，应检查部件的外观质量和比强度，并采用正确的装卸和运输方式。

（2）在安装附件之前，应标记应用的型号和部分，并在审查指定尺寸后进行安装，以避免由于设置错误而导致组件偏差。在操作过程中，应小心并负责仔细维修，以避免上轴和下轴之间的不规则，这将影响部件的安装。在施工设计过程中，顶层的定位线必须从底层向上划出，垂直线必须用经纬仪划出，以测量正确的楼层轴线，确保顶层和底层之间的轴线绝对一致。

（3）浇筑前，接缝处的模板应严密封堵。核心区域的钢筋密实，因此在浇筑过程中应仔细振捣。混凝土必须具有良好的加工性能和正确的落差。模板必须与替换件一起保留，必须仔细清洁，以避免夹渣。

（4）接头中下部立柱主钢筋的位移使圆焊接变得困难，原因是在部件生产过程中没有采取措施检查主支架的位置，并且在附件的运输和起吊过程中主钢筋变形。因此，在生产过程中，应采取措施确保梁钢筋和柱的正确位置，避免起吊时碰撞，并在安装前对齐。

（5）立柱主体倾斜的原因是焊接方法不当。改进方法如下：梁柱节点处应存在两个或两个以上的焊接点。焊接主筋时，不允许在焊接过程中强行拉动钢筋。必须通过畸变仪监测立柱的垂直偏差，并且必须及时纠正检测到的问题。

三、预制装配式框架结构施工工法

（一）特点介绍

1. 标准化施工

以每一层和每一系列（户）标准层为单位，根据设计特点和方便构件制作安装的原则，将结构分为不同种类的构件（如墙、梁、板、楼梯等），并设计相关示意图。应逐个放置钢筋并设计钢筋，以便于标准生产、安装和质量控制。

2. 现场施工简便

构件的标准化和统一决定了施工现场的标准化和规划，这使得施工更加方便，可以使工人更好更快地了解基本建筑构件和安装方法。

3. 质量可靠

配件图纸的详细设计和配件的工厂加工充分保证了配件的质量。组成部分的类型相对较少，统一的形式使得现场建筑标准更适合控制利率质量。外墙采用混凝土外墙，外墙的窗框、涂料或瓷砖与构件厂外墙同时完成，这在很大程度上解决了窗框渗漏和墙体渗漏的常见质量问题。

4. 安全

外墙采用预制混凝土外墙，取消砌筑抹灰。同时，油漆、瓷砖、窗框等外立面工程在处理单元内完成，大大减少了脆弱危险区域建筑立面的工作量和材料积累量，确保了建筑的安全。

5. 制作精度高

预制构件的加工要求将构件尺寸误差检查至支架位置偏差的 ±1/3，必须将构件安装误差检查至 ±3 m，将起吊误差检查至 ±2 m。

6. 环保节能效果突出

大多数材料在组件工厂加工，标准和集成加工减少了材料浪费。该区域基本取消了液体作业，原装修采用装配式结构，大大减少了建筑垃圾的产生。基本上不再在梁柱连接的核心区域外使用模板，这大大降低了木材的使用率。钢筋和混凝土的消耗量显著减少，从而减少了现场的水和电的消耗，也降低了施工噪声。

7. 计划和程序管理严密

各种施工措施的组成部分都体现在构件的设计中，设计必须极为可行，施工必须严格按照设计和生产程序进行。各部件的处理方案、运输方案、装车计划与施工利率方案、吊装方案紧密结合，确保各部件严格按照实际吊装时间进入区域，确保安装的连续性，确保总施工时间的落实。

（二）本工法适用范围

本工法适用整体装配式框架结构的标准层施工，特别适用于柱距单一、各梁板配筋和截面类型相对较少的框架结构标准层施工或单层面积较少的住宅工程标准层施工。

（三）工艺原理

构件的底部（包括底部钢筋、网钢筋和混凝土底部）在工厂预制，表面轨道和深层支撑（包括面筋）浇筑到位。外墙、楼梯和其他配件除了在深支撑中就地浇筑外，还进行了预制。各结构件中的所有构件安装在空间中后均匀浇筑，有效解决了装配程序整体性差、抗震度低的问题，同时减少了现场钢筋材料、模板和混凝土的消耗，简化了现场施工。

车辆各部件的部件加工计划、运输计划、装车计划与施工利率计划、吊装计划紧密结合，确保各部件严格按照实时吊装时间进场，保证安装的连续性。组件拆卸和生产模块确保了安装的标准化，显著提高了工人的工作效率和机器利用率，可满足社会和行业对施工期的要求，解决了劳动力短缺的问题。

外墙采用混凝土外墙，外墙的窗框、涂料或瓷砖在构件厂与外墙同时完成，这在很大程度上解决了窗框质量漏水、墙体渗水较深的常见问题，大大减轻了外墙装饰的劳动负荷，并且缩短了施工时间（只需要局部维修）。

（四）施工操作要点

1. 技术准备要点

（1）所有结构预埋件必须在构件图绘制前将每个埋件进行定位，便于反映在构件图中。

（2）构件模具生产顺序、构件加工顺序及构件装车顺序必须与现场吊装计划相对应，避免因为构件未加工或装车顺序错误影响现场施工进度。

（3）构件图出图后，必须第一时间认真核对构件图中的预留预埋部品，确保无遗漏、无错误，避免构件生产后无法满足施工措施和建筑功能的要求。

2. 平面布置要点

（1）现场硬化采用 20 mm 厚钢板，使用钢板便于周转，利于环保节能。

（2）现场车辆行走通道必须能满足车辆可同时进出，避免因道路问题影响吊装衔接。

（3）塔吊数量需根据构件数量进行确定（结构构件数量一定，塔吊数量与工期成反比）；塔吊型号和位置需根据构件质量和范围进行确定。

3. 吊装前准备要点

（1）构件吊装前必须整理吊具，并根据构件不同形式和大小安装好吊具，这样既节省吊装时间又可以保证吊装质量和安全。

（2）构件必须根据吊装顺序进行装车，避免现场转运和查找。

（3）构件进场后根据构件标号和吊装计划的吊装序号在构件上标出序号，并在图纸上标出序号位置，这样可直观表示出构件位置，便于吊装工和指挥操作，减少误吊。

（4）所有构件吊装前必须在相关构件上将各个截面的控制线提前放好，这样可节省吊装、调整时间，并有利于质量控制。

（5）墙体吊装前必须将调节工具埋件提前安装在墙体上，这样可减少吊装时间，并有利于质量控制。

（6）所有构件吊装前下部支撑体系必须完成，且支撑点标高应精确调整。

（7）梁构件吊装前必须测量并修正柱顶标高，确保与梁底标高一致，便于梁就位。

4. 吊装过程要点

（1）构件起吊离开地面时如顶部（表面）未达到水平，必须调整水平后再吊至构件就位处，这样便于钢筋对位和构件落位。

（2）柱拆模后立即进行钢筋位置复核和调整，确保不会与梁钢筋冲突，避免梁无法就位。

（3）凸窗、阳台、楼梯、部分梁构件等同一构件上吊点高低有不同的，低处吊点采用葫芦进行拉接。起吊后调平，落位时采用葫芦调整标高。

（4）梁吊装前柱核心区内先安装一道柱箍筋梁，就位后再安装两道柱箍筋，然后才可进行梁墙吊装，否则柱核心区质量将无法保证。

（5）梁吊装前应将所有梁底标高进行统计，有交叉部分梁吊装方案根据先低后高进行施工。

（6）墙体吊装后才可以进行梁面筋绑扎，否则将阻碍墙锚固钢筋伸入梁内。

（7）墙体如果是水平装车，起吊时应先在墙面安装吊具，将墙水平吊至地面后再将吊具移至墙顶。应在墙底铺垫轮胎或橡胶垫，进行墙体翻身使其垂直，这样可避免墙底部边角损坏。

5. 梁构件吊装要点

（1）测量、放线：复核柱钢筋位置，避免与梁钢筋冲突，测量柱定标高与梁底标高误差。

（2）构件进场检查：复核构件尺寸和构件质量。

（3）构件编号：在构件上标明每个构件所属的吊装区域和吊装顺序编号，便于吊装工人辨认。

（4）吊具安装：根据构件形式选择钢梁、吊具和螺栓，并安装到位。

（5）起吊、调平：梁吊至离车（地面）20～30 cm，复核梁面水平，并调整调节葫芦，便于梁就位。

（6）吊运：安全、快速地吊至就位地点上方。

（7）梁柱钢筋对位：梁吊至柱上方30～50 cm后，调整梁位置使梁筋与柱筋错开以便于就位，梁边线基本与控制线吻合。

（8）就位：对位后缓慢下落，根据柱上已放出的梁边和梁端控制线。

（9）调整：根据控制线对梁端和两侧进行精密调整，将误差控制在2 mm以内。

（10）调节支撑：梁就位后调节支撑立杆，确保所有立杆全部受力。

6. 板构件吊装要点

（1）测量、放线：每条梁吊装后测量并弹出相应板构件端部和侧边的控制线，检查支撑搭设情况是否满足要求。

（2）构件进场检查：复核构件尺寸和构件质量。

（3）构件编号：在构件上标明每个构件所属的吊装区域和吊装顺序编号，便于吊装工人辨认。

（4）吊具安装：根据构件形式选择钢梁、吊具和螺栓，并安装到位。

（5）起吊、调平：板吊至离车（地面）20～30 cm，复核板面水平，并调整调节葫芦，便于板就位。

（6）吊运：安全、快速地吊至就位地点上方。

（7）梁板钢筋对位：板吊至柱上方30～50 cm，调整板位置使板锚固筋与梁箍筋错开以便于就位，板边线基本与控制线吻合。

（8）就位：对位后缓慢下落，根据梁上已放出的板边和板端控制线。

（9）调整：根据控制线对板端和两侧进行精密调整，将误差控制在 2 mm 以内。

（10）调节支撑：板就位后调节支撑立杆，确保所有立杆全部受力。

7. 楼梯构件吊装要点

（1）测量、放线：楼梯间周边梁板吊装后，测量并弹出相应楼梯构件端部和侧边的控制线。

（2）构件检查：复核构件尺寸和构件质量。

（3）构件编号：在构件上标明每个构件所属的吊装区域和吊装顺序编号，便于吊装工人辨认。

（4）吊具安装：根据构件形式选择钢梁、吊具和螺栓，并在低跨采用葫芦连接塔吊吊钩和楼梯。

（5）起吊、调平：楼梯吊至离车（地面）20～30 cm，采用水平尺测量水平，并采用葫芦将其调整水平。

（6）吊运：安全、快速地吊至就位地点上方。

（7）钢筋对位：楼梯吊至梁上方30～50 cm，调整楼梯位置使上下平台锚固筋与梁箍筋错开，板边线基本与控制线吻合。

（8）就位与调整：根据已放出的楼梯控制线，先保证楼梯两侧准确就位，再使用水平尺和葫芦调节楼梯水平。

（9）调节支撑：板就位后调节支撑立杆，确保所有立杆全部受力。

8. 墙体构件吊装要点

（1）测量、放线：在墙、梁和柱上测量并弹出相应墙构件内、外面和左、右侧及标高的控制线。

（2）构件进场检查：复核构件尺寸和构件质量。

（3）构件编号：在构件上标明每个构件所属的吊装区域和吊装顺序编号，便于吊装工人辨认。

（4）吊具安装：根据构件形式选择钢梁、吊具和螺栓，如有凸窗需采用葫芦连接搭吊吊钩和凸出部位。

（5）安装调节埋件：在其他墙体吊装时安装调节墙体标高和内外位置的工具埋件，便于节省每个墙体吊装时间。

（6）起吊、调平：墙梯下部吊至离车（地面）20～30 cm，采用水平尺测量顶部水平，并采用葫芦将其调整水平。

（7）吊运：安全、快速地吊至就位地点上方。

（8）钢筋对位：墙体下落至锚固钢筋在梁上方30～50 cm，调墙体位置使锚固筋与梁箍筋错开，墙侧边线与控制线吻合。

（9）落位：两侧调整完成后，根据底部内侧控制线缓慢就位。

（10）标高调整：通过标高调节工具埋件，根据柱和墙上的标高控制线调整墙体标高。

（11）墙底位置调整：使用线锤、水平尺和底部内外调节工具调整墙底部水平。

（12）墙立面垂直调整：使用墙体斜拉杆根据线锤和水平尺调整墙内外垂直度。

（13）就位、微调：卸掉塔吊拉力，重复以上 3 个调整步骤至墙体精确就位，保证各面水平，将垂直度和标高误差控制在 3 mm 以内。

（五）安全措施

（1）进入施工现场必须戴安全帽，操作人员要持证上岗，严格遵守《建筑施工安全检查标准》（JGJ 59—2011）、《建筑施工扣件式钢管脚手架安全技术规范》（JGJ 130—2011）及所在省建筑施工安全管理标准和企业有关安全操作规程。

（2）吊装前必须检查吊具、钢梁、葫芦、钢丝绳等起重用品的性能是否完好。

（3）严格遵守现场的安全规章制度，所有人员必须参加大型安全活动。

（4）正确使用安全带、安全帽等安全工具。

（5）特种施工人员应持证上岗。

（6）对于安全负责人的指令，要自上而下贯彻到最末端，确保对程序、要点进行完整的传达和指示。

（7）在吊装区域、安装区域设置临时围栏、警示标志，临时拆除安全设施（洞口保护网、洞口水平防护）时也一定要取得安全负责人的许可，离开操作场所时需要对安全设施进行复位。工人禁止在吊装范围下方穿越。

（8）梁板吊装前将安全立杆和安全维护绳安装到位，为吊装时工人佩戴安全带提供连接点。

（9）在吊装期间，所有人员进入操作层必须佩戴安全带。

（10）操作结束时一定要收拾现场，特别在结束后要对工具进行清点。

（11）需要进行动火作业时，要先拿到动火许可证。作业时要充分注意防火，准备灭火器等灭火设备。

（12）高空作业人员必须保持身体状况良好。

（13）构件起重作业时，必须由起重工进行操作，吊装工进行安装。禁止无证人员进行起重、安装操作。

（六）环保措施

（1）施工现场实行硬化：工地内外通道、临时设施、材料堆放地、加工场、仓库地面等进行混凝土硬化，并保持清洁卫生，避免扬尘污染周围环境。

（2）施工现场必须保证道路畅通、场地平整，无大面积积水，场内设置连续、畅通的排水系统。

（3）施工现场各类材料分别集中堆放整齐，并悬挂标志牌，严禁乱堆乱放，不得占用施工便道，并做好防护隔离。

（4）合理安排施工顺序，均衡施工，避免同时操作。

（5）对起重设备清洗时，应注意设置容器接油，防止油污染地面。废弃棉纱应按有毒有害废弃物进行收集和管理。

（6）教育全体人员提高防噪扰民意识。禁止构件运输车辆高速运行，并禁止鸣笛，材料运输车辆停车卸料时应熄火。

（7）构件运输、装卸应防止不必要的噪声产生，施工严禁敲打构件、钢管等。

（七）效益分析

1. 经济效益

PC楼由于建设速度快，建筑可以尽快实现资金回报，提高资金周转率，这对房地产企业来说至关重要。目前，虽然在小批量建设的情况下，住房建设成本有所增加，但在大批量生产后，成本的增加可以控制在15%～20%。

2. 工期方面

外墙板的外墙砖和窗框在工厂内完成。局部涂胶、油漆等工序只能用吊篮进行，外装修不占用整个施工时间。在结构、安装和装饰的设计标准化和加工全面实施后，施工速度将更快。

3. 质量方面

瓷砖牢固地附着在工厂的混凝土上，因此消除了掉落现象，消除了外墙渗漏和裂缝的常见问题。这使结构的质量更容易控制。大多数配件在工厂制造，减少了现场手动操作引起的常见质量问题。

4. 安全方面

现场工人的数量显著减少（最多超过80%），现场安全事故的频率也有所降低。

5. 社会效益

该技术使用方便，安全可靠，可以保证程序的质量，大大减少安装时间，与传统生产方法相比节省30%的劳动力。室内外装修施工时间短，竣工时间可减少20%左右。原则上避免在该区域内作业，建筑垃圾减少约70%，施工用水量减少约50%，同时可显著减少噪声污染，在节能环保方面具有明显优势。

第三节　部品安装

装配式混凝土建筑的部品安装宜与主体结构同步进行，可在安装部位的主体结构验收合格后进行，并应符合国家现行有关标准的规定。部品安装严禁擅自改动主体结构或改变房间的主要使用功能，严禁擅自拆改燃气、暖通、电气等配套设施。部品吊装应采用专用吊具，起吊和就位应平稳，避免磕碰。

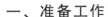

一、准备工作

（1）应编制施工组织设计和专项施工方案，包括安全、质量、环境保护方案及施工进度计划等内容。

（2）应对所有进场部品、零配件及辅助材料按设计规定的品种、规格、尺寸和外观要求进行检查。

（3）应进行技术交底。

（4）现场应具备安装条件，安装部位应清理干净。

（5）装配安装前应进行测量放线工作。

二、安装规定

（一）预制外墙安装规定

（1）墙板应设置临时固定和调整装置。

（2）墙板在轴线、标高和垂直度调校合格后方可永久固定。

（3）当条板采用双层墙板安装时，内、外层墙板的拼缝宜错开。

（二）现场组合骨架外墙安装规定

（1）竖向龙骨安装应平直，不得扭曲，间距应满足设计要求。

（2）空腔内的保温材料应连续、密实，并应在隐蔽验收合格后进行面板安装。

（3）面板安装方向及拼缝位置应满足设计要求，内、外侧接缝不宜在同一根竖向龙骨上。

（三）龙骨隔墙安装规定

（1）龙骨骨架应与主体结构连接牢固，并应垂直、平整、位置准确。

（2）龙骨的间距应满足设计要求。

（3）门、窗洞口等位置应采用双排竖向龙骨。

（4）壁挂设备、装饰物等的安装位置应设置加固措施。

（5）隔墙饰面板安装前，隔墙板内管线应进行隐蔽工程验收。

（6）面板拼缝应错缝设置，当采用双层面板安装时，上下层板的接缝应错开。

（四）吊顶部品安装规定

（1）装配式吊顶龙骨应与主体结构固定牢靠。

（2）超过 3 kg 的灯具、电扇及其他设备应设置独立吊挂结构。

（3）面板安装前应完成吊顶内管道、管线施工，并经隐蔽验收合格。

（五）架空地板安装规定

（1）安装前应完成架空层内管线敷设，且应经隐蔽验收合格。

（2）地板辐射供暖系统应对地暖加热管进行水压试验并隐蔽验收合格后铺设面层。

第四节　水电安装

一、建筑水电系统简述

（一）建筑供水系统

根据用途，建筑供水系统基本分为四类：

（1）生活给水系统：饮用、洗涤和其他生活用水系统。该系统必须严密、清洁，水质应符合饮用水标准，主要用于住宅和公共建筑。

（2）生产给水系统：专用于生产设备和生产工艺用水，如锅炉水、冷却水、冲洗水等。水质和水量取决于生产性质和工艺要求，用水量一般较大。

（3）消防给水系统：专门用于对水质要求不高，但储水要求大，初期用水量大的灭火设备和专用灭火设备。

（4）混合供水系统：根据建筑物用水的性质，供水系统将上述供水系统组合在一起，如家庭和消防供水系统、生产和消防供水系统等。

除消防要求高的大型建筑和生产建筑外，一般应使用混合供水系统。其供水方式可分为四种形式：串联式、减压式、并联式、室外直供高低压供水管网。

（二）建筑排水系统

1. 建筑排水系统的分类

根据排放污水的性质，排水系统分为以下三类：

（1）生活污水排水系统。生活污水排水系统是指排放人们日常生活中的盥洗污水和粪便污水的排水系统。污水性质比较单一和稳定。

（2）工业废水排水系统。工业废水排水系统是指排放生产车间的工业用水和工艺用水的排水系统，污水性质较为复杂多变。例如：有的污水比较清洁可循环使用；有的污水含有酸、碱、盐或有害有毒物质以及油垢等，需进行处理并达到排放标准才能排放。

（3）雨、雪水排水系统。雨、雪水排水系统是指专门用来排除雨水、雪水的排水系统，性质单一，排量随雪、雨、气候变化而定，一般建筑物的屋面及道路均设置这种排水系统。

2. 排水系统的组成

室内排水系统由卫生器具和排水管网两大部分组成。其中，卫生器具包括大便器、洗脸盆、淋浴器、盥洗池等，排水管网包括卫生器具排水管、排水支管、排水立管、排出管、通气管及检查设施等部分组成。各种排水管的具体内容如下：

（1）卫生器具排水管。卫生器具排水管是指连接卫生器具和排水支管之间的短管（包括存水弯）。

（2）排水支管。排水支管一般是指将各卫生器具排水管汇集并排送到立管中去的水平支管。

（3）排水立管。排水立管是指汇集各层排水支管污水并排送至排出管的立管，但不包括通气管部分。

（4）排出管。排出管是指排水立管与室外第一座检查井之间的连接管。

（5）通气管。通气管是指顶层的排水立管向上延伸出屋面以外的一段排空气管，以及多层建筑、高层建筑中的辅助通气管。

（6）检查设施。检查设施是指对管道系统进行练修管理用的检查口、清扫口和检查井等。

（三）建筑供配电系统

建筑电气设备是建筑设备工程中的重要组成部分之一。

根据电气系统的运行情况和划分设计与施工的习惯，电气建筑系统可分为强电系统和弱电系统。强电系统主要包括配电系统、变配电所、配电线路、供电、照明、防雷、接地、自动控制系统等；弱电系统主要包括电话、广播、有线电视系统、火灾及连接报警系统、防盗系统、自动控制系统和寻呼公共设施（给排水、采暖、通风、空调、制冷等）。智能建筑中的电气设计还包括楼宇自动化、网络通信系统和办公自动化系统等。

上述系统并不存在于每个建设项目中，但一些传统内容在所有建筑物中都适用，如低压配电系统、照明、防雷接地系统、电话、有线电视系统等。

二、水电安装施工技术

（一）桁架钢筋混凝土叠合板水电安装

叠合板上预留电气底盒的深度要根据叠合楼板预制层厚度来选择，主要是考虑底盒的接管锁母要高出叠合板预制层，以便后期安装管道。一般情况下，叠合板预制层厚度为 60 mm，因此预留底盒一般选用深度为 90 mm 的底盒。也有些情况下预制层厚度为 80 mm，那么预留底盒就要选择深度为 110 mm 的底盒。另外，要注意底盒深度不能过深，以免在底盒预留位置造成楼板贯通或由于混凝土厚度偏小造成楼板开裂。

桁架钢筋与底盒位置不宜过近，应预留足够的线管连接操作空间，一般要距离 100 mm 以上。

叠层板预留底盒的喷嘴入口方向应根据电缆管的具体方向确定，不应根据需要设置。这是深化组件时容易忽略的细节。

对于水槽、淋浴和其他位置的排水，应尽可能使用相同的排水方法。层压板上的孔越多，越容易开裂。如果确实有必要选择较低的排水系统，则应使用直埋段，以避免保留孔洞。对于排水柱穿过楼板的地方，考虑到墙体的累积误差，仍宜借助预留孔来预留孔洞。当然，市场上也有直埋管件，可以纠正垂直管道的偏差，但价格昂贵，因此不容易被企业接受。

在浇筑混凝土之前，应在外壳的外壁上涂上隔离剂。从硬化炉中取出预制构件时，应用锤子轻轻敲打塑料外壳，将未固结的混凝土从外壳中分离出来，然后将外壳固定，使其上下板的高度与运输相对应。在施工现场安装预制层压板后，应小心地触摸板下的外壳，使外壳的下端与板的下部对齐，并用各种材料填充外壳，以防止混凝土孔堵塞。

叠层板的钢条高度应选择适当的方式，不应太低或太高。梁高度太低，导线铸层不能顺利通过；脚手架高度过高，上部钢筋保护层不足，影响结构安全，不会在板表面形成供水管的压力槽。

（二）钢筋混凝土叠合梁水电安装

叠合梁上避免管道电气导线冗余、套管冗余等。

在嵌入套管上铺设支架时，通过深化设计，尽量安装在梁的中心。安装时，应严格按照施工深度图采用特殊的预埋紧固件，并按规范要求进行紧固。

（三）钢筋混凝土内外墙板水电安装

在深化结构结构设计时，必须采用 BIM 技术来解决钢筋、填料套管和底箱、预封件、线管、套管和留孔位置的碰撞问题。

在加深预制墙结构时，应重新计算结构标高。另外要注意的是，在不同的房间，如卧室和阳台，地面建筑标志是不同的，而且墙的一侧和另一侧可能不一样。

为了便于控制箱底的高度和宽度，也便于固定执行，建议采用加强箱体。

对于由预制墙体下端伸出至现浇层的线管，一般会在墙体下端预留凹槽，以便实现上下管线的连接操作。此凹槽有些构件厂预留的尺寸为 200 mm×200 mm×80 mm，太小，现场操作不便。如为单根线管，应预留 330 mm×200 mm×80 mm 的凹槽。

尽量避免在墙体构件的边缘设置套管，以免造成墙体开裂，影响结构安全。

较大套管的周边或为满足预留预埋位置准确而调整钢筋等地方，应按照相关规范要求进行局部加固处理，加固措施应在构件深化图纸中体现。

构件深化设计时应考虑给水管道的走向，预制墙体上预留给水管槽，一般情况下，给水管槽体为 40 mm 宽，20 mm 深。

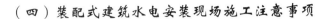

（四）装配式建筑水电安装现场施工注意事项

近年来，水床水压多次受到质疑，且压力机对水深的需求与平底钢筋保护层厚度要求相矛盾，结构破坏明显。对于预制结构，对槽影响最大的是桁条钢筋。理论上，只要楼板钢筋混凝土保护层厚度能得到保证，就可以满足给水水头的条件，但在水管交叉口、接头处不能满足要求，而在实践中，给水管压槽深度一般能达到 25 mm。

配电箱处管线较多，需要合理布置，统一规划，尽量避免出现三层管线的现象。

当出现线管无法穿过桁架钢筋时，可以将桁架钢筋预先进行处理，如畏弯或切断等。

给水管压槽敷设时应采用扎丝将管道固定牢固，用细石混凝土封堵，否则槽体处容易开裂。

应在叠合板预留预制墙体斜支撑预埋件，应尽量避免在地面打膨胀螺栓固定斜支撑，这样很容易破坏线管，使线缆无法敷设。

三、水电安装要点

（一）预制混凝土墙板的预埋和预留

对于装配式混凝土剪力墙结构，其配电箱、等电位联结箱、开关盒、插座盒、弱电系统接线盒（消防显示器、控制器、按钮、电话、电视、对讲机等）及其管线、空调室外机、太阳能板等设备的避雷引下线等都应准确地预埋在预制墙板中；厨房、卫生间和空调、洗衣机等设备的给水竖管也应准确地预埋在预制墙板中。

（二）预制混凝土叠合楼板施工的预埋和预留

电气管线预埋在楼板的混凝土叠合层中。因钢筋桁架叠合板电气接线盒已预埋好，混凝土叠合层浇筑前仅布置安装线管；PK 板电气接线盒需要开孔安装，并在混凝土叠合层浇筑前布置安装线管。

水暖水平管应预埋在混凝土叠合层完成后的垫层（建筑做法）中，混凝土叠合层完成后应及时铺设并与墙板预埋竖管对接。

（三）防雷、等电位联结点的预埋和预留

框架结构装配式建筑的预制柱是在工厂加工制作的，两段柱体对接时，较多采用的是套筒连接方式，即一段柱体端部为套筒，另一段为钢筋，钢筋插入套筒后注浆。如用柱结构钢筋做防雷引下线，就要将两段柱体钢筋用等截面钢筋焊接起来，达到电气贯通的目的。选择柱体内的两根钢筋做引下线和设置预埋件时，应尽量选择预制墙、柱的内侧，以便于后期焊接操作。

预制构件生产时，应注意避雷引下线的预留预埋，在柱子的两个端部均需要焊接与

柱筋同截面的扁钢作为引下线埋件。

对于装配式混凝土剪力墙结构，可以将剪力墙边缘构件后浇混凝土段内钢筋作为防雷引下线。

装配式构件应在金属管道入户处做等电位联结，卫生间内的金属构件应进行等电位联结，应在装配式构件中预留好等电位联结点。

共用槽中的金属元件应在工件中完成，如电位连接，并指定与外部连接的接口位置。为了防止侧击，建筑物内所有垂直的金属管必须按结构图的要求连接到钢筋上，而较大的金属构件，如某些外墙上的栏杆、金属门窗，则必须连接到防雷装置上。中压耳环和避雷针接头应与下降线可靠连接，预制造部位应根据具体设计图纸进行预埋。

（四）预制整体卫生间的预埋和预留

预制整体卫浴是装配式结构最应该装配的预制构件部品，其不仅将大量的结构、装饰、装修、防水、水电安装等工程量工厂化，而且其同层排水做法彻底解决了本层漏水必须上层维修的邻里纠纷（甚至引起法律纠纷）。

第五节　成品保护

交叉作业时，应做好工序交接，不得对已完成工序的成品、半成品造成破坏。

在装配式混凝土建筑施工全过程中，应采取防止预制构件、部品及预制构件上的建筑附件、预埋件、预埋吊件等损伤或污染的保护措施。

预制构件饰面砖、石材、涂刷、门窗等处宜采用贴膜保护或其他专业材料保护。饰面砖保护应选用无褪色或污染的材料，以防揭膜后饰面砖表面被污染。安装完成后，门窗框应采用槽型木框保护。

连接止水条、高低口、墙体转角等薄弱部位，应采用定型保护垫块或专用式套件进行加强保护。

预制楼梯饰面应采用铺设木板或其他覆盖形式的成品保护措施。楼梯安装后，踏步口宜铺设木条或其他覆盖形式保护。

遇有大风、大雨、大雪等恶劣天气时，应采取有效措施对存放预制构件成品进行保护。装配式混凝土建筑的预制构件和部品在安装施工过程以及施工完成后，不应受到施工机具碰撞。

施工梯架、工程用的物料等不得支撑、顶压或斜靠在部品上。

当进行混凝土地面等施工时，应防止物料污染或损坏预制构件和部品表面。

第九章　BIM 技术在装配式混凝土建筑施工中的应用

第一节　BIM 技术概述

一、BIM 简述

（一）BIM 的定义

建筑信息模型（building information model，BIM）即基于三维建筑模型进行信息集成和管理。它允许使用软件识别对象，处理对象属性信息。BIM 是数字技术在建筑工程中的直接应用，可解决软件中对建筑工程描述的问题，使设计人员和工程师能够正确地响应不同类型的建筑信息，为协同工作提供坚实的基础。

BIM 是一种应用于设计、施工和施工管理中的数字方法，它促进了施工的综合管理，提高了施工的效率，降低了出错的风险。BIM 需要整个生命周期的集成施工管理系统的支持，因此其是包含数据模型和行为模型的综合结构。

（二）BIM 的特点

BIM 是以建筑工程项目的各项相关信息数据作为基础，建立起三维的建筑模型，通过数字信息仿真模拟建筑物所具有的真实信息。它具有可视化、协调性、模拟性、优化性、可出图性、一体化性、参数化性和信息完备性八大特点。

1. 可视化

视觉图像在建筑业中的实际应用非常大，而 BIM 提供了可视化的想法，允许形成以前出现在线性元素中的三维物理图形。BIM 中所说的可视化是一种能够让同构件之间形成互动性和反馈性的可视，它允许在 BIM 体系结构信息模型中形成元素之间的交互和反馈，整个过程是可视化的，可视化结果不仅可以用于呈现结果图和编写报告，hai 可以用于可视化项目运行过程中的设计、施工、通信、讨论和决策。

2. 协调性

协调是建筑业中的重点内容，施工单位、业主及设计单位都在做着协调及相配合的工作。BIM 的协调作用不仅解决了专业人员之间的碰撞问题，还可以解决电梯井的布置与其他结构配置和尺寸要求协调、防火段与其他结构配置协调、地下排水与其他结构配置协调等。

3. 模拟性

模拟性并不是只能模拟设计出的建筑物模型，还可以模拟不能够在真实世界中进行操作的事物。在设计阶段，BIM 可以对设计上需要进行模拟的一些东西进行模拟实验。

4. 优化性

事实上，设计、施工和运营的全过程是一个不断优化的过程。优化受到三个因素的限制：信息、复杂性和时间。BIM 提供了有关建筑物的信息，包括几何信息、物理信息、规则信息和变化后建筑物的真实存在信息。现代建筑的复杂性在很大程度上超过了参与者自身的能力极限。BIM 和辅助优化工具提供了优化复杂项目的能力。基于优化可以执行以下操作：

（1）优化项目布局：将项目设计与投资回报率分析相结合，可以实时计算设计更改对投资回报率的影响。这样一来，业主对设计方案的选择将不再主要停留在形状的评价上，而是更能知道哪个项目方案最适合自己的需要。

（2）优化特殊项目的设计：这一内容似乎只占整个建筑的一小部分，但投资和工作量的百分比往往比以前高得多，优化设计和施工图中的这些内容，可以显著提高施工工期和成本。

5. 可出图性

在建筑物的视觉显示、协调、模拟和优化后，BIM 可以帮助业主创建以下图纸：复杂的管线图（在检查和修改碰撞设计并消除相应错误后）、结构孔的结构留洞图（集成机柜图）、碰撞控制和调整报告以及拟议的改进计划。

BIM 在世界许多国家拥有先进的标准或系统。中国建筑市场要想顺利发展，就必须结合国内建筑市场的特点，满足国内建筑市场的典型需求。

6. 一体化性

基于 BIM 技术可进行从设计到施工再到运营的贯穿工程项目的全生命周期的一体化管理。BIM 的技术核心是一个由计算机三维模型所形成的数据库，其不仅包含了建筑的设计信息，而且可以容纳从设计到建成使用甚至是使用周期终结的全过程信息。

7. 参数化性

参数化建模指的是通过参数而不是数字建立和分析模型，简单地改变模型中的参数值就能建立和分析新的模型。BIM 中图元是以构件的形式出现的，这些构件之间的不同是通过参数的调整反映出来的，参数保存了图元作为数字化建筑构件的所有信息。

8.信息完备性

信息完备性体现在 BIM 技术可对工程对象进行 3D 几何信息和拓扑关系的描述以及完整的工程信息描述。

（三）BIM 技术的优势

CAD 技术将建筑师、工程师从手工绘图推向计算机辅助制图，实现了工程设计领域的第一次信息革命。但是此信息技术对产业链的支撑作用是断点的，各个领域和环节之间没有关联，从整个产业整体来看，信息化的综合应用明显不足。BIM 是一种技术、一种方法，它既包括建筑物全生命周期的信息模型，又包括建筑工程管理行为的模型，它将两者进行完美的结合来实现集成管理，它的出现可能引发整个 A/E/C（architecture/engineering/construction）领域的第二次革命。BIM 技术较二维 CAD 技术的优势如下。

1.基本元素

基本元素如墙、窗、门等，不但具有几何特性，还具有建筑物理特征和功能特征。

2.修改图元位置或大小

所有图元均为参数化建筑构件附有建筑属性。在"族"的概念下，只需要更改属性，就可以调节构件的尺寸、样式、材质、颜色等。

3.各建筑元素间的关联性

各个构件是相互关联的。例如，删除一面墙，墙上的窗和门跟着自动删除；删除一扇窗，墙上原来窗的位置会自动恢复为完整的墙。

4.建筑物整体修改

只需进行一次修改，则与之相关的平面、立面、剖面、三维视图、明细表等都可以自动修改。

5.建筑信息的表达

BIM 包含了建筑的全部信息，不仅提供形象可视的二维图和三维图，而且提供工程量清单、施工管理、虚拟建造、造价估算等更加丰富的信息。

二、BIM 技术的未来发展趋势

第一，使用移动技术获取数据。随着互联网和移动智能终端的普及，人们现在可以随时随地访问信息。在建筑设计领域，许多供应商为其员工配备了可在工作场所设计的移动设备。

第二，数据报告。目前，监视器和传感器可以放置在建筑物内的任何地方，以监测建筑物内的温度、空气质量和湿度，还可以添加供暖信息、通风信息、供水信息和其他控制信息。总结了这些信息后，设计师就可以完全了解建筑的当前状态。

第三，云技术的未来还有一个更重要的概念——无限计算机。无论是能源消耗还是结构分析，处理和分析某些信息都必须利用云计算强大的计算能力。

第四，数字现实记录。这项技术可以通过一种激光扫描来检测桥梁、公路、铁路等。例如，《阿凡达》就是在一台电脑上创造了一个 3D 立体 BIM 模型的环境。值得期待的是，未来设计师可以使用这种方式进入更高维度的空间，直观地展示产品开发的未来。

第五，项目合作。它是一种基于改变设计方法的工作流和技术，改变了整个项目的建造方式。

三、BIM 对建筑业的影响

（一）BIM 为建筑业带来的变革作用

由于现有的信息共享和沟通模式，建筑业的碎片化问题更加严重。基于纸质文件通信的建设项目交付过程中，纸质文件的错误和遗漏导致了项目参与者之间不可预测的成本。正是 BIM 技术的参数化和可视化改变了建筑行业工作对象的描述和信息通信方式，这必将从根本上改变建筑行业的生产模式。基于信息模型的虚拟设计和施工将促进项目参与者之间的沟通和交流。一方面，作为一种创新技术，BIM 为建设项目的所有参与者提供了一个共同工作和共享信息的平台；另一方面，作为一种综合管理模式，BIM 环境需要对施工项目所有参与者的工作流程、工作方法、信息基础设施、组织角色、合同行为和协作行为进行更改。

BIM 对建筑业的推动作用主要体现在自动将依赖纸面工作流（过程模拟、关联数据库、作业列表）的任务推送到集成和交互式工作流任务模式，这是一个充分利用网络通信能力的可测量和协作过程。BIM 可用于缓解建筑行业的碎片化，提高建筑行业的效率，并减少软件不兼容引起的高成本问题。目前，BIM 已被广泛视为建筑业改革的一个重要方向。

（二）BIM 对建设项目组织的影响

随着 BIM 在世界范围内的推广和应用，BIM 的应用对建筑行业产生了一系列影响，如基于 BIM 的跨组织与跨专业集成设计、基于 BIM 的跨组织信息沟通、基于 BIM 的跨组织项目管理、基于 BIM 的生产组织和生产方法、基于 BIM 的项目交付、基于 BIM 的全生命周期管理等。与 BIM 的成功应用需要打破项目参与者（业主、设计师、总承包商、供应商和组件制造商等）的原始组织边界，并有效整合参与者的工作信息。项目参与者和相关施工企业之间相互依存形成的项目网络可以通过合作共同创建虚拟项目信息模型。BIM 在显著改变单个组织活动模式的同时，也将给项目其他参与者的沟通模式、权责关系以及整个行业的市场结构带来巨大变化。

因此，BIM 具有典型的跨组织特征，影响着项目各参与方间相互依存的工作活动与流程。

（三）BIM 对建设项目绩效认知方式的影响

BIM 的应用将显著改变建设项目绩效评估的方式。BIM 的应用促进了设计阶段和施工阶段的信息整合，需要并将促进所有参与者之间的良好合作。同时，所有参与者面临的重大变化是从设计阶段开始，所有学科密切使用共享的建筑信息模型，在施工阶段，所有参与者使用一套一致的建筑信息模型作为项目工作流和各方协调的基础。这不仅对建设项目的投资和进度有严格要求，还需要与设计方和总承包商合作，实现建设项目的精益交付。成功的 BIM 应用追求的是 "1+1>2" 的效果，不仅仅是谋求建设项目某一参与方的自身绩效，更关注于从项目整体的角度来测量项目绩效。

狭义上，学术界和行业将项目的绩效定义为 "铁三角" 或 "金三角"，即实现预定的成本、时间和质量目标。这种交付项目绩效的认知方式可能不利于组建项目团队，因为结果将导致项目绩效在短期内优于参与者，但从长期和战略角度来看，它们往往损害其他项目参与者的利益，使其更难以实现对项目和所有参与者的影响。国内外许多设计师也致力于更复杂的建设项目测量和评估。现在一致认为，除了 "铁三角" 项目绩效指标外，还包括其他指标，如感知绩效、业主满意度、单位满意度、项目管理团队满意度、技术绩效、技术创新、项目实施效率、管理和组织期望、功能 / 设计和业务表现等。

BIM 的成功实施需要将建设项目的业主、设计师、总承包商和其他关键参与者整合成一个有机整体，这与现有的建设项目管理方式完全不同，这使得项目绩效评估采用传统的评估方法。目前，对中国项目绩效的评估无法反映影响项目绩效的其他关键因素（如 BIM 等国际技术创新）的贡献。它还侧重于事后分析，但无法科学、客观地评估整个施工团队业务流程的运作情况。因此，在项目背景下，人们对执行建设项目的认知方式提出了新的要求，即在建设项目所有参与者努力提高项目整体绩效的指导下，从系统的角度评估建设项目的整体绩效。

（四）BIM 对建设项目全寿命周期管理的影响

BIM 的实质是建筑信息的管理和交流必须基于建筑项目的整个生命周期。BIM 模型是随着建筑物生命周期的不断发展而逐渐发展起来的。BIM 模型包含从初步设计到详细设计、从建筑规划编制到施工和运营维护的详细信息。可以说，BIM 模型是虚拟网络上真实建筑的数字记录。BIM 技术通过建模过程支持管理信息管理，即通过建模过程收集经济运营商所需的产品信息。这就是 BIM 不仅是一个规划过程，也是一个管理过程的原因。项目管理中使用的技术应侧重过程，包括从建模开始的实施计划，但其重点不是建立了多少模型或进行了多少分析（结构分析、区域分析、地下分析），而是识别和分类与 BIM 过程相关的问题。这些包括设计开发、施工和运营持续优化过程。虽然不一定与技术相关，但它可以提供更高效、更合理的优化过程，这主要体现在数据信息、复杂性和时间控制方面。由于项目的复杂性超出了设计师的技能范围，很难掌握所有信息，因此它基于建筑物的存在，传输准确的几何、物理、监管信息等，实时反映建筑物的动态，并为设计师提供全面优化的技术保证。

四、BIM 应用的挑战

（一）BIM 的潜力未充分发挥

国内外研究一致认为，BIM 可以为建设项目带来附加值，如提高效率、缩短工期和投资、提高施工质量等。建筑业包含许多专业领域，而建筑项目作为其载体，需要众多专业和工种的配合才能顺利实施。建设项目被视为一个由临时组织组成的连接不良的系统，项目参与者的工作任务高度相互依存。目前的研究表明，尽管 BIM 得到了广泛的应用，但设计师仍然错过了 BIM 带来的许多好处。研究人员发现，设计师主要使用新技术来自动化传统工作，而不是改变他们的沟通和工作方法。这也证实了 BIM 在建筑行业的应用尚未充分实现其潜力，部分原因是缺乏共同愿景和"自动化孤岛"。究其原因，建筑业的传统商业模式并没有随着 BIM 的引入而发生根本性的改变，组织障碍是亟需研究的领域之一。组织间关系作为组织研究的一个重要分支，具有社会和技术的双重属性，在建筑业中越来越受到重视。

（二）忽视 BIM 技术与组织的相互关系

目前，由于 BIM 应用面临诸多困难，建筑行业和学术界开始研究和思考常见问题，面向技术应用和联合管理。传统建设项目和流程的不兼容性成为上述应用问题的关键，这种不兼容的主要原因是技术和组织之间的混淆。

纵观几乎所有行业、技术和业务流程的特点，可以将其理解为一种共生关系，通过其整体发展相互影响。在过去几十年中，通过组件和面向服务的技术提供商越来越成为"按需业务"，旨在努力实现整个供应链所有部分的资源整合，以便在组织间流程中进一步调整解决方案，即可以围绕现有业务流程进行调整。在行业中，为了实现长期发展目标（如 IPD），需要对技术和业务流程进行改造。依靠一个企业的实力，很难适应 BIM 发展的要求。

（三）BIM 跨组织应用的障碍

BIM 跨组织应用所带来的问题是目前需要解决的最大障碍，主要原因是缺乏对建筑信息模型背景下建设项目所有参与者如何合作的正确理解。建筑项目参与者之间的敌对关系是建筑业的一个特征，缺乏合作被视为建筑业创新水平有待提高的主要原因。虽然创新曾被视为企业工作范畴的一部分，但研究技术发展的科学家越来越重视跨越组织边界、组织关系和网络之间的合作。一些科学家甚至认为，组织创新是技术创新的先决条件。组织创新本身就是一种挑战，无论是在组织内部、组织之间还是在行业层面，因为惯性力对变革的阻力对于传统建筑行业来说尤为严重。这意味着建筑业在实施 BIM 等跨组织创新和发展跨组织合作方面不可避免地面临困难和挑战。

五、BIM 技术与装配式混凝土建筑

建筑业产业化是指大工业的生产体制，通过现代化的生产、运输、安装和科学管理来取代分散的传统建筑行业中低水平、低效的工艺制造方式。其主要特点是建筑设计标准化、构配件工业化、施工机械化、组织管理科学化。

传统的建筑生产模式将设计和施工环节分开，项目连接仅从目标建筑和施工的设计角度开始，然后将必要的建筑材料运至室外施工目的地，并对已完成的工程进行展示和验收。建筑的工业化生产模式是一种标准化的管理模式，它将设计和施工结合在一起，并使用接缝技术来加强建筑的整个生命周期。同时，它基于数字模型平台提高了建筑各方面的性能指标，并进行了标准化设计。

按照传统的方式，设计和施工是分开的，目标是通过完成一个项目来实现的，初步设计直到在设计阶段披露建筑图纸，以及实际施工过程中的建筑规范和施工技术不包括在设计方案中。建筑产业化改变了传统的建筑生产模式，其最大特点是体现了全生命周期的理念。应以信息技术为载体，将设计和施工环节有机结合，把设计环节变成关键，把技术融入生产环节和后续运维环节，从而深化对零部件整个生命周期的管理理念。基于构配件技术设计标准、施工阶段配套技术的视觉优势，设计方案中提出了施工规范和施工方案，并将其作为构配件的生产标准和施工安装指导文件。

构件制造商可以直接提取建筑设计模型的必要部分并进行深化，然后将其交给建筑设计师，通过合作完成结构的设计和检查，组件工厂也可以直接生成成本分析。由于系统中 3D 和 2D 的结合，计算出的组件可以直接在 2D 施工图中生成，并交付给生产车间。因此，将模型设计、强度计算、成本分析和车间生产等几个单独的步骤结合起来，可减少信息传输的数量并提高效率。同时，它可以为预制构件的施工带来极大的便利，生成准确明亮的三维图形和动画，使工人对施工顺序有一个直观的认识，从而加快施工进度，减少不必要的加工造成的资金和时间损失，提高施工的整体质量和精度，促进预制构件在施工过程中的顺利安装。

第二节　BIM 在装配式混凝土建筑设计中的应用

一、设计策划

（一）体系选型

基于 BIM 系统选择的具体工作可分为以下三个步骤：

首先，在系统中形成三维模型。在早期阶段，所有参与者对三维模型进行完整的模拟测试，使业主能够直观地看到建筑物主平面的虚拟现实。

其次，BIM 增加了三维模型的时间维度，形成四维（三维＋时间）施工模拟函数和五维（三维＋时间＋价格）施工成本函数，使业主能够相对准确地预测施工成本和施工进度，并预测项目在不同环境和各种不确定因素下的输出和其他变化。

最后，业主可以学习和优化各种方案，并及时提出修改意见，最终选择一个更满意的系统选择方案。

（二）BIM 应用策略

BIM 在设计阶段的应用策略通常由模数化设计、三维协同设计、构件设计组成。对于常见的结构体系，可采用具体的 BIM 应用策略来辅助实施。常见体系包括预制装配式剪力墙结构、单（双）面叠合剪力墙结构、预制装配式框架结构与预制装配式框架剪力墙结构。对于不同的预制装配结构体系，可采用模数化设计、协同设计、构件和模块库应用、性能化分析、拆分、节点设计、出图等 BIM 应用。

1.BIM 模数策划

在 BIM 平台中可以设置模数，装配式混凝土建筑以数列 $M=100$ 为基本模数值，向上为扩大模数 $2M$、$3M$ 数列，向下为分模数（$M/2$、$M/5$、$M/10$）数列，级差均匀，数字间协调性能比较好。

通过设置 BIM 模数网来进行方案设计，有助于实现构件精简化。模数的作用除了作为设计的度量依据外，还起到决定每个建筑构件配件的精确尺寸和确定每个组成部分在建筑中的位置的作用。

模数网可以依其作用分成建筑模数网和结构模数网。建筑模数网可作为空间划分的依据，而结构模数网则可作为结构构件组合的依据。结构模数网主要考虑结构主要参数的选择和结构布置的合理性，而结构主要参数又是制定模数定型化的依据。

除建筑模数网和结构模数网外，BIM 的构件本身可以设置各自系列化关系而形成模数系列，在此不再赘述。

2.制定符合各体系的 BIM 组件与模块

（1）BIM 组件。BIM 组件是放置在建筑物中特定位置并指定特定属性的元素或元素组合。特定组件相当于"预制模块"，这一想法与工业生产过程相吻合。对于部件的生产，可以使用具有相同材料、结构、功能和加工技术的装置。

该模型由多个组件组成，每个组件包括两部分：基本属性和高级属性。基本属性是对模型固有特性和属性的描述，如唯一代码、材料、体积等。高级属性可用于工程管理、操作和维护，如预制构件的使用寿命和成本。由于可以计算和处理模型组件中的许多参数，因此可以根据模型信息执行各种分析和计算。

BIM 的组装组件包含原始物体的识别信息，如墙、梁、地板、柱、门窗、楼梯等，涵盖不同类型的预制构件。不同的构件具有不同的起始参数和信息。例如，标准矩形梁具有截面尺寸和长度等信息。

每个预制构件的尺寸和结构包含不同的参数信息。参数化的概念反映了组件通过定量可测量的过程。一般参数化是指在人工组合中内部个体之间以及内部和外部之间的关系，可以用定量参数来描述，应该积极阐明这种关系，使其成为设计订单的基础。

BIM 通过参数驱动实现组件的模块化，这与后期的生产、运输和安装有关。例如，主模块可以设置为 100 mm，扩展模块可以用于 1 500 mm 以上的尺寸。扩展模块可以是 $3M$、$6M$、$15M$ 等等，它不仅可以使建筑物不同部分的尺寸相互吻合，而且可以将一些紧密的尺寸统一起来。这可以减少部件和配件的规格，并促进工业生产。

"组件"具有真实的结构和模型深度的变化，以匹配不同设计阶段的模型。例如，在方案阶段，墙体主要是几何形状；在初步设计阶段，墙体开始有结构和材料；在结构设计阶段，墙体有保温材料、防水材料类型、空气夹层等。在平台中预先引入不同深度的常用预制构件模块，可以提高设计速度。

当然，除了标准的"组件"，还可以自定义更特殊的"组件"。积累多个项目，可以丰富组件库。

BIM "构件"可被赋予信息，可被用于计算、分析或统计。BIM 集成了建筑工程项目各种相关信息的工程数据，是对该工程项目相关信息的详尽表达，不仅可以实现多专业的协同，而且可以支持整个项目的管理。BIM 的构件可以集成丰富的信息。例如，预制墙体添加自定义参数，如防火等级、混凝土强度等级（C20、C25、C30、C40，C50……）、夹芯保温等级（A 级、B1 级、B2 级、B3 级）、钢筋的型号（Q235、Q345），以及材料物理信息（可用于性能化分析）、材质信息。

（2）BIM 模块。该模块是组件集成的产物，属于一整套实用技术。包括各种专业建筑技术，如防水技术、排烟通风管道技术、光隔墙技术、保温技术等。

通过该项目可以积累一些标准化的功能性空间模块，如卫生间、办公室、走道、楼梯、电梯井等。该模块可以根据设计要求进行自适应修改，并可以实现多个逻辑连接，甚至可以为设备提供一些架构设计规则作为参数，系统将自动给出解决方案。

单元定型的组合方法是以平面关键参数的参数为基线定义基本组成单元，然后组成不同的组合。这种组合主要侧重于简化组件规范，但其适应多样化的能力较弱。一般适用于建筑系统的初级阶段，以获得良好的经济效益。

二、协同设计

（一）BIM 三维协同设计

根据 Smart Market Report2015 年的调查结果，在中国，有 42% 的建筑师与 48% 的承包商认为 BIM 可以减少工程开销，且 62% 的承包商认为采用 BIM 可以提高工程估价能力。

作为一种设计工具，合作项目团队可以实时更新三维模型，讨论设计迭代，集成建筑、结构，并在早期设计阶段消除机电设备的冲突和其他问题。任何专业设计师都可以将必要的模型与自己的模型联系起来，并将相关模型用作自己作品的主要模型。多学科联合设计减少了错误、遗漏、冲突和缺陷，提高了设计质量和通信效率。

使用 BIM 来控制成本，可以减少现场设计变更，显著减少诉讼。如果所有学科和利益相关者在早期阶段就不同的决定达成一致，就可以避免高昂的搬迁费用。

联合设计的基础是确定技术条件和交换设计实施信息的平台。首先，根据项目信息确定设计模型的分离原则、模型的详细程度、模型的质量控制程序和设计交付标准。其次，定义软件和硬件以完成所需的应用程序。最后，创建项目模板、共享坐标、共享文件夹等。学科之间的联合设计可以通过信息平台或共享文件夹实现。信息交换是联合设计的基础，因此所有设计材料应定期存储在共享文件夹中或在信息平台中更新，使其他专业人员能够根据自己的需要获得最新的车型信息。

协同设计过程包括两个部分：视觉协同和整体协调。一是设计师在早期设计阶段基于其他专业模型的设计，二是设计后期不同专业之间的冲突。专业之间的联合设计过程如下：在概念设计阶段，建筑专业提前设计模型，并将其提供给建筑和机电专业验证和批准后的专家；在初步设计阶段，所有专家都对模型进行设计。目前，模型信息尚未得到验证和批准，不能用作参考信息。结构专家和机电专家在概念设计阶段根据建筑设计模型进行视觉连接设计，并定期进行综合设计跨学科协调。在检查每个专业的模型后，可以生成二维图纸。在建筑图纸的设计阶段，对模型生成的二维图纸进行详细修改和组件设计，结合图纸的二维规范进行，并对节点进行详细设计。

（二）BIM 性能分析

基于性能的分析通常需要建模和手动输入相关数据来进行分析和计算，而该软件的操作和使用需要专业技术人员经过培训后毕业，而且由于设计方案的修正，耗时且劳动密集的数据输入工作需要频繁地重新输入或验证，因此基于性能的建筑物理分析包括对建筑物能量的分析，通常在设计的最后阶段组织。

BIM 设计模型包含大量设计信息（几何信息、材料特性、部件特性等），导入专业的基于性能的分析软件时，它可以减少构建模型和数据输入的负载，并减少数据错误。基于性能的 BIM 分析分为以下几种：

1.绿色可持续分析

（1）碳排放分析。对项目的温室气体排放、材料融入能量、年维护能量等分析评估，并给出绿色建议。

（2）节能分析。以计算机模拟为主要手段，从建筑能耗、微气候、气流、空气品质、声学、光学等角度，对新建建筑设计方案进行全面的节能评价。

2. 舒适度分析

（1）日照采光分析。针对自然采光和人工照明环境进行数字化分析和评估，给出包括采光系数、照度和亮度在内的一系列参考指数，为建筑设计、室内设计和灯光设计提供依据。

（2）通风分析。对场地周围的自然风环境和内部通风能力进行分析，并提出解决方案和优化建议。

（3）声场分析。对实施场地周边的声场和重点空间的乐声效果进行分析，对建筑的局部造型、室内构造、材料、景观等提出优化建议，确保达到预期效果。

3. 安全性分析

（1）结构计算。目前，大多数 BIM 平台软件已经支持将模型导出通用格式 IFC，或专用数据接口导入常用的结构计算软件中进行分析计算。通常这种接口是双向的，分析优化设计的结果将再次导回 BIM 平台中，进行循环优化设计。

（2）消防分析。通过三维模型对消防性能化设计进行可视化分析和统计，确保符合相关规范，提出优化建议。

（3）人流分析。基于 BIM 模型和相关专业工具软件，模拟安全疏散过程中典型的人群心理和行为，实现人员疏散的速度与安全性的分析。要计算人员分布、疏散速度、流量、出口平衡性等关键参数，对人员疏散过程进行动态量化分析，提交报告和优化建议。

4. 其他专项分析

（1）碰撞冲突分析。在设计预制混凝土建筑的过程中，显然不可能依靠人工校正和筛选来确保每个预制构件在现场组装时不会出现问题。借助 BIM 模型，可以在设计阶段提前消除现场可能发生的冲突和碰撞，以较好地规避风险。

传统的二维建筑图纸无法准确定位钢筋的位置，连接钢筋时经常发生碰撞。在 BIM 模型中，可以检查钢筋的影响并获得碰撞报告，并在交付建筑图纸之前将碰撞调整到最小。

（2）成本分析。BIM 数据库可以直接统计生成主要材料的工程量，辅助计算工程管理和工程造价的预算，有效地提高工作效率。

（3）规范检查。通过 BIM 的可视化特性进行建筑、结构、设备专业的规范检查，减少项目审图时间并提高设计质量。

（4）吊点分析。通过 BIM 模型及相关分析软件，根据预制构件的形状、重心位置、场地布置、施工安全等因素，模拟吊点位置与吊装流程，优化吊点数量和起吊点选择方案，使构件在吊运过程中保持稳定，避免构件的倾斜、翻倒、变形、损坏以及安全事故的发生。

5. 3D 到 2D 成果输出分析

BIM 数字化建筑构件所有信息都以参数的形式保存在 BIM 数据库中，数据库中的数据通过图形软件生成三维模型。三维模型建立后可以生成平面图、立面图、剖面图，在修改图纸时，设计人员只要修改模型中的要素即可。

BIM 组件之间的交互将反映在数据库的参数中，如果用户对将自动反映在模型中的架构设计或文档部分进行更改，则会更改数据库数据，相关修改将与其他零件相关。组件的移动、删除和尺寸变化引起的参数变化将导致相应组件的参数发生相应变化。应始终保证 BIM 模型的协调性和一致性，这样在此基础上生成的所有图纸的顺序就能保持一致，无须再逐个检查和修改所有图纸，可以提高工作效率和质量。

三、构件设计

（一）BIM 模型拆分

构件设计阶段是实现装配式建筑的重要环节，起着承上启下的作用。通过设计构件，可以将建筑的每个元素进一步细化为一个构件。通过该平台，可以进行模型碰撞试验，以确定不同组件、接线盒、电线、设备和钢筋之间是否存在干扰和碰撞，并根据测试结果调整每个元素，以进一步改善每个元素之间的关系，直到整个组件设计过程完成。装配式建筑的构件设计涉及模型的主要分离和模型节点的设计。

传统意义，预制构件的"拆分设计"是在施工图完成后由构件厂进行的。理想的过程是在规划的早期阶段进行专业干预，在方案设计阶段确定预制构件的技术路线和产业化目标，并根据既定目的制定方案，以避免不合理的方案导致的后期不合理的技术经济性，避免因前后中断而导致的设计错误。BIM 在预制建筑的拆分设计中具有天然优势。可以说，BIM 模型的出现为装配式建筑提供了强大的载体，原始设计考虑了模型的划分，而不是仅仅依靠组件制造商的传统方法。

基于 BIM 的预制构件拆卸设计应考虑三个方面：构件种类、模板数量和标准结构单元设计。

1. 构件种类

分离时，应尽可能少地使用预制构件，并考虑构件的加工、运输和保存，这不仅可以降低零部件的制造难度，而且很容易实现批量生产和成本控制的目标。如果在规划和设计方案阶段采用调制概念，模块之间将具有很高的灵活性，可为有效控制组件类型提供有利的先决条件。

2. 模具数量

在分割设计中应考虑形状的数量。形状的数量应尽可能小，以提高其使用速度，确保预制构件制造过程的效率。如果与预制构件自动生产线相结合，也可以实现模具装配的自动化。

3. 标准结构单元设计

标准结构块的设计是在组件拆卸过程中确保计算机组件标准化的重要手段。例如，标准截土墙可根据其功能特性分为三个部分：限制段、开口段和可变段。可以通过极限截面的标准化设计，形成几个常见的标准化钢筋单元，实现 PC 组件承载部分的标准化加固和加固单元的机械化自动化生产。在此基础上，通过极限截面、开口截面和可变截面的不同组合，实现截土墙的灵活性和多样性。

（二）BIM 节点设计

预制混凝土结构是实现建筑产业化的重要手段，其主要结构体系包括预制框架结构、预制板墙结构、混合设计等。在过去预制混凝土结构的工程实例中，由于结构的完整性和抗震能力较差，建筑物在地震作用下受损甚至倒塌。在预制混凝土结构的结构体系中，预制构件之间的连接（节点）对结构完整性、荷载传递、地震能量消耗起着重要作用。

BIM 可以创建和积累标准节点，以实现有效的节点设计。通过调整节点，可以轻松制作新的接触形式，并通过更改截面规格自动调整接触形式。如果项目中有大量相同的节点，则可以在此时使用用户定义的节点。BIM 自定义节点非常方便修改，只要它们是相同的用户定义节点，只需单击修改用户定义的节点，所有相同的节点都会相应更改，避免了丢失更改的现象。

创建节点后，应检查模型是否合格，首先检查是否没有节点，其次检查零部件是否发生碰撞和匹配，最后检查图纸设计是否不合理，为下一步图纸和报告的准确性以及现场安装奠定基础。

（三）成果输出

装配式建筑设计是通过预制构件加工图来表达预制构件的设计，其图纸还是传统的二维表达形式。BIM 模型建成后，可以自动生成装配式建筑的建筑平面切分图、构件详图、配筋图、剖面等图纸。

1.BIM 模型集成加工图纸，有效加强与预制工厂协同

通过 BIM 模型对建筑构件的信息化表达，构件加工图在 BIM 模型上直接完成和生成，不仅能清楚地传达传统图纸的二维关系，而且对于复杂的空间剖面关系也可以清楚表达。同时，还能够将离散的二维图纸信息集中到一个模型当中，这样的模型能够更加紧密地实现与预制工厂的协同和对接。

2. 变更联动，提升出图效率

大多数 BIM 平台支持生成结构施工图纸，可以根据需要形成平面图、立面图、剖面图。据统计，用二维 CAD 画一个预制墙板配筋图需要 3 d，而在 BIM 中，节点参数化后，同类型的墙板即可通过修改钢筋的直径、间距、钢筋等级等参数来重复利用，然后生成图纸，整体时间比传统节省 30% 以上。

BIM 构件间关联性很强，模型修改后，图纸就会自动更新，一方面减少了图纸修改工作量，另一方面从根本上避免了一些低级错误，如平面图改动却忘记在剖面图中相应改动等类似问题。

3. 精确统计钢筋下料，提升成本把控能力

BIM 可以自动统计钢筋用量的明细，可以直接进行钢筋算量，方便快捷。在施工前，可以提供较为精确的混凝土用量及钢筋数量，其中也包含预制构件中使用的钢筋长度、重量及直径，以及弯折位置和相关尺寸等重要信息，大大提高了工厂化生产的效率。

第三节　BIM 在装配式混凝土建筑制造中的应用

一、BIM 数据传递

BIM 工程数据独特，可以解决分布式和异构工程数据之间的一致性和全局共享问题，在建设项目的整个生命周期中管理和共享动态工程信息。完美的信息模型可以连接建设项目生命周期不同阶段的数据、流程和资源，是对项目现场的完整描述，可广泛用于建设项目的所有参与者。

随着项目的进展，有必要分阶段创建 BIM，从项目规划到设计和施工，为运营和维护等不同阶段的不同应用创建相关子信息模型。任何信息模型都可以自动开发。该阶段的信息模型可以通过从前一阶段的模型中提取、扩展和集成数据来形成，或者可以从应用集成模型中为某些数据生成子信息应用模型。随着项目的进展，最终将形成整个施工生命周期的完整信息模型。

从设计图纸到工厂化生产，预制混凝土结构需要一套完善的数据传输方法。BIM 可以帮助管理建筑生命周期信息，以便有效组织和跟踪信息，确保信息从一个阶段转移到另一个阶段，而不会"丢失信息"，并减少信息的模糊性和不一致性。为了实现这一目标，需要创建一个数据集成平台来构建生命周期和相应的存储机制，跟踪和扩展与项目每个阶段相关的工程信息的有机集成数据。

建筑信息模型的支撑是数据交换标准。国际协同工作联盟推出的工业基础类 IFC（industry foundation classes）为 BIM 的实现提供了建筑产品数据表达与交换的标准。IFC 是当前主导的 BIM 构件技术标准，BIM 的建立需要应用 IFC 的数据描述规范、数据访问以及数据转换技术。

IFC 模型可以划分为四个功能层次：资源层、核心层、交互层和领域层。每个层次都包含一些信息描述模块，并且模块间遵守"重力原则"。每个层次只能引用同层和下层的信息资源，而不能引用上层资源。这样上层资源变动时，下层资源不受影响，可以保证信息描述的稳定性。

通过 IFC 文件解析器可进行 IFC 文件的数据读写，与兼容 IFC 标准的应用软件进行数据交互，实现建筑工业化构件信息的导入与导出。对于不支持 IFC 标准的应用软件，可通过数据转换接口实现信息交换和共享，最终实现 BIM 信息模型到预制构件制造的数据传递。

二、应用 BIM 智能生产、发货、运输、堆放

（一）生产管理

通过数据传输，有关建筑物结构的信息可以呈现给预制厂的主计算机，主计算机接收生产数据并返回状态，因此运营规划和项目管理人员可以直接处理可见组件。在传统的施工过程中，调度员负责这项工作。同时，信息管理系统可以与云技术相结合，因为每个项目参与者都可以通过互联网接收有关项目的信息，并根据自己的权限处理相关内容。

在制造过程中，使用二维码、条形码、射频技术识别组装部件，将组装的部件信息导入数据库（包括部件几何信息、建筑空间信息、装配过程信息等）并连接到主计算机以形成预制构件数据库。每个制造的预制构件都可以在数据库中找到唯一的相关信息。借助信息过滤标准，项目参与者可以快速找到必要的信息，对所有内容进行重组和分类，根据标准的多级分组方法对几乎所有类型的组件进行分类并获取列表。

通过预制构件信息数据库中的钢筋信息和三维视觉引导，预制构件制造厂的工人可以有效地完成通过自动设备进行加固。

组装部件信息数据库中的部件尺寸和开口信息，在一定程度上转换了信息，通过精确定位，生产线的壁纸组件自动切割和打开。特别是对于具有多个孔和复杂位置的框架，劳动力成本显著降低，部件质量有效提高。

在制造过程中，预制构件通过预制构件数据库中的装配位置、数量和其他构件信息装配在预制构件板上。预制生产工厂可以通过智能铸造技术节省生产材料，提高预制构件的生产效率。

（二）发货管理

预制构件在工厂制造后，根据预制构件数据库中预制构件装配过程的信息分配交付零件及其交付时间。交付顺序与施工现场的安装顺序一致。

（三）运输管理

在将预制构件从工厂运输到施工现场的过程中，运输工具的优化分配和运输信息的实时跟踪确保组件运输过程的稳定性和效率。装载预制构件时，应根据预制构件的信息进行评估并采取一些保护措施，以确保预制构件的完整性。

（四）现场堆放管理

预制构件到达施工现场后，累积序列根据预先存储的有关组件累积设施的信息自动

设置，预制构件和货物数据库中的累积标准和装配顺序将自动进行相应安排。在卸载和堆放过程中，要识别重叠的预制构件，并给出"堆放参数"，以避免碰撞或损坏预制构件。可使用视觉辅助工具显示三维排列视图，通过获得排列列表和排列效果的三维图，直观地看到排列效果，轻松完成预制构件的校正或转移。

第四节　BIM 在装配式混凝土建筑装配中的应用

一、BIM 辅助施工组织策划

（一）施工进度模拟

工程施工是一个非常复杂的过程，尤其是预制混凝土工程，它涉及施工过程中的许多参与者，装配过程也非常复杂。预制构件必须在现场施工安装前制造，并满足施工质量要求。因此，除了良好、详细和可行的施工计划外，所有项目参与者还应清楚地了解彼此之间的装配计划，尤其是项目经理必须清楚地了解项目计划和当前的状态。

（二）预制构件运输模拟

信息技术可以基于组装部件的实际生产信息和施工现场的环境模拟装配过程，以提高组织和规划项目的能力。基于 BIM 的施工组织设计可以动态模拟现场安装的规划单元和该单元所需的预制构件数量。装配厂根据 BIM 数据评估现场预制件的使用情况，组织生产，并进行规划和运输。

（三）预制场地环境布置

在运输部件或大型施工机械和设备时，装配项目需要各种大型车辆，因此重要的考虑因素是设计车辆移动线和临时场地，以便在施工现场安排车辆和预制构件。同时，施工现场的布局随着施工进度而动态变化，这就要求传统的场地布置方法与施工现场动态变化的需要紧密结合。同时，应结合现有拼装方法的其他关键指标，建立较为完整的施工现场方案评价指标体系。

二、预制构件虚拟装配建造

随着项目的日益复杂，预制构件的类型越来越多，很难从二维图纸中理解预制构件和内部连接件的形状。装配混凝土预制构件的准确性直接影响到建筑装饰的结构和质量，因此在装配预制构件时必须充分体现。使用 BIM 技术，可以在实际装配之前模拟复杂部件的虚拟建模以及随机观察等操作，甚至可以进行分离和分解，以便现场安装人员非常清楚地了解其组成，减少对二维图纸的误解，确保现场组装的质量和速度。

基于施工图、装配顺序等基本信息，可以实现基于 BIM 三维精密定位技术的预制构件仿真，证明组装的可行性，这是提高施工质量的数字化手段。

三、BIM 辅助成本管理

成本是工程项目的核心，对于建筑业来说，成本控制主要体现在项目成本管理中。项目成本管理信息化是项目成本管理活动的重要基础。

在整个成本管理过程中，利用信息技术可以全面提高建筑业的管理水平和基本竞争力，提高现有工作效率，增加预制项目的利润。

（一）预制建筑 BIM 工程量

在预制工程造价管理中，工程量是必不可少的基础，只有工程量准确，才能控制工程造价。利用通过技术创建的三维模型数据库，企业无需复制图纸、图纸等所有工程量统计中的重复工作，可以降低工作强度，提高工作效率。此外，由于预制构件结构的形状或管道存在复杂性，从模型中计算的数量不会偏离计算。

（二）预制建筑与 5D 管理

在预制混凝土施工项目中，可以将三维预制构件与施工计划、构件价格和其他 5D 相关因素数据库相关联来建立数据库。该数据库可以准确、快速地计算预制构件的数量，提高施工预算的准确性和效率。同时，数据库可以随时快速获取项目的基本信息。反复计算和比较合同、计划和实际施工的消耗量、详细单价、详细总价等数据，能够有效了解项目阶段的经营损益，包括消耗是否超标、分包商投入单价是否失控等，实现项目成本风险的有效控制。

四、BIM 辅助施工质量监控

设计装配技术的质量是确保整个建筑产品合格的基础。在传统的实际工程中，预制构件和材料的加工质量完全取决于施工人员的生产和施工水平。

为了保证预制混凝土建筑的施工质量，在施工过程中还可以将 BIM 结合数字设备对模板的质量进行数字监控，如预制混凝土构件产品的金属配件和后期零件的尺寸、裂缝、损坏、安装状态。同样，BIM 数据设备（如三维扫描仪）可以对预制建筑中机电管道的安装位置和状况进行三维对比测试，包括预制构件开口的保留尺寸、物体尺寸和管道定位。为了更有效地管理施工现场，监控施工质量，使 BIM 数字化项目管理成为可能，项目管理和质量控制人员可以从第一时间获得信息，减少加工数量，提高质量，确保施工进度。

第五节 BIM 在装配式混凝土建筑运维中的应用

一、装配式混凝土建筑运维管理

目前，中国的住宅项目主要采用预制混凝土建筑。居住区主要采用传统的物业管理方法，其手段、理念和管理工具相对简单，主要依赖不同形式的数据或管理形式，缺乏直观有效的方法来搜索和检索管理对象。管理者必须具有较高的专业素质和运营经验，以提高管理效率。

于是，装配式混凝土建筑工程与运维管理（facility management，FM）的整合需求就变得很突出，尤其是如何利用 BIM 技术进行这种整合。

根据国际设施管理协会（IFMA）的说明，设施管理是"将实质工作场所与组织内的人员和工作结合起来的一种实践，综合了管理科学、建筑科学、行为科学和工程技术的基本原理"。

设施管理与传统意义上的物业管理不是一回事，实际上两者有很大的区别，如表9-1所示。

表9-1 传统物业管理与运维管理比较

物业管理	运维管理
现场管理	经营战略
日常维护	专业化管理、精细化管理
保值	增值
物业管理过程	运维管理过程
关注现状	关注整个生命周期
人员现场管理	信息化管理

简单地说，物业管理仅关心物业本身的建筑、设施维护，而运维管理涉及范畴很广，甚至可以包括客户所有的非核心业务，对企业的战略规划具有重大影响。运维管理的特点主要为专业化、精细化、集约化、智能化、信息化、定制化。

（一）专业化

运维管理提供策略性规划、财务与预算管理、不动产管理、空间规划及管理、设施设备的维护和修护、能源管理等多方面内容。应对不同的行业及领域所需的基础设施以及公共服务设施实行专业化服务。

（二）精细化

运维管理运用信息化技术，对客户的业务进行研究分析，优化质量、成本、进度、服务等精细化管理目标。

（三）集约化

运维管理致力于资源能源的集约利用，通过流程优化、空间规划、能源管理等服务实现集约化的经营和管理，降低运营成本，优化运营能力。

（四）智能化

运维管理充分利用现代信息技术，通过高效的传输网络，以及智能家居、智能办公、智能安防系统、智能能源管理系统、智能物业管理维护系统、智能信息服务等系统实现智能化服务与管理。

（五）信息化

运维管理通过信息化技术降低运营成本，保证管理与技术数据分析处理的准确性，优化运营方案决策，实现业务操作信息化。

（六）定制化

运维管理根据客户的业务流程、工作模式、经营目标等需求，提供定制化设施管理方案，合理组织空间流程，可以提高物业价值。

二、BIM 技术与运维管理集成

随着 BIM 技术在预制混凝土建筑的设计、生产和安装阶段的日益普及，未来该技术有可能覆盖工业建筑的整个生命周期。

在预制构件的制造过程中，预制构件通过代码、条形码或射频技术进行识别。在预制混凝土建筑的后期运营和维护管理中，通过预制构件数据库查找相关构件并匹配相关属性信息非常方便，可以提高运维管理的效率和质量。

在建筑空间操作系统的基本架构和设备维护管理的基础上，整个操作维护管理系统不同的数据信息包括制造过程中部件的综合数据、设备参数数据和设备操作尺寸数据，由设备在运行和维护过程中产生。

与传统建筑不同，工业建筑可以在部件制造阶段充分利用技术或代码识别，这样可以在建筑物的运行和维护阶段更方便地完成部件的需求和维护。

显然，BIM 模型中的数据越丰富，越能为设施的管理以及建筑物的运营和维护管理产生更大的价值，这将有助于提高整个建筑的运营效率和经济效益。然而，不同 BIM 软件和计算机辅助管理软件中存在的不同数据格式是提供 BIM 数据的主要障碍。所有项目参与者必须共同采用和遵循一致的数据交换标准，并在整个规划、设计、施工过程中加以应用、安装和管理、监测、分析、控制。预制构件在运行维护过程中的维护和其他应用可以实现基于技术的相对完整的运行管理和维护模块。基于技术的预制构件操作和维护管理包括以下综合内容。

（一）3D 可视化

BIM 模型可以实现 3D 可视化操作，提供更加直观的运维管理环境。

（二）预防性维护

利用 BIM 模型中的机电设备信息，针对持续的预防性维护需求创建管理数据库。这对需要定期检查和保养的设备，尤其是采暖、通风、空调设备和生命安全系统具有特别重要的意义。

（三）状态评估

BIM 提供的数据有助于评估建筑物现状并进行性能优化的分析。

（四）空间管理

在没有 BIM 的情况下，传统的 CAFM 软件进行空间管理的过程如下：FM 人员扫描纸张平面图到 CAFM 应用程序内使用，然后作为电子楼层平面图背景创建 Polyline（直线和圆弧段组成的闭合回路）定义一个区域，并确定房间号码来命名该区域。

BIM 模型为空间管理提供了一个很好的起点，可以快速为空间管理建立基础数据。FM 人员使用与 BIM 集成的 CAFM 客户端可以合并来自多个数据源的数据，使用简单的工具产生自己的楼层平面图、房间号码、区域、人员等，并用不同的颜色标注。

（五）企业管理

应通过 BIM、FM 系统与企业管理结合，挖掘更多的价值点，如将 HR 的员工信息与办公空间关联，实现可视化的员工工位管理。

以上种种价值可以通过 BIM 软件与 FM 平台的集成来实现，具体处理方式有两种：① BIM 作为 FM 数据源，BIM 模型与 FM 系统双向同步数据；② BIM 作为 FM 操作平台，通过 BIM 轻量模型访问 FM 数据。

第十章　装配式混凝土建筑工程验收

第一节　装配式混凝土建筑工程验收概述

一、检验批质量验收的内容

（一）实体质量检查

实体质量检查包括验证主要控制元件和公共元件。公共元素是验证元素，而不是基本控制元素。一些不影响设计安全要求和使用功能的规定可以适当放宽，但偏差值也应受到限制。

（二）质量控制资料检查

质量控制资料检查包括原材料、构配件和设备等的质量证明文件和检验报告、施工过程中的重要工序的自检和交接检验记录、平行检验报告、见证取样检测报告等。

二、分项工程质量验收的内容

分项工程验收在检验批的基础上进行，是其所含检验批质量的统计汇总，主要是检查检验批是否全部合格，以及内容及签字是否齐全。

三、分部工程质量验收的内容

（1）分部工程所包括的全部分项工程验收。

（2）设计安全和使用功能的地基基础、主体结构、有关安全和重要功能的安装分部工程应进行有关见证取样送检试验或抽样检测。

（3）进行观感质量验收。观感质量验收不能以"合格"或"不合格"作为结论，而是给出"好""一般"和"差"的综合质量评价。

四、单位工程质量验收的内容

（1）单位工程所包含的分部工程质量验收合格。

（2）检查质量控制资料的完整性。

（3）检查单位工程所含分部工程有关安全和功能的检测资料的完整性。

（4）对单位工程主要功能项目进行抽查。

（5）单位工程观感质量检查符合要求。

五、验收依据

（一）建筑工程施工质量标准体系

（1）通用标准：同时表达若干种标准化对象共有特征的标准，属于强制性标准。

（2）专用标准：表达一标准化对象的个性特征的为专用标准。

（3）工艺标准与工法：表达施工企业或一种特定标准化对象具体共操作技术和规则的标准为施工工艺标准。

（4）评优标准：表达鼓励企业创造优质工程而建立的标准称为专项评优标准或综合评优标准。

（5）监理标准：表达作为第三方代表从事监督工作管理的标准称为监理标准。

（6）监督标准：政府对工程进行监督的规范标准称为监督标准。

（二）工程资料

（1）施工图纸设计文件、施工图纸和设备技术说明书。

（2）图纸会审记录、设计变更和技术审定等。

（3）有关测量标桩及工程量测说明和记录、工程施工记录、工程事故记录等。

（4）施工与设备质量检验与验收记录、质量证明及质量检验评定等。

（三）施工合同文件

合同文件优先次序：合同协议书；合同协议书备忘录；中标通知书；投标书及其附件；合同条件；技术规范；图纸；工程量保价单；业主同意纳入合同的投标书补充资料表中的若干内容；投标人须知；其他双方同意组成合同的文件。

合同文件的解释：诚实信用原则；反义居先原则；确凿证据优先原则；书面文字优先原则。

六、验收划分

现行国家标准《建筑工程施工质量验收统一标准》（GB 50300—2013）将建筑工程质量验收划分为单位工程、分部工程、分项工程和检验批。其中分部工程较大或较复杂时，可划分为若干子分部工程。

质量验收划分不同，验收抽样、要求、程序和组织都不同。例如，就验收组织而言，对于分项工程，由专业监理工程师组织施工单位项目专业技术负责人等进行验收；对于分部工程，由总监理工程师组织施工单位负责人和项目技术负责人等进行验收。设计单位项目负责人和施工单位技术、质量部门负责人应参加主体结构、节能分部工程的验收。

2014 年版的行业标准《装配式混凝土结构技术规程》（JGJ 1—2014）中规定，装配式结构应按混凝土结构子分部进行验收；当结构中部分采用现浇混凝土结构时，装配式结构部分可作为混凝土结构子分部工程的分项工程进行验收。但 2015 年版的国家标准《混凝土结构工程施工质量验收规范》（GB 50204—2015）将装配式建筑划为分项工程。如此，装配式结构应按分项工程进行验收。

（一）混凝土工程验收内容

1.混凝土原材料及外加剂的检查

（1）水泥进场必须有产品合格证、出厂检验报告、准用证等，要做到先检验后使用。

（2）水泥进场时应对其品种、级别、包装或散装仓号、出厂日期等进行检查，并应对其强度、安定性及其他必要的性能指标进行复验，其质量必须符合现行国家标准《硅酸盐水泥、普通硅酸盐水泥》（GB 175—2007）等的规定。

当在使用中对水泥质量有怀疑或水泥出厂超过三个月（快硬硅酸盐水泥超过一个月）时，应进行复验，并按复验结果使用。

钢筋混凝土结构、预应力混凝土结构中，严禁使用含氯化物的水泥。

（3）混凝土中掺用外加剂的质量及应用技术应符合现行国家标准《混凝土外加剂》（GB 8076—2008）与《混凝土外加剂应用技术规范》（GB 20119—2013）等和有关环境保护的规定。预应力混凝土结构中，严禁使用含氯化物的外加剂。钢筋混凝土结构中，当使用含氯化物的外加剂时，混凝土中氯化物的总含量应符合现行国家标准《混凝土质量控制标准》（GB 50164—2011）的规定。

（4）混凝土中氯化物和碱的总含量应符合现行国家标准《混凝土结构设计规范》（GB 50010—2010）和设计的要求。

（5）混凝土中掺用矿物掺和料的质量应符合现行国家标准《用于水泥和混凝土中的粉煤灰》（GB/T 1596—2017）等的规定。矿物掺和料的掺量应通过试验确定。

（6）普通混凝土所用的粗、细骨料的质量应符合现行国家标准《普通混凝土用碎石或卵石质量标准及检验方法》（JGJ 52—2006）、《普通混凝土用砂质量标准及检验方法》（JGJ 52—2006）等的规定。

（7）拌制混凝土宜采用饮用水；当采用其他水源时，水质应符合现行国家标准《混凝土拌合用水标准》（JGJ 63—2006）的规定。

2. 混凝土拌制工序质量检查

（1）现场自拌混凝土。

①检查计量设施。所有计量器具必须有检定的有效期标识。地磅下面及周围的砂、石清理干净。计量器具灵敏可靠，并按施工配合比设专人定磅。

②复检配合比设计。混凝土应按现行国家标准《普通混凝土配合比设计规程》（JGJ 55—2011）的有关规定，根据混凝土强度等级、耐久性和工作性等要求进行配合比设计；对有特殊要求的混凝土，其配合比设计尚应符合对应的国家现行有关标准的专门规定。

③首次使用的混凝土配合比应进行开盘鉴定，其工作性应满足设计配合比的要求。开始生产时应至少留置一组标准养护试件，作为验证配合比的依据。

④混凝土拌制前，应测定砂、石含水率并根据测试结果调整材料用量，提出施工配合比，每工作班检查一次。

⑤检查作业交底情况。施工单位管理人员要向搅拌混凝土作业班组进行配合比、操作规程和安全技术交底。

⑥检查混凝土的坍落度及和易性，保持混凝土拌和物的均匀一致性，以及良好的流动性、黏聚性和保水性，且不泌水、不离析。当混凝土拌和物不符合上述要求时，应查找原因，及时调整。

⑦见证取样。按照混凝土工程施工质量验收规范的规定要求留置混凝土标样试块和同条件养护试块。

（2）定购商品混凝土。

①实地考察商品混凝土厂家的企业资质、人员资格、质量保证体系，并对生产厂家的原材料、设备、生产等进行审核。

②在签署混凝土浇筑报审表之前，专业监理人员要审查商品混凝土厂家提供的混凝土配比单及各种原材料的合格证、质保书、检测报告。

③商品混凝土运至施工现场，监理人员应先审查混凝土出厂合格证书，核对其包含的内容是否符合规定。如发现混凝土出厂合格证书内容有疑问，可至供方质量部门核查相关资料。

④进入现场的商品混凝土要在监理见证下与供购双方共同对实物进行现场交货验收；商品混凝土现场实物检查验收的主要项目是坍落度、和易性及离析情况。

⑤监理须督促施工单位按规范要求留够混凝土标样试块和同养试块。试块的材料取样应在监理的见证下随机抽取。

⑥商品混凝土一次使用量较大时，混凝土厂家应派出质量检查员在现场控制与协调。

3. 混凝土运输要求

（1）混凝土配合比及添加剂必须符合设计要求。

（2）混凝土入模前应不发生分层、离析现象，组成成分应不发生变化。

4. 混凝土浇筑前的要求

混凝土浇筑前，应对混凝土质量进行如下检查：

（1）混凝土坍落度的检查：检查混凝土在浇筑地点的坍落度，每一工作班不少于2次。

（2）混凝土强度的检查：在混凝土浇筑地点随机抽取混凝土制作混凝土试件，检查混凝土强度。

混凝土取样与试件的留置应符合下列规定：

（1）每拌制100盘且不超过100 m² 的同配合比的混凝土，取样不得少于一次；每工作班拌制的同一配合比的混凝土不足100盘时，取样不得少于一次。

（2）当一次连续浇筑超过1 000 m² 时，同一配合比的混凝土每200 m² 取样不得少于一次。

（3）同一楼层、同一配合比的混凝土，取样不得少于一次。

（4）每次取样至少留置一组标准养护试件，同条件养护试件的留置组数应根据实际需要确定。

（5）对有抗渗要求的混凝土结构，其混凝土试件应在浇筑地点随机取样，同一工程、同一配合比的混凝土，取样不应少于一次，留置组数可根据实际需要确定。

混凝土入模前应对模板、钢筋、预埋件等（质量、数量、位置等）进行逐一检查，并做好隐蔽验收记录。

施工缝的位置设置应符合以下要求：

（1）施工缝的位置应留在结构受力较小且便于施工的部位，应在混凝土浇筑前按照设计和施工技术方案确定，施工缝的处理应按照施工技术方案进行。

（2）柱宜留置在基础的顶面、梁或吊车梁牛腿的下面、吊车梁的上面、无梁楼板柱帽的下面。

（3）与板连成整体的大截面梁，宜留置在板底面以下20～30 mm处，当板下面有梁托时，宜留置在梁托下面。

（4）单向板宜留置在平行于板的短边的任何位置。

（5）有主次梁的楼板，宜顺着次梁方向浇筑，宜留置在次梁跨度中间1/3范围内。

（6）双向受力板、大体积混凝土结构、拱及其他结构复杂的工程，其位置应按照设计要求留置。

在施工缝处继续浇捣混凝土时，已硬化混凝土抗压强度应达到1.2 N/mm²，并应清除水泥薄膜、松动石子及软弱混凝土层，要充分湿润和冲洗干净，且不得积水。

在浇筑混凝土前应在施工缝处铺一层与混凝土内成分相同的水泥砂浆，细致振捣，使新旧混凝土紧密结合。

5. 混凝土的浇筑要求

（1）混凝土运输、浇筑和施工间歇的全部时间，不应超过混凝土的初凝时间，同一施工段的混凝土应连续浇筑，并在底层混凝土初凝之前将上一层混凝土浇筑完毕。

（2）混凝土自高处倾落的自由高度不应超过 2.0 m，否则应采用串通、溜管或振动溜管使混凝土下落。

（3）在浇筑与柱和墙连成整体的梁和板混凝土时，应在柱和墙混凝土浇筑完毕后停歇 1.0 ~ 1.5 h，再继续浇筑混凝土。

（4）梁和板宜同时浇筑混凝土，拱和高度大于 1.0 m 的梁等结构，可单独浇筑混凝土。

（5）梁柱节点部位的混凝土应振捣密实，当节点钢筋过密时，可采用同强度等级的细石混凝土。

（6）在浇筑竖向结构前，应先在底部填以 50 ~ 100 mm 厚的与混凝土内砂浆成分相同的水泥砂浆，浇筑中不得发生离析现象。

（7）后浇带应按设计要求预留及设置，并按规定时间及设计要求的混凝土浇筑。浇筑前应将其表面清理干净，将钢筋加以整理或施焊，然后浇筑微膨胀混凝土。

（8）大体积混凝土浇筑时应在室外温度较低时进行。

（9）混凝土的冬期施工应符合现行国家标准《建筑工程冬期施工规程》（JGJ/T 104—2011）和施工技术方案的规定。

6. 混凝土养护要求

（1）在自然气温 >5 ℃时，应在混凝土浇筑完毕后的 12 h 以内对混凝土加以覆盖并保湿养护，浇水次数和时间间隔应参考气温且以混凝土处于湿润且表面不出现干缩裂缝状态为要求。

（2）混凝土浇水养护时间。对采用硅酸盐水泥、普通硅酸盐水泥或矿渣硅酸盐水泥拌制的混凝土不得少于 7 d；对掺用缓凝型外加剂或有抗渗要求的混凝土不得少于 14 d。

（3）采用塑料布覆盖养护的混凝土，其敞露的全部表面应用塑料布盖严密，并应保持塑料布内有凝结水。

（4）大体积混凝土应根据气候条件和施工技术方案，采取控温措施，使混凝土表面和内部温度的温差不超过 25 ℃。

（5）在已浇筑的混凝土强度达到 1.2 N/mm² 前，不得在其上踩踏或安装模板及支架。

（二）验收标准

（1）砂、石、水泥抽样复试结果合格。

（2）试验室混凝土配合比报告已出具，并在搅拌机处设置混凝土配合比标牌。

（3）模板及其支架必须具有足够的强度、刚度和稳定性，模板接缝处应严密，模板内清洁，无杂物。

（4）钢筋做到顺直、间距均匀，按规范放置马凳，混凝土浇筑时，防止负弯矩筋踩扁、位移，且注意保护层。

（5）混凝土浇筑过程中，不得随意留置施工缝，如遇特殊情况必须留置，则应严格按施工缝留置及处理办法施工。

（6）混凝土结构的外观质量不应有一般缺陷或严重缺陷。对于严重缺陷，应提交技术处理方案，经监理（砌块）批准后进行处理，处理后的零件应重新验收；已发生的一般缺陷由施工单位按照技术处理方案进行处理，并重新验收。一般缺陷和严重缺陷的确定应根据现场相关铸件外观质量缺陷表确定，取决于其对环境影响的严重程度使用的结构特征和功能。

（7）混凝土结构尺寸的变化。内置混凝土结构不得偏离尺寸，否则会影响结构特性和使用功能；混凝土设备的基础不应有尺寸偏差，否则会影响设备的结构特性和安装。对于超过尺寸公差并影响结构特性、安装和运行功能的零件，施工单位应提出技术处理方案，经监督（建设）机构批准后处理。

第二节　装配式混凝土建筑工程验收的主控项目与一般项目

工程检验项目分为主控项目验收和一般项目。建筑工程中对安全、节能、环境保护和主要使用功能起决定性作用的检验项目为主控项目。除主控项目以外的检验项目为一般项目。主控项目和一般项目的划分应当符合各专业有关规范的规定。

一、装配式工程验收的主控项目

（1）后浇混凝土强度应符合设计要求。

检查数量：按批检验，检验批应符合《装配式混凝土结构技术规程》（JGJ 1—2014）第12.3.7条的有关要求。

检验方法：按现行国家标准《混凝土强度检验评定标准》（GB/T 50107—2010）的要求进行。

（2）钢筋套筒灌浆连接及浆锚搭接连接的灌浆应密实饱满，所有出浆口均应出浆。

检查数量：全数检查。

检验方法：检查灌浆施工质量检查记录。

（3）钢筋套筒灌浆连接及浆锚搭接连接用的灌浆料应满足设计要求。

检查数量：按批检验，以每层为一检验批；每工作班应制作一组且每层不应少于3组40 mm×40 mm×160 mm的长方体试件，标准养护28 d后进行抗压强度试验。

检验方法：检查灌浆料强度试验报告及评定记录。

（4）剪力墙底部接缝坐浆强度应满足设计要求。

检查数量：按批检验，以每层为一检验批；每工作班应制作一组且每层不应少于3组边长为70.7 mm的立方体试件，标准养护28 d后进行抗压强度试验。

检验方法：检查坐浆材料强度试验报告及评定记录。

（5）钢筋采用焊接连接时，其焊接质量应符合现行行业标准《钢筋焊接及验收规程》（JGJ 18—2012）的有关规定。

检查数量：按现行行业标准《钢筋焊接及验收规程》（JGJ 18—2012）的规定确定。

检验方法：检查钢筋焊接施工记录及平行加工试件的强度试验报告。

（6）钢筋采用机械连接时，其接头质量应符合现行行业标准《钢筋机械连接技术规程》（JGJ 107—2016）的有关规定。

检查数量：按现行行业标准《钢筋机械连接技术规程》（JGJ 107—2016）的规定确定。

检验方法：检查钢筋机械连接施工记录及平行加工试件的强度试验报告。

（7）预制构件采用焊接连接时，钢材焊接的焊缝尺寸应满足设计要求，焊缝质量应符合现行国家标准《钢结构焊接规范》（GB 50661—2011）和《钢结构工程施工质量验收规范》（GB 50205—2001）的有关规定。

检查数量：全数检查。

检验方法：按现行国家标准《钢结构工程施工质量验收规范》（GB 50205—2020）的要求进行。

（8）预制构件采用螺栓连接时，螺栓的材质、规格、拧紧力矩应符合设计要求及现行国家标准《钢结构设计规范》（GB 50017—2017）和《钢结构工程施工质量验收规范》（GB 50205—2020）的有关规定。

检查数量：全数检查。

检验方法：按照现行国家标准《钢结构工程施工质量验收规范》（GB 50205—2020）的要求进行。

二、装配式工程验收的一般项目

（一）装配式结构的尺寸允许偏差应符合设计要求

检查数量：按楼层、结构缝或施工段划分检验批。在同一检验批内，对梁、柱，应抽查构件数量的10%，且不少于3件；对墙和板，应按有代表性的自然间抽查10%，且不少于3间。对于大空间结构，墙可按相邻轴线间高度5 m左右划分检查面，板可按纵、横轴线划分检查面，抽查10%，且均不少于3面。

（二）外墙板接缝的防水性能应符合设计要求

检查数量：按批检验。每1 000 m²外墙面积应划分为一个检验批，不足1 000 m²时也应划分为一个检验批；每个检验批每100 m²应至少抽查一处，每处不得少于10 m²。

检验方法：检查现场淋水试验报告。

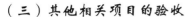

（三）其他相关项目的验收

装配式构件上的门窗应满足《建筑装饰装修工程质量验收规范》（GB 50210—2018）中第 5 章的相关要求。

装配式轻质隔墙应满足《建筑装饰装修工程质量验收规范》（GB 50210—2018）中第 7 章的相关要求。

设置在装配式构件的避雷带应满足《建筑物防雷工程施工与质量验收规范》（GB 50601—2010）中的相关要求。

设置在装配式构件的电器通信穿线导管应满足《建筑电气工程施工质量验收规范》（GB 50303—2015）中的相关要求。

装配式装饰一体化的装饰装修应满足《建筑装饰装修工程质量验收规范》（GB 50210—2018）及《建筑节能工程施工质量验收规范》（GB 50411—2019）中的相关要求。

装配式构件接缝的密封胶防水工程应参照《点挂外墙板装饰工程技术规程》（JGJ 321—2014）中的相关要求。

第三节　实体检验与分项工程质量验收

一、PC 结构实体检验

装配式混凝土结构子分部工程分段验收前应进行结构实体检验。结构实体检验应由监理单位组织施工单位实施，并见证实施过程。参照国家标准《混凝土结构工程施工质量验收规范》（GB 50204—2015）第 8 章现浇结构分项工程。

结构实体检验应包括混凝土强度、钢筋保护层厚度、结构位置与尺寸偏差以及合同约定的项目，必要时可检验其他项目，除结构位置与尺寸偏差外的结构实体检验项目，应由具有相应资质的检测机构完成。预制构件实体性能检验报告应由构件生产单位提交施工总承包单位，并由专业监理工程师审查备案。

钢筋保护层厚度、结构位置与尺寸偏差应按照《混凝土结构工程施工质量验收规范》（GB 50204—2015）执行。

预制构件现浇接合部位实体检验应进行以下项目检测：接合部位的钢筋直径、间距和混凝土保护层厚度；接合部位的后浇混凝土强度。

对预制构件混凝土、叠合梁、叠合板后浇混凝土和灌浆体的强度检验，应以在浇筑地点制备并与结构实体同条件养护的试件强度为依据。混凝土强度检验用同条件养护试件的留置、养护和强度代表值应按《混凝土结构工程施工质量验收规范》（GB 50204—2015）附录 D 的规定进行，也采用非破损或局部破损的检测方法检测。

当未能取得同条件养护试件强度或同条件养护试件强度被判为不合格时，应委托具有相应资质等级的检测机构按国家有关标准的规定进行检测。

二、分项工程质量验收

预制混凝土隔墙的施工质量验收必须符合以下要求：所含隔墙的验收质量合格；具有完整的全过程质量控制数据；结构外观质量验收必须合格；结构实体的验证应符合要求。

预制混凝土结构分项工程的设计质量不符合要求的，应按以下要求进行处理：已返工、修理或更换的检验批应重新检查；经合格的验证机构测试和鉴定，符合设计要求的验证批应予以验收；经合格试验单位试验鉴定不符合设计要求的检验批，但仍能满足结构的安全功能和使用要求，经原设计单位计算确认，可以验收；修复或加固后可能满足结构安全使用要求的分项工程，可根据技术处理计划和合同文件验收。

预制建筑的饰面质量主要是指涂料与混凝土基层之间的连接质量。主要测试覆层砖的抗拉强度，其连接件的抗拉和剪切主要测试石头。与外观和尺寸偏差有关的其他方面，应符合现行国家标准《建筑装饰装修工程质量验收规范》（GB 50210—2018）的有关规定。

第四节　装配式混凝土建筑工程常见质量问题与管理要点

一、建筑工程问题及防治措施

（一）麻面

1. 质量通病

混凝土表面出现缺浆和许多小凹坑与麻点，形成粗糙面，影响外表美观，但无钢筋外漏现象。

2. 防治措施

（1）模板表面应清理干净，不得有干硬水泥砂浆等杂物。

（2）浇筑混凝土前，模板应浇水充分湿润，并清扫干净。

（3）模板拼缝应严密，如有缝隙，应用油毡纸、塑料条、纤维板或腻子堵严。

（4）模板隔离剂涂刷要均匀，并防止漏刷。

（5）混凝土应分层均匀振捣密实，严防漏振，每层混凝土均应振捣至排除气泡为止。

（6）拆模不应过早。

（7）表面还要抹灰的，可不做处理。

（8）表面不再做装饰的，应在麻面部分浇水充分湿润后，用原混凝土配合比（去掉小石子）砂浆，将麻面抹平压光，使颜色一致。修补完后，应用棉毡进行保湿养护 7 d。

（二）蜂窝

1. 质量通病

混凝土结构局部酥松，砂浆少、石子多，石子之间出现类似蜂窝状的大量空隙、窟窿，使结构受力截面受到削弱，强度和耐久性降低。

2. 防治措施

（1）认真设计并严格控制混凝土配合比，加强检查，保证材料计量准确，混凝土应拌和均匀，坍落度应适宜。

（2）混凝土下料高度如超过 2 m，应设串筒或溜槽。

（3）浇筑应分层下料，分层捣固，防止漏振。

（4）混凝土浇筑宜采用带浆下料法或赶浆捣固法。捣实混凝土拌合物时，插入式振捣器移动间距不应大于其作用半径的 1.5 倍；振捣器至模板的距离不应大于振捣器有效作用半径的 1/2。为保证上、下层混凝土良好结合，振捣棒应插入下层混凝土 5 cm。

（5）混凝土振捣时，当振捣到混凝土不再显著下沉和出现气泡时，混凝土表面出浆呈水平状态，将模板边角填满密实即可。

（6）模板缝应堵塞严密。浇筑混凝土过程中，要经常检查模板、支架、拼缝等情况，发现模板变形、走动或漏浆，应及时修复。

（7）对小蜂窝，用水洗刷干净后，用素水泥浆涂抹，并用 1 ∶ 2 或 1 ∶ 2.5 水泥砂浆压实抹平。

（8）对较大蜂窝，用素水泥浆涂抹后，先凿去蜂窝处薄弱松散的混凝土和凸出的颗粒，刷洗干净后支模，用高一强度等级的细石混凝土仔细强力填塞捣实，并认真养护。

（9）较深蜂窝如清除困难，可理压浆管和打排气管，表面抹砂浆或支模灌混凝土封团后，应进行水泥压浆处理。

（三）孔洞

1. 质量通病

混凝土结构内部有尺寸较大的窟窿，局部或全部没有混凝土；蜂窝空隙特别大，钢筋局部或全部裸露，孔穴深度和长度均超过保护层厚度。

2. 防治措施

（1）在钢筋密集处及复杂部位，采用细石混凝土浇筑，使混凝土易于充满模板，并仔细振捣密实，必要时辅以人工捣实。

（2）预留孔洞、预埋铁件处应在两侧同时下料，预留孔洞、铁件下部浇筑应在侧面加开浇灌口下料振捣密实后再封好模板，继续往上浇筑，防止出现孔洞。

（3）采用正确的振捣方法，防止漏振。插入式振捣器应采用垂直振捣方法，即振捣棒与混凝土表面垂直振捣。插点应均匀排列。每次移动距离不应大于振捣棒作用半径 R 的 1.5 倍。一般振捣棒的作用半径为 30 ~ 40 cm。振捣器操作时应快插慢拔。

（4）控制好下料，混凝土自由倾落高度不应大于 2 m（浇筑板时为 1.0 m），大于 2 m 时采用串筒或溜槽下料，以保证混凝土浇筑时不产生离析。

（5）对各种混凝土孔洞的处理，应经有关单位共同研究，制定修补或补强方案，经批准后方可处理。

（6）一般孔洞处理方法如下：将孔洞周围的松散混凝土和软弱浆膜凿除，用压力水冲洗，支设带托盒的模板，洒水充分湿润后，用比结构高一强度等级的半干硬性细石混凝土仔细分层浇筑，强力捣实，并养护。凸出结构面的混凝土，须待达到 50% 强度后再凿去，表面用 1：2 水泥砂浆抹光。

（7）面积大而深进的孔洞，按第（6）项清理后，在内部埋压浆管、排气管，填清洁的碎石（粒径 10～20 mm），表面抹砂浆或浇筑薄层混凝土，然后用水泥压力灌浆方法进行处理，使之密实。

（四）露筋

1. 质量通病

混凝土内部主筋、副筋或箍筋局部裸露在结构构件表面。

2. 防治措施

（1）浇筑混凝土，应保证钢筋位置和保护层厚度正确，并加强检查，发现偏差，及时纠正。

（2）钢筋密集时，应选用适当粒径的石子。石子最大颗粒尺寸不得超过结构截面最小尺寸的 1/4，同时不得大于钢筋净距的 3/4。截面较小钢筋较密的部位，宜用细石混凝土浇筑。

（3）混凝土应保证配合比准确和良好的和易性。

（4）浇筑高度超过 2 m，应用串筒或溜槽下料，以防止离析。

（5）模板应充分湿润并认真堵好缝隙。

（6）混凝土振捣严禁撞击钢筋，在钢筋密集处，可采用直径较小或带刀片的振动棒进行振捣。

（7）拆模时间要根据试块试压结果正确掌握，防止过早拆模，损坏棱角。

（8）表面漏筋，刷洗净后，在表面抹 1：2 或 1：2.5 水泥砂浆，将表面漏筋部位抹平；漏筋较深的地方要凿去薄弱混凝土和凸出颗粒，洗刷干净后，用比原来高一级的细石混凝土填塞压实。

（五）缝隙、夹层

1. 质量通病

混凝土内成层存在水平或垂直的松散混凝土或夹杂物，使结构的整体性受到破坏。

2. 防治措施

（1）认真按施工验收规范要求处理施工缝及后浇缝表面；接缝外的锯屑、木块、泥土、砖块等杂物必须彻底清除干净，并将接缝表面洗净。

（2）混凝土浇筑高度大于 2 m 时，应设串筒或溜槽下料。

（3）在施工缝或后浇缝处继续浇筑混凝土时，应注意以下几点：

第一，浇筑柱、梁、楼板、墙、基础等，应连续进行，如间歇时间超过规定，则按施工缝处理，在混凝土抗压强度不低于 1.2 MPa 时才允许继续浇筑。

第二，大体积混凝土浇筑，如接缝时间超过规定时间，可对混凝土进行二次振捣，以提高接缝的强度和密实度。方法是在先浇筑的混凝土终凝前后（4～6 h）再振捣一次，然后再浇筑上一层混凝土。

第三，在已硬化的混凝土表面上，清除水泥通膜以及软弱混凝土层，并充分湿润和冲洗干净，且不得有积水。

第四，接缝处浇筑混凝土前应铺一层水泥浆或浇 5～10 mm 厚与混凝土内成分相同的水泥砂浆，或 10～15 cm 厚减半石子混凝土，以利于良好接合，并加强接缝处混凝土振捣使之密实。

第五，在模板上沿施工缝位置通条开口，以便于清理杂物和冲洗。全部清理干净后，再将通条开口封板，并抹水泥浆或减石子混凝土砂浆，再浇筑混凝土。

二、施工过程的质量控制

（一）建立健全监控施工全过程的质量管理和质量责任制度

为了控制和确保持续改进的项目质量要求，确保生产过程中文件和数据的完整性，工厂必须建立和完善必要的质量管理体系和质量责任制，并将生产控制和符合性控制应用于整个过程。质量控制应具有适当的生产控制和符合性控制质量保证体系，包括材料控制、工艺流程控制、施工操作控制、每个过程的质量控制、每个相关过程的供应控制、质量管理和专业工种之间过渡供应环节的控制，建筑平面图样本控制系统和操作要求。

（二）建筑工程进行施工质量控制应遵循的规定

建设项目使用的主要材料、半成品、成品、构件、构配件、器具和设备以进场验收为准。

每道工序的质量控制均按照技术生产标准进行，并在每道工序完成后进行控制。

每道工序完成后，团队进行自己的检查、专职质检员审核、工序交付控制（前道工序必须满足下道工序的生产条件），以及相关工序之间的交付控制，以形成工序与分支机构之间的有机集合，并形成文件。未经监理工程师（或建设单位项目专业技术经理）的控制和批准，不得进行下道工序的施工。

第十一章　装配式建筑施工管理

第一节　装配式建筑项目管理概述

一、装配式建筑项目管理的内容

装配式建筑与传统现浇建筑区别很大。因此，装配式建筑项目管理也有别于传统的建筑项目管理。装配式建筑项目管理应根据项目管理规划大纲和项目管理实施规划所明确的管理计划和管理内容进行管理。项目管理内容包括质量管理、进度管理、成本管理、安全文明管理、环境保护与绿色建造管理等。装配式建筑项目管理中的施工管理不仅仅是施工现场的管理，而是包括工厂化预制管理在内的整个工程施工的全过程管理和有机衔接。

（一）质量管理

预制混凝土结构是建筑业从传统的外延式生产管理模式向精细化方向转变和发展的重要标志。相应的质量精度要求从传统的厘米级提高到标准级，因此对施工管理人员、生产设备、生产工艺等提出了较高要求。

预制施工项目的质量管理必须包括构件制造、构件运输、构件进场、构件堆放、现场构件吊装、节点施工等多个过程，必须始终执行质量控制人员的监督和纠正措施。在预制构件的生产过程中，尤其是对于集成件、钢筋位置、平面尺寸等，应进行每道工序的质量验收。与行程精度密切相关，必须严格按照设计图纸和规范进行检查和验收。预制构件的运输应使用专用运输车辆，在装载零件时，必须根据结构的要求确定货架点，货架点必须满足运输过程中对构件强度的要求。组件堆叠必须符合相关标准和规范中规定的要求。硬化标准必须根据堆叠组件的类型和重量进行设计，并确保足够的承载能力。对于外墙板，应使用特殊的储物架，并应保护角落、外部装饰材料、防水橡皮筋等。

垂直受压件的连接质量与预制结构的安全密切相关，质量管理是其重点。连接技术通常用于垂直钢筋之间的连接。接缝质量直接影响整个结构的安全，因此必须对其进行监测，并在相同的管道条件下测试物理和化学特性、流动性、28 d 强度和管道接头样品。

精细的质量管理对人员、生产机械和生产技术的质量有着极高的要求。生产过程必须由专业的质检人员全程监控，施工操作人员必须是专业的操作人员，施工机械必须满足预制结构精度的要求，施工工艺必须先进可靠。

（二）进度管理

通过日常施工进度管理对装配式建筑的施工进度进行管理，将项目的总体施工进度计划分解为日常施工计划，以满足精细进度管理的要求。部件之间的协调装配设计以及预制和现场浇筑之间的接口直接关系到整体进度，因此有必要为部件行程顺序和接口协调创建图纸。预制建筑与传统的施工进度管理在垂直运输设备的频率上有很大差异。预制建筑非常依赖垂直运输设备，因此有必要制定垂直运输设备的使用计划，必须将部件的提升功能视为最关键的功能，通过使用垂直运输设备的日常设计来管理结构。

（三）成本管理

成本管理包括预制构件的成本管理、运输成本管理和现场吊装成本管理。假设模具设计满足生产要求，则应尽量减少数量并最大限度地提高效率。同时，应合理组织生产计划，尽可能提高标准的周转时间，降低模具的折旧成本。运输成本尤其与运输距离有关。因此，预制厂选址时必须考虑运距的合理性和经济性，预制厂与施工现场的最大距离不宜超过 80 km。现场吊装成本主要包括垂直运输设备、堆场及便道、吊装作业、防水等成本，此阶段成本控制应在深化设计阶段对构件的拆分、单块构件重量、最大构件单体重量等进行优化，尽可能降低垂直运输、堆场及便道的标准，降低此部分的施工成本。

（四）安全文明管理

吊装功能贯穿预制施工项目主体结构的整个施工过程，作为安全生产的主要风险源，必须进行检查，并采取先进的安全管理措施，如并行安全管理和新的工具保护系统，应结合其设计特点引入预制建筑。

预制建筑使用各种不同形状和重量差异的构件。为了提升一些具有高重量的特殊形状部件，应使用特殊的平衡带。由于起重功能受到风的强烈影响，该区域必须根据操作层的高度在不同的高度范围内调整空气检测装置，形成起重功能各个组件的有限空气范围，这必须在预制起重组件的设计中定义和控制。在施工过程中，应结合装配式建筑的特点，合理安排进场道路和建筑垃圾的分类存放和处置。必要时应使用新的模板和标准支撑系统，以提高现场的整体文明水平，达到资源再利用的目的。

由于预制施工结构的特殊性，相关施工人员必须配备完整的操作安全设备并正确使用。一般安全防护用品包括但不限于安全帽、安全带、安全鞋、工作服、工具袋和其他必要的施工设备。预制施工经理和特定工种的相关操作员应接受特定的安全培训，并可进入现场。从事高空作业的称职人员应定期体检，严禁有心脑血管病、恐高症、低血糖等病史的人员上岗。

（五）环境保护与绿色建造管理

装配式建筑是绿色、环保、低碳、节能的建筑，是建筑业可持续发展的必由之路。以人为本，发展绿色建筑、特色住宅项目，把节约资源和保护环境放在突出位置，有力地支持了绿色建筑的发展。预制施工技术减少了施工现场的工作量，缩短了施工现场。使用高强度自压缩商品混凝土大大减少了噪声、灰尘等污染，最大限度地减少了环境污染，可以使周围居民享受到更安静、更清洁的环境而不受干扰。由于用预制结构代替液体作业，现场建筑的工作量和污染物排放显著减少，与传统生产方法相比，建筑垃圾也显著减少。

绿色建筑的管理重点是预制建筑，这主要体现在减少现场湿交通、显著减少木材消耗和显著减少现场用水方面。应合理选择预制构件预制和分配段的速度，以及现场临时设施的再利用，并采取节能、节水、节材、节土、节时、环保（即"五节一环保"）的技术措施，满足绿色施工管理要求。

二、装配式建筑项目管理的特点

装配式建筑是一种现代化的生产方式的转变，装配式建筑项目管理具有明显区别于传统现浇建筑项目管理的特点。

（一）全过程性

装配式建筑的项目管理方法不同于传统的建筑管理方法，是从一种管理全过程的专业管理方法逐步发展起来的，它将各个阶段的管理结合起来，充分体现了整个项目管理过程的特点。预制施工项目摆脱了原浇筑项目的设计、施工和运营由不同单位管理的方式，整合了所有相关专业部门，强调工程系统的集成和整体项目优化，并强调管理整个项目过程的优势。

（二）精益建造理念

精益建造对建筑公司产生了革命性的影响，特别是在预制施工项目中，一些预制构件和部件由相关专业制造企业生产。专业制造企业通过专业设备和专业模具加工预制构件和零件，并由经过培训的专业操作员运输至施工现场。施工现场有组织、科学地安装，能最大限度地满足施工单位或业主的需要。为避免大量库存造成浪费，可根据需要及时提供材料。这是一种系统的生产管理方式，强调持续改进和设计零缺陷，旨在不断提高施工效率，实现施工企业利润最大化。

（三）信息化管理

预制构件"项目集成、生产和装配"的实施要求在设计、生产和装配过程中应用信息技术。基于质量保证的综合信息管理平台可以实现对预制构件设计、生产和装配过程中的交付、成本、进度、合同、材料、质量和安全等信息的管理，最终实现整个过程中项目资源的有效配置。

（四）协同管理

从生产过程的角度来看，预制施工项目不同于传统的施工方法。它必须运用技术将设计、生产、施工、装饰和管理的全过程结合起来。在这个过程中，不仅要在装配式建筑的设计阶段进行各部门的协同管理，还要充分考虑施工、给排水、采暖、通风和空调，将弱电系统等高度整合到前期施工计划中，配合项目管理、生产、施工，要改善装修、交通管制等环节。例如，结构设计应涉及施工组织和管理，提前深化设计和构件分离设计，使设计错误尽可能少。预制构件的重量与运输和起重机械相对应，结构和安装效率高，模板和支撑系统方便，必须适当缩短施工时间。横向上，施工和项目管理的所有阶段必须对进度、成本、质量等进行协调管理。

三、装配式建筑项目管理中面临的问题

（一）管理方面

（1）完善行业管理。建筑产品装配项目的实施应支持设计、生产、施工和后续维护等连接。目前，只有少数国内公司能够生产高质量的预制构件。对于开发商来说，只有少数开发公司有足够的资金和管理技能来开发预制建筑，大多数公司没有能力建造预制建筑。预制结构的生产过程包括建筑产品的早期研发、设计、施工和后续操作与维护。涉及的公司包括业主、设计单位、零部件生产单位、生产单位等。所有的领先和下游公司都建立了完整的产业链，但目前建筑产品的产业链发展仍有待提高。

（2）市场机制支离破碎。控制模式中使用了设计、施工、监督单位。这个问题只能在监控任务中解决，应提前检查质量是否存在问题。预制构件结构的深化和铸件之间的集成度不高。设计单元缺乏适合复杂组件性能的导电性，整体设计不足。构件厂缺乏复杂的产品设计能力，预制构件节点的基础研究不够深入。对连接和抗震性考虑不足导致产品被动适应市场，这阻碍了综合体的发展。组件的设计必须提前深化。未经批准的部门将对项目的经济性、规律性和最终质量产生负面影响，难以适应当前市场。

（3）质量责任的界面应进一步明确。缺少全面的生产管理规范，所有组件的相应管

理职责、系统、管理标准和程序不够明确。预制建筑需要所有单位的密切合作。从市场运行机制来看，建筑公司、结构和构件以及建筑砌块的深化分散，导致质量责任界面不明确。在漏水的情况下，没有成熟的方法来确认责任是零件设计、生产还是工厂。

（4）控制系统难以快速适应。总装项目是一个系统工程，项目管理需要高度的协调，这对相关企业的管理能力和管理手段提出了更高的要求。然而，目前的管理系统仍处于发展阶段，因为在设计、部件制造和生产前后没有通用的思维和控制方法。管理系统需要通过结合智能管理技术和其他手段进一步完善。

（二）技术方面

（1）技术缺乏系统性和完整性。预制整体建筑的质量很难保证，它包括许多因素，如水电站支持技术、运输工具、提升技术、稳定连接技术等。虽然这些技术现在非常先进，但人们最需要的是这些技术的集成和适应。目前，相关技术的标准化程度不高，影响了各方的标准化和配套技术的整合，阻碍了质量的提高。

（2）支持系统仍然缺失。现场实际操作是专业安全技术标准与整体装配结构相结合，安全防护、模板支撑、脚手架、机床控制等方面有待完善。例如，仍然缺乏安装套管的完美量规，以及砂浆紧密性的必要保证和量规。

（三）设计方面

深化设计是生产预制构件的必要步骤。然而，传统的预制构件工厂和设计院不具备成熟稳定的深化设计格式的能力，或者不考虑深化设计，导致预制构件的制造出现了一定偏差，不符合标准。

（四）预制构件生产与运输方面

（1）预制构件的质量和供应能力应进一步提高。与浇筑混凝土系统相比，很少有制造商可以选择预制构件。预制构件具有复杂的结构形状，对外观质量和尺寸精度要求高，涉及大量的集成零件和结构，难以确保许多构件制造商的标准质量。同时，施工现场的一些预制构件也存在零件标识不清、表面粗糙度处理不足、支架未经授权维修等问题。

（2）有效的物流系统尚未建立。高效的物流系统可以确保零件的及时交付，减少侧面搬运，减少对预制构件的损坏，降低运输和安装成本，提高安装效率，这对提高装配材料的最终质量起着非常重要的作用。目前，材料运输系统还不够发达。不正确的定位导致运输过程中损坏较大，组件工厂、运输过程和施工现场之间互联不足，运输成本较高。

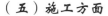

（五）施工方面

（1）接头和管道的设计不合适。首先，引入结构接缝的钢筋数量大，容易碰撞，在生产过程中无法准确实现设计中钢筋的定位要求，导致保护层的有效高度和厚度降低，钢筋间距不能满足规范要求，钢筋锚固长度不足，影响结构功能。其次，钢筋混凝土成型中常用的模板在反复使用后有大板接缝，尤其是模板与接缝之间的连接更为困难，难以保证接缝的尺寸，管道的渗漏更为明显。其结果是在混凝土表面上形成覆盖层、穿孔表面、外露钢筋甚至大空洞。再次，由于接头中钢筋密集，振动特别困难，容易降低接头的刚度和强度。最后，复合密度不够。生产过程中未按规范要求建立仓库连接，难以安全冷凝。

（2）中断和逃生措施无效。例如，预制板会在钢筋方向上产生垂直裂缝，安装后浇筑混凝土时会出现裂缝。预制外墙板的水密薄弱接头仍存在漏水等质量通病。施工期间产生的孔洞没有有效封堵，留下了渗漏隐患。

（六）现场监管方面

预制构件的使用要求监督单位采取生产监督和巡查制度，但由于零件供应量有限，实际监督难以控制预制构件厂的零件生产质量。

（七）装配式建筑人才方面

目前，许多开发商缺乏熟悉装配管理流程的项目经理，施工单位被剥夺了适合装配建筑系统整体集成的"首席设计师"，缺乏适合现场管理的具有丰富实践经验的项目经理，缺乏熟练工人，熟悉装配问题和程序的控制器仍然非常有限。

第二节　装配式建筑施工组织设计

一、施工项目经理部

（一）项目经理部的定义

项目经理部是由项目经理在施工企业的支持下组建并领导进行项目管理的组织机构。它是施工项目现场管理一次性的施工生产组织机构，负责施工项目从开工到竣工的全过程施工生产经营的管理工作。项目经理部由项目经理领导，接受上级企业职能部门的指导、监督、检查、服务和考核，负责对项目资源进行合理使用和动态管理。

（二）项目经理部的作用

（1）负责施工项目从开工到竣工的全过程生产经营的管理，对作业层负有管理和服务的双重职能。

（2）项目经理部是项目经理的办事机构，为项目经理决策提供信息，执行项目经理的决策意图，并向项目经理全面负责。

（3）项目经理部作为项目团队，其任务是完成企业所赋予的完成项目管理目标的基本任务。

（4）施工项目经理部是代表企业履行工程承包合同的主体，是对最终建筑产品和建设单位全面负责的管理实体。

（三）建立项目经理部的基本原则

（1）根据所设计的项目组织形式设置项目经理部。

（2）根据施工项目的规模、复杂程度和专业特点设置项目经理部。

（3）根据项目的进展调整项目经理部。

（4）项目经理部的人员要面向现场，满足现场计划与调度、技术与质量、成本与核算、劳务与物质、安全与文明施工的需要。

（5）应建立有利于项目经理部运转的工作制度。

（四）项目经理部组织机构层次

根据工程的特点，工程项目管理组织机构由三个层次组成：指挥决策层、项目管理层、施工作业层。

1. 指挥决策层

指挥决策层由企业总工程师和经营、质量、安全、生产、物资、设备等部门领导组成，是建筑业企业运用系统的观点、理论和方法对施工项目进行计划、组织、监督、控制、协调等全过程、全方位的管理。

2. 项目管理层

根据工程性质和规模，装配整体式混凝土结构实行项目法施工，成立项目经理部，项目经理部领导由项目经理、技术负责人组成，下设施工、质量、安全、资料、预算合同、财务、材料、设备、计量试验等部门，确保工程各项目标的实现。

3. 施工作业层

施工作业层根据工程进度和规模，由相关专业班组长及各相关专业作业人员组成。传统混凝土结构工程主要有测量工、模板工、钢筋工、混凝土工、砌筑工、架子工、抹灰工及管工、电工、通风工、电焊工、弱电工。装配式建筑除了上述工种以外，还需要机械设备安装工、起重工、安装钳工、起重信号工、建筑起重机械安装拆卸工、室内成套设施安装工，根据装配式建筑特点还需要移动式起重机司机、塔式起重机司机及特有的钢套筒灌浆或金属波纹管灌浆工等。

（五）项目管理制度

1. 施工项目管理制度的概念和种类

施工项目管理制度是施工项目经理部为实现施工项目管理目标，即完成施工任务而制定的内部责任制度和规章制度。

（1）责任制度。责任制度是以部门、单位、岗位为主体制定的制度。责任制度规定了各部门、各类人员应承担的责任、考核标准以及相应的权利和相互协作要求等内容。

（2）规章制度。规章制度是以各种活动、行为主体明确规定人们行为和活动不得逾越的规范和准则，任何参与或涉及此事的人都必须遵守。

2. 建立施工项目管理制度的原则

（1）必须以国家的法律、法规、部门规章、规范、标准为依据。

（2）实事求是，符合本项目施工管理需要。

（3）施工项目管理制度要在公司颁布的管理制度基础上制定，要有针对性，各项管理制度要健全配套、覆盖全面，形成完整的体系。

（4）管理制度的颁布、修改、废除要有严格程序。

二、团队建设

与传统项目管理相比，装配式建筑从设计、施工到项目交付和运营都经历了重大变化。传统的管理者缺乏行业思维的管理，缺乏对装配式建筑设计、制造和建造全过程的系统理解，这限制了装配式建筑的进一步发展。企业应加强对管理人员的培训，创建一支素质优良、技术全面、管理能力强的队伍。

（1）项目建设的相关责任方必须落实项目团队的设计，明确团队管理原则，规范团队运作。

（2）负责项目建设的各方的项目管理团队必须围绕项目目标进行有效合作和沟通。

（3）项目组的建设应遵守以下规定：明确集团管理机制及其运作方式；各方共同努力；建立团队成员沟通体系，打造无缝的信息沟通渠道和各方共有的信息平台。

（4）项目经理负责项目团队的建设和管理，组织制定明确的团队目标、充分有效的操作程序和完善的工作制度，并定期评估团队的经营业绩。

（5）项目经理必须统一团队思维，增强团队的集体意识，提高团队的运作效率。

（6）项目团队的建设应进行绩效管理，并利用团队成员集体合作的成果。

三、组织协调

协调包括联系、统一和调整所有活动和力量。组织协调是建筑项目管理的重要职能。在项目管理过程中应进行协调，以消除障碍，解决矛盾，确保项目目标的顺利实施。在项目实施的各个阶段，项目经理部必须根据其特点和主要矛盾，通过组织协调，及时沟通，排除障碍，化解矛盾，充分调动相关人员的积极性，发挥各方面的积极作用，积极配合，并提高项目组织的运营效率，以确保项目施工活动的顺利进行，更好地实现项目的总体目标。预制施工项目涉及的组织和协调范围和深度远大于现场的传统施工项目。关于组织和协调的规定如下：

（1）企业必须建立项目组织协调体系，规范操作程序和管理。

（2）企业必须建立足够的管理机构，并根据项目的具体特点优化人员配置，以确保组织标准化、精简和高效。

（3）项目管理部提供了一种机制，用于就容易发生冲突和违规的问题发出警报并交换信息，以解决冲突和违规问题。

（4）项目经理部识别相关问题，并采取有效措施防止冲突升级。

（5）在项目运作过程中，项目经理部在阶段、层次和适当性上与组织员工进行沟通和互动，增进理解，避免分歧，协调相关行政部门和主管的工作。

（6）项目经理部应实施沟通管理和培训的组织协调，树立和谐、承诺、果断的管理理念，提高项目沟通管理绩效。

四、组织管理手段

（一）集装箱式与 PC 结构施工组织管理

从建设项目的角度来看，集装箱建筑构物的预制施工主要包括三个部分：配件的预制、部件的运输和部件的组装。可以同时进行部件的预制和部件的准备（如找平点、基础施工等工序），零件的运输应与零件的装配相协调。集装箱和计算机设计各阶段的组织和管理要点如下。

1. 集装箱式与 PC 结构构件预制阶段

（1）集装箱类型和结构件必须严格按照设计要求进行预制，原材料必须经检验合格后方可使用。

（2）生产实验室的高度必须充分考虑预制构件的高度、模具的高度、起重装置的起重极限和部件的重量等因素，以避免在预制构件生产过程中出现设备过载和部件异常起重等问题。

（3）技术人员和管理人员应熟悉施工计划，了解每个构件的钢筋和模板的尺寸，并与生产工人合作制定适当的构件预制方案，以实现建筑行业高质量、高效和经济的目标。

2. 装配准备阶段

（1）应在装配施工前制订装配计划，其中包括以下内容：堆叠集装箱和 PC 模块的类型，以及在院子里建造照明道路；起重机械的选择和布置；容器和计算机组件安装的全过程，以及容器和计算机组件的安装和设计研究；分区项目的施工方法；产品保护措施；技术安全和质量措施；绿色建筑措施。

（2）应计算和分析该区域内墙壁、梁、板等的堆叠支架，以确保堆叠期间的稳定性和安全性。

（3）为避免进场零件的二次搬运影响生产过程，有必要加强零件堆放控制，改进零件编号规则。进场构件应根据预定义的编号规则及时编号，并根据施工方案合理划分堆放区域，使构件的堆放符合相关行程设计。

（4）为保证大型机械设备在生产过程中的安全运行，施工单位应该先确保施工现场使用的机械设备处于良好状态。大型机械装置进场后，设备应将施工任务和安全技术措施书面通知机械操作人员。

（5）施工现场有许多机械设备，在使用塔吊、临时脚手架、组件安装过程等时存在很大的人身安全风险，因此制定有效的安全文明程序和建筑措施非常重要。

3. 装配阶段

制造的集装箱类型和结构建筑施工的主要困难是现场安装组件。为了顺利完成既定工期的质量、安全和目标施工，需要对施工现场进行有效的组织和管理。

（1）在临时吊装完成容器的结构元件之后，以及在浇筑球化混凝土之前，应力情况非常危险。为了保证整个生产过程的安全，减少构件的异常压力和变形，节点混凝土浇筑前应放置临时支架。然而，如果支架不牢固，将给工人的操作带来巨大的安全风险，并给项目施工带来严重后果。因此，必须严格按照设计布置制造构件的下部临时支架。将杆提升到位后，必须及时拧紧支撑架。作为支撑点，支撑架的上部必须可靠地连接到支撑架上。支撑架的拆除必须在上表面部分的浇筑混凝土强度达到设计要求后进行。支架组装过程必须严格按照规范进行，严禁野蛮操作和违章操作。

（2）吊装位置的不合理选择会影响项目的设计和工人的操作安全。根据以往经验，可以采取以下技术措施：为了确保吊装安全，必须设计和控制吊点的位置和起吊设备的安全，吊点必须具有足够的强度和刚度，吊带和其他起吊设备也应满足相关的起吊强度要求。吊车司机应有经验，现场至少有一名吊车指挥人员操作吊车，所有人员持证上岗；受影响的起吊区域必须与其他区域暂时隔离。操作员不得进入起吊区域。电梯操作员应佩戴适当的安全防护装置。

（3）对于预制程度高的预制容器和结构建筑，该区域有多种类型的构件，构件是否能够很好地定位和安装将影响结构的外观和压力性能。组件组装完成后，应及时纠正飞机的高度、位置和组件的垂直偏差。

（4）外墙式集装箱的面板和结构连接是预制建筑防水的一个关键步骤。如果此处的结构质量无法保证，施工过程中就会出现外墙渗漏问题，因此应加强防水结构的质量控制，以确保防水结构的质量符合项目文件的相关要求。

（二）钢结构与轻钢结构施工组织管理

钢结构与轻钢结构装配式建筑是一个错综复杂的系统工程，应该充分认识到施工的困难性、复杂性，对施工前以及施工过程中的施工质量进行严格管理。在进行施工前管理时，要对整个工程施工有一定的了解，掌握施工技能，并根据施工特点制订详细周密的施工计划。在施工过程中，要严格按照施工规范标准控制施工各个阶段的施工要点，确保施工质量和施工安全，并在施工过程中不断调整和完善施工方案，使其更接近实际需求，从而使工程高效率、高质量地顺利完成。钢结构与轻钢结构施工各阶段组织管理要点如下。

1. 预制阶段

钢结构与轻钢结构构件需严格按照设计要求预制，要检查所使用的材料尺寸和质量，以及钢材在焊接后和矫正后的质量，并对构件的除锈处理质量进行检查等。同时，还应该对螺栓摩擦面、螺栓孔洞质量等进行检查。在施工之前，应通过试验检查钢结构制造工艺是否符合规范要求，对于钢结构的焊接工艺，在试验时可以根据具体的施工内容合理调整想接形式；对于不同的钢柱，要结合具体的施工内容制订具有可行性的施工计划。

2. 装配准备阶段

（1）施工场地准备。在施工之前，应该对施工场地进行平整，确保场地通畅，从而方便施工人员施工，使工程顺利、有序地进行。

（2）施工技术准备。施工技术是保证工程质量的先决条件。首先，施工管理人员必须对相关技术规范和验收操作规程有一定的了解，掌握操作过程，分析工艺流程中的一些关键点，掌握工艺和技术关键要素。其次，审查并熟悉设计图纸和相关项目文件，在获得项目意图后，应通过实践研究制订施工组织计划。再次，在施工现场对材料和零件进行取样，以检查使用材料的零件的质量，确保其质量符合质量标准。最后，对该区域的吊装钢板进行全面检查，为进一步施工做好准备，确保工程顺利施工。

为了提高施工人员的施工技能，施工单位应在施工前增加对施工人员的培训，使施工人员能够了解施工的质量、技术和安全，确保工程的质量和安全。

（3）吊装准备。应结合钢结构和轻钢结构的质量、建筑布局和现场空间，合理选择和布置合适类型的护栏起重机，以确保塔式起重机的安全性、可靠性和稳定性。

在钢结构和轻钢结构施工过程中，施工时间一般比较短，工作量相对较大。在准备工作中，很容易将部件运输到施工现场的程序中断，从而导致施工现场的混乱。应在运输各种部件的过程中进行严格检查，并制订详细的数据传输计划。同时，部件必须有序列号，以便于起吊，或者首先起吊的部件必须放在其上。同时，在提升前应确保配料的质量。

3. 装配施工阶段

在钢结构和轻钢结构的生产过程中，最重要的工序是吊装和组装。电梯和装配的质量会直接影响工程的整体质量。吊装时配件主要有立柱、横梁、斜撑、屋架等吊装和组装。在提升和安装柱和梁后，应纠正构件高度、平面位置和垂直位置的偏差。在检查钢结构和轻钢结构的装配质量时，高度、垂直位置和竖井是主要考虑的重要指标，项目管理人员通过评估这些指标来评估钢结构的安装质量。

此外，在整个生产过程中，管理者还应注意对施工时间的质量控制，确保施工的安全、文明。

4. 施工质量和施工工期控制阶段

钢结构和轻钢结构的施工时间相对较短，因此在施工管理过程中应严格控制施工时间。为了控制结构的质量，施工单位应该对施工人员进行培训，提高其专业技能，让施工人员掌握先进的施工技能，然后在生产过程中根据结构的具体要求和特点选择合适的生产工艺。同时，施工人员必须使用先进的施工设备进行施工，提高钢结构和轻钢结构的建筑技术含量和施工进度，缩短施工时间。

另外，在钢结构和轻钢结构的施工中，安全是最令人担忧的问题，尤其是钢结构和轻钢结构的设计在高空进行，如果未经详细检查就提升了塔式起重机的绳索或部分，则很容易坠落。或附件中的小零件不稳定也容易掉落，造成安全事故和损失。因此，施工现场应该有专门的管理人员，主要负责施工现场的安全，同时应建立适当的安全系统。

第三节　装配式建筑施工进度控制

一、装配式建筑项目进度的影响因素

（一）工程相关因素

虽然预制建筑减少了现场的湿作业，但预制构件的体积很大，重物需要更多的空间来提升工作面和堆放空间，但一些工程项目现场无法提供足够的空间，结果是需要大量时间来确保预制构件的进场和吊装。此外，预制建筑公司无法掌握完全先进的技术，预制建筑需要更精确的施工，特别是如果项目中有许多节点形状复杂的垂直构件，安装时间往往会超过计划时间，导致延误。因此，与项目本身有关的因素，如施工困难、区域提升不足和缺乏堆放空间，将在一定程度上影响装配式建筑的施工时间。

（二）人员因素

根据工艺分析，装配式建筑的许多制造工艺与传统建筑有显著差异。装配式建筑的作业能力不高，生产效率有待提高，这将导致项目过程中的延误，进而导致装配式建筑项目的施工时间无法达到预期目标。

（三）资源因素

在预制施工过程中，需要在生产阶段提供模具、钢筋、集成件、混凝土混合物和其他材料，在施工利率阶段，需要提供预制构件和建筑材料。如果施工过程所需的资源无法按时提供，或材料因储存不当而损坏，则会影响下一道工序的开始，并增加单个工序的等待时间。

（四）机械因素

预制构件建筑采用工业生产方式，生产时需要专用机械设备，如果所需机械设备出现故障或未按时到达，则可能会偏离程序。

（五）业主方因素

由于缺乏预制施工公司的管理经验，决策将变得很慢，甚至项目变更申请也会半途而废。

（六）承包商因素

预制施工总承包商在预制施工项目的管理过程中发挥着重要作用。根据过程分析，预制构件生产阶段和现场施工阶段的质量控制环节相对较多。如果发现预制构件存在设计错误或质量问题，则维修或重新生产需要时间，并且在工厂和施工现场堆放时会出现二次装运问题，甚至会导致构件吊装错误。如果参与者之间的信息协调度低，沟通不及时，则不可避免地会影响项目的进程。

（七）外部环境因素

装配式建筑作为建设项目，其进度依然会受到政府政策、天气、交通等外部环境的影响。

二、装配式建筑准时化采购管理

除了确保项目申请信息的准确性外，采购还需要及时传输项目申请数据，这需要信息平台的支持。在基于BIM5D模型的信息平台上，结合项目施工期间使用的材料量和耗时等参数，项目需求计划可以更准确、更合理，并且可以随着项目进展实时更新，以使项目合同更具时效性。因此，BIM5D数据库系统可以与材料和设备供应链数据库集成，以便及时、准确地将资源需求信息传递给供应商，创建相应的投标机制。

从供应商的角度来看，为了确保合同的执行，还需要在施工过程中保持施工现场材料消耗的稳定性。在施工过程中，要科学合理地安排结构设计，实施施工组织协调，对材料需求进行管理，并根据结构节点的变化采取合理措施引入材料，使材料特别是预制构件材料不会因错误和重复设计而浪费，也不会因仓促工作而显著增加要求，以确保材料使用的稳定性和合理性。

从部件供应商的角度来看，实现交付时间和库存之间平衡的最佳方式是根据合同中约定的交付时间协商生产计划。组件工厂收到供应商的订单后，将根据其生产状态安排开始时间，然后确定原材料的交付时间。根据配件工厂开工的时间，由设计师发布最终设计图纸的时间。这不仅可以保证生产活动的连续性，而且可以让各方优化自己的工作，最大限度地完善生产过程，减少库存。

三、装配式建筑项目的工艺流程

流水结构是应用流水作业的基本原理，结合预制施工作业的特点，科学组织施工生产活动的组织形式。装配式施工项目中流程结构的组织可以充分利用时间和空间，保证生产过程的连续性、平衡性和节奏性，提高生产效率。然而，由于建筑产品的稳定性和多样性以及建筑活动的流动性和单边性，与一般工业生产相比，施工流程结构具有不同的特点、要求，组织管理更为复杂和繁重。

（一）流水施工原理

1. 施工进度表

施工程序是一种编程工具，用于表示项目开发、施工产品制造过程中的流程和工作时间。它有许多形状，其中最常见的是条形图。它具有直观、易懂、一目了然的优点。这是一种传统的编程方法。它的实现相对频繁，但在性能上仍有许多缺点，因为它不能准确地反映工作之间的约束，不能反映工作的主要和次要部分，并且难以用计算机进行计算、调整和优化，因此通常与其他编程方法结合使用。

2. 施工过程组织

生产过程的组织是指工程系统中所有生产要素的逻辑安排。应建立一个协调的系统，以实现节省运营时间、低物质资源消耗和优质产品或服务的目标。对于生产过程的逻辑组织，必须考虑以下基本要求：

（1）施工过程的连续性。这意味着在施工过程的所有阶段，所有部分的人流和物流始终处于不断移动的状态，避免不必要的中断、休息和等待，并尽可能缩短流程。增加生产过程的连续性可以缩短产品的生产周期，减少库存，提高资源利用率。

（2）施工过程的比例性。这涉及基本生产过程和辅助生产过程之间、每个过程之间以及不同机械设备之间在生产能力方面的比例关系。项目管理的任务之一是协调和平衡生产能力，保持生产效率的持续发展。

（3）施工过程的均衡性。这关系到在项目施工的所有阶段保持相同的工作速度，以避免不均衡工作和空闲工作、前自由工作和后紧工作以及突然加班等异常现象。这种平衡有利于充分利用公司的能力和所有互联，减少窝工现象。

（4）施工过程的平衡性。这是指各项施工活动在时间上实行平行交叉作业，尽可能加快速度，缩短工期。

（5）施工过程的适应性。这是指在工程施工过程中对由于各项内部和外部因素影响引起的变动情况具有较强的应变能力。实践经验表明，计划变更是绝对的，不变是相对的。适应性要求建立信息迅速反馈机制，注意施工全过程的控制和监督，并及时进行调整。

在工程施工中，常见的组织形式有依次施工、平行施工、搭接施工和流水施工等，它们的特点和效果是不同的。假如有四幢相同类型的房屋A、B、C、D，每幢房屋有四道施工过程，则有如下各种情况：

①依次施工。依次施工是指在第一幢房屋竣工后才开始第二幢房屋的施工，即按照次序进行施工。这种方法虽然单位时间内投入的劳动力和物资资源较少，但建筑专业工作队（组）的工作是有间歇的，工地物资资源的消耗也有间歇性，工期显然拉得很长。

②平行施工。平行施工是指所有房屋同时开工，同时竣工，这样工期虽然可以大大缩短，但建筑专业工作队（组）数目却大大增加，现场临时设施增加，物资资源的消耗集中，工作面利用率也不多，这些情况会带来不良的经济效果。

③搭接施工。最常见的施工方法是搭接施工，它既不是依次施工，也不是平行施工，而是陆续开工，陆续竣工，交叉进行。也就是说，把房屋的施工搭接起来，而其中有若干幢房屋处在同时施工状态，但形象进度各不相同。

④流水施工。在各施工过程连续施工的条件下，把各幢房屋作为劳动大致相同的施工段，组织施工队伍在建造过程中最大限度地搭接起来，这就是流水施工。流水施工是以接近恒定的生产效率进行生产的，保证了各工作队（组）的工作和物资资源的消耗具有连续性和均衡性。

3. 流水施工的条件

流水施工是指每个专业生产团队按照一定的流程和组织顺序，以一个施工速度连续通过预定义的流程段，并在最大涂装条件下组织施工和生产的形式。为了安排流量设计，必须满足以下条件：

（1）整个建筑的施工过程（工程设计）分为几个施工过程。每个生产过程都由一个稳定的专业团队实施和完成。划分生产过程的目的是分解生产对象的生产过程，以明确具体的工作任务，方便其操作和执行。

（2）建筑物（工程项目）将划分为工作或工作量大致相同的建筑部分（区域），也称为流动部分（区域）。划分流动段（区域）的目的是将建筑物划分为多个"假设产品"，以创建流动运行状态。每个细分市场（地区）都是一个"假设产品"。

（3）确定各施工部门（区）专业施工队伍的工作时间。该持续时间也称为流速，表示结构的速度。

（4）每个工作组必须根据一定的生产过程配备必要的机械和工具，从一个施工部位

（地区）逐步连续地转移到另一个施工部位（地区），并重复完成相同的工作。建筑产品是稳定的，因此只有一个专业团队才能实现"假设产品"的连续和个性化专业生产。

（5）不同团队完成每个生产过程的时间必须适当重叠。个体群体之间的关系反映在工作场所的传统和重叠的工作时间中，其目的是节省时间。

4. 流水施工参数

在研究工程特点和施工条件的基础上，为了表现流水施工在时间上和空间上的开展情况及相互关系，必须引入一些描写流水施工特征和各类数量关系的参数，这些参数称为流水施工参数。

（二）流水施工组织

1. 等节奏专业流水施工

等节奏专业设计是指每个生产过程的流量相同，这是组织流程设计的最理想方式。如果可能，尝试使用此方法。

2. 成倍节奏专业流水施工

不同节奏流程的一个特点是每个专业施工团队的工作节奏不同。在规划不同的节奏流程时，可能会遇到非主导生产过程所需的人员或机械设备数量超过施工部门工作人员可以容纳的数量的情况。目前，一些非主导生产流程只能由生产部门中可以承载的人员或机器的数量来确定。

3. 无节奏专业流水施工

在项目的实际施工中，每个施工部门的每道生产工序的数量往往各不相同，每个专业团队的生产效率差异很大，因此大多数流程不相等，不可能安排相同速度的专业流程。在这种情况下，通常使用流程设计的基本概念。假设生产过程得到保证并满足生产过程的要求，则应使用特定的计算方法。确定相邻专业组之间的流速，使其在启动时能够最大限度地合理重叠，创建一种流程设计方法，使每个专业团队能够连续工作，转化为非节奏专业流程，这是一种常见的流程设计形式。

四、装配式建筑项目进度管控

目前，总承包单位主要有设计单位牵头和施工单位牵头两种情形。从实践来看，不同类型的牵头单位会导致对项目各个流程的关注度和把握能力有差异。但是要对装配式建筑项目进行合理的进度管控，必须从项目的设计、生产、运输和施工各个阶段入手。

（一）构件设计工期保证措施

1. 搭建 BIM 平台

对于总承包体制下的预制施工项目，在设计阶段做好进度管理工作是提高生产阶段和施工设计阶段进度管理效率的先决条件。在这一阶段，总承包商必须充分发挥项目的主导作用，充分利用公司的各种资源，确保所有项目参与者能够及时、完整地进行沟通和交流。根据预制施工工程的特点，总承包商应建立统一的 BIM 施工平台，创建信息中心，并负责 BIM 平台的运行和维护。来自各个行业的 BIM 设计师将他们的 BIM 模型上传到平台，并使用强大的碰撞检测功能来发现设计中的碰撞问题，提前解决并完成优化计划，以避免因设计问题和站点后续阶段的延迟而导致的运营延迟。BIM 技术用于计划阶段的进度管理，以使进度管理更加完整和高效，避免不必要的进度延迟，并为生产和现场装配阶段的计划管理奠定良好基础。

2. 加强设计的可施工性

在设计阶段，施工总承包方还应组织成员的生产工人和现场施工工人组成专业施工队伍，协助设计。设计应充分考虑构件生产和现场施工的要求，以确保项目的生产能力和建设性，减少因构件制造能力差而引起的设计变更，避免在生产过程中进行检查，这将影响整个项目的进度管理。

（二）构件生产、运输工期保证措施

构件的生产和运输是连接前期设计和后期现场施工的重要环节，这一环节的进度计划对于整个工程进度计划完成情况的影响尤为明显。在构件的生产、运输阶段，进度管理的内容主要是编制构件生产进度计划，合理安排运输路线以及运输时间规划。

1. 构件生产工期保证措施

通过 BIM 平台结合 RFID 技术，施工总承包管理人员可以实时查看相关数据，动态监控组件生产，并对生产进度和延迟进行一些预测。此外，在零件生产阶段，施工总承包商组织参与零件生产工作的设计师代表，帮助生产工人理解设计意图，更好地执行零件生产工作，以避免零件生产与结构之间的不一致。此外，生产部分必须与施工部分保持密切沟通和交流，并将有关组件生产过程的信息及时传输到施工现场。施工部分还可以根据预制构件的生产过程合理调整其施工过程，这有利于管理整个生产阶段的进度。

2. 构件运输工期保证措施

在运输部件转移到施工现场的阶段，应使用本地化软件实时进行运输车辆的本地化。应寻求与运输条件相关的最短路线和时间表，以降低运输成本，减少运输阶段的时间消耗，并确保运输进度管理目标的实施。最后，当运输车辆进入该区域时，门禁系统中的读卡设备可以在接收后自动识别转移零件的标签信息，负责现场检查的人员根据现场布局和起吊指令的要求将零件存储在指定位置，并将有关组件的准确输入信息输入芯片，以便后续报告相关组件信息。

（三）施工现场工期保证措施

在现场施工阶段，由项目经理编制进度计划，其中特别包括每个子部门和劳动子部门的程序之间的逻辑关系和时间要求，将预制构件运输至施工现场的时间，以及吊装件与浇筑混凝土之间的连接过程。在此阶段，施工总承包商应充分利用自身资源，简化管理水平，加快对施工过程的反馈；提高工作效率，确保所有建筑紧固件能够紧密连接；结合项目计划的要求，充分使用新材料和程序，以提高施工效率。

1. 合理安排平面布置

现场施工应充分考虑施工现场吊装构件的垂直要求，标明运输路线和数据存储地点（拟建建筑物周围必须存储多个硬化预制构件存储件），根据总平面图合理布置现场，创建位置的三维模型，可视化显示空间布局，瞬间实现现场构件堆放，避免二次操作，节省施工前准备时间。

2. 复杂节点可视化

在施工开始之前，为了使施工人员的效率更高、更容易理解施工计划和设计方案，现场必须向施工人员提供复杂的节点连接和施工技术的三维可视化展示。三维成像检测技术可以更好地指导现场吊装和后期混凝土施工，加快施工阶段进度。

3. 组织协调措施

使用技术模拟施工进度可以更新实时进度信息，将当前项目进度信息与模拟项目进度信息进行比较。如果出现延迟，应找出延迟的原因，并采取措施及时解决。此外，在现场电梯施工期间，施工总承包商应提供负责现场零件生产的人员代表，以协助施工人员进行安装，提高安装质量，并确保施工过程按计划进行。

4. 材料采购措施

（1）技术部每月月底编制下月进度计划，工程部根据进度计划提出下月需用材料计划报物资部，物资部根据需用材料计划，及时联系各材料供货商组织材料进场，材料应在施工前至少 3 d 内进场就位。

（2）与各材料供货商签订供销合同，明确材料进场时间。

（3）工程部与物资部要及时沟通所需材料进场时间，避免误解或遗忘造成材料进场延期，确保施工不因材料而临时中断。

（4）地方材料采购，充分做好市场调查工作，落实货源，确保工程对材料的需求。

（5）需业主认价的材料，提前申报，缩短不必要的非作业时间。

5. 劳动力配置及保障措施

（1）建筑工程水平是施工过程中最直接的保证。

（2）农忙期间的安全生产措施如下：在选择专业工作组时，应考虑农忙期间的就业率，并优先考虑不受农忙期间影响、工人技术水平和工作技能良好的工作组。在农业繁忙时期之前，必须提前确定工作组的最高工作率。在签订雇佣合同时，选定的专业工作组应获得风险抵押，且该抵押不会影响农业繁忙时期的就业率。在不影响整体工期的情况下，需要大量工作和一般功能的程序应尽可能不安排在繁忙的农业时期，如确有必要，则应为在农业繁忙时期仍工作的工人提供财政补贴。

第四节　装配式建筑施工安全管理

一、装配式建筑构件安全管理

预制构件安全管理重点是确保构件堆放、装车、运输的稳定；确保构件不倾倒、不滑动；确保构件吊运、装车作业的安全；确保构件靠放架牢固；确保堆放支点安全牢固。

（一）预制构件运输、堆放过程的安全措施

1.预制构件出厂与运输全措施

预制水平杆应水平放置以便运输。预制立杆必须用专用支架垂直运输，专用支架上的预制立杆必须对称放置。柔性材料必须放置在配件和支架的交叉处，以防止在运输过程中损坏配件。此外，运输和堆放部件时必须满足以下要求：

（1）构件运输过程中，支撑点应与吊点在同一垂直线上，支撑应稳定。

（2）运输超高部件时，必须配备电工监控车辆，并在道路上佩戴轨道保护工具，以确保运输安全。

（3）运输T形梁、工字钢、桁架和其他容易倾覆的大型构件时，必须通过对角支架将其牢固支撑在梁组织中，以确保构件在运输过程中的安全性和稳定性。

（4）装载部件后，必须检查其稳定性，以确保其在运输前处于稳定状态。如果运输距离过长，则必须检查道路上部件的稳定性。如果发现松动，应停止并采取措施进行加固。在继续转移之前，应确保成分稳定。

（5）柔性材料应放置在栏杆、轿厢板和预制混凝土配件之间，构件转角和链条之间接触部分的混凝土应由柔性垫圈保护。

（6）预制构件的运输路线根据道路和桥梁的实际情况确定。应为现场运输创建环线。

（7）运输车辆必须满足部件的尺寸和负载要求。装卸部件时，应考虑车体的平衡，以避免车体倾覆。

（8）起吊重物时应保持平衡，尽量避免振动和摆动。操作员必须选择适当的向上位置和带物品的护送路线。

（9）运输重物时，应均匀放置，以避免偏心负载。堆放时，应牢固固定，必要时点焊固定。必须采取安全措施防止坍塌和滑动。

（10）施工部门必须指定专人对运输重型货物的整个过程进行监控，并随时注意货物的偏差。如果发现负载异常，必须立即警告驾驶员停车进行加固。

2.施工现场构件堆场布置

预制构件仓库在施工现场占地面积大，预制构件多，应合理地对预制构件进行分

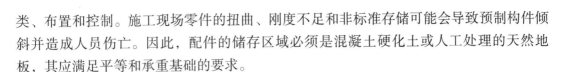

类、布置和控制。施工现场零件的扭曲、刚度不足和非标准存储可能会导致预制构件倾斜并造成人员伤亡。因此，配件的储存区域必须是混凝土硬化土或人工处理的天然地板，其应满足平等和承重基础的要求。

3. 预制构件堆放

（1）预制墙板。根据预制墙板的压力特性和构件特性，应使用特殊支架对称插入或储存。预制墙板应与外立面对称放置，与地面的倾角不得小于 80°，以防止组件倾斜和伤害操作员。

（2）预制板类构件。预制板配件可以紧密堆放，其堆积高度应根据构件的强度、地面的耐压性、滑动强度和堆叠的稳定性来确定。组件层应对齐并填充，每层的支撑垫应上下对齐。下层的支撑垫应设置为全长。楼板和阳台板的预制构件应平整存放，并由专用存放架支撑，存放不得超过六层。

（3）梁、柱构件放置。梁、柱等构件宜水平堆放，预埋吊装孔的表面朝上，且采用不少于两条垫木支撑，构件底层支垫高度不低于 100 mm，且应采取有效的防护措施，防止构件侧翻造成安全事故。

（二）预制构件吊装过程中的安全管理

起重功能是装配式建筑施工中总荷载最高、风险因素最大的过程。吊装构件时，应根据现场实际情况制定相应的安全管理措施。在生产过程中，必须严格执行控制措施，保证安全第一。如果无法立即解决不规则情况，则必须立即停止起重作业，并且只有在清除障碍物后才能继续作业。

1. 吊装人员资质审核

《特种作业人员安全技术培训考核管理规定》（国家安全生产监督管理总局第 30 号令）第五条规定，特种作业人员必须接受安全技术领域的专门培训，并通过考试，取得中华人民共和国特种作业许可证后方可作业。汽车吊司机、履带吊司机、塔吊司机、指挥人员和操作人员均为特种作业人员，应经过专门培训，并持有中华人民共和国特种作业证书方可上岗。操作塔式起重机的人员必须持有适当的证书，并检查设备的有效性。人员在操作塔式起重机设备时必须严格遵守其规范，严禁无证工作或违反规范工作。

2. 吊装前的准备

根据《建筑施工起重吊装工程安全技术规范》（JGJ 276—2012），工厂应对参与吊装预制构件的人员和相关人员进行安全培训和信息披露，明确起吊和安装预制构件的操作风险，并制定预防危险情况的措施。安装前，必须清楚标记安装区域，并定义危险区域。设置警戒线封闭起重作业区域，并指定专人看管，增加安全警示，禁止与设备操作无关的工人进入起重危险区域。必须定期检查安装工具和用于提升预制构件的工具，如果发现潜在危险，必须立即停止使用。如果异物填充吊点，必须立即清理。对于一些尺寸较大或形状特殊的部件，应使用平衡带帮助提升。

| 283 |

3. 吊装过程中的安全注意事项

起吊预制构件时，操作人员必须将预制构件降至距地面 1 km 处，就位固定后才能断开吊钩。附件必须垂直起吊，严禁使用斜拉和斜吊，以免与其他物体碰撞或折断钢丝绳。悬挂部分不应长时间悬挂在空气中，应采取措施将物体重量减少到安全位置。提升过程必须稳定，无剧烈摇晃和突然制动。在旋转持续停止之前，不要朝相反方向工作。电梯验收后，应进行适当的负载分配。部件重量不得超过两台机器总额定起重能力的75%，一台发动机上的负载不得超过额定起重能力的80%。必须将两台机器提升并放置在协调的位置，提升速度必须恒定且缓慢。起吊起重机时，应监测起吊的安全距离、起重机腿上基座的变化和吊带的压力。当遇到雨、雪、雾和其他恶劣天气时，或者风速达到 12 m/s 时，露天吊装作业必须停止。以下情况下不得进行吊装：现场黑暗或现场不清晰，吊装部件和命令信号不能被很好地观测；起吊部件的过载或质量不明确，吊带不符合要求；吊装施工人员饮酒；装订和铰链不稳定或不平衡，可能会导致滑动；凸起部分有人或漂浮物；结构或部件存在影响安全工作的缺陷或损坏；插入的物体体积不清；凸起元件的角落和连接绳之间没有衬里。

4. 吊装后的安全措施

对于吊装过程中不形成空间稳定系统的零件，应采取有效的临时紧固措施。预制永久紧固件的连接必须严格控制，临时紧固措施必须在确认构件稳定后才能拆除。如果起重设备和相关机械以及与操作配合的工具正在运行，则必须指定专门的管理人员。移动、提升、停止和安装特定部件的整个过程由电信设备控制，除非信号清晰，否则不会启动。重新操作前，应先进行试验行程，并在确认各种安全装置的灵敏度和可靠性后进行操作。在预制施工项目中进行柱和墙的加固时，应使用特殊的高凳进行操作。如果高于围栏，操作员必须佩戴带芯的自密封安全带。

5. 预制构件的吊装安全控制

（1）柱的吊装。立柱的吊装方法应符合设计单位的规定。立柱初步校正后，较宽表面的两侧应临时用钢对角支架固定。对于重柱或薄柱以及有空气的区域，应在柱顶部采取固定的临时紧固措施。在确认其稳定可靠后，可以通过撕裂方式拆除挂钩。立柱修复后，连接部位必须及时固定。当混凝土强度达到结构强度的 75% 时，可以移除对角钢筋。

（2）梁的吊装。吊梁在立柱永久固定安装后进行。起吊吊车梁时，必须将梁牢固支撑或用 8 号铁丝连接到固定构件上才能拆除吊钩。应在提升梁或校准屋顶附件并最终稳定后进行。修理后，必须立即焊接或机械黏合并固定。

（3）板的吊装。吊装预制板时，建议从两端中心开始，先水平墙后纵向墙，先内壁后外墙，最后横向墙，依次吊装。在起吊过程中，必须校准预制板。如果安装后偏差过大，则将预制板吊回原位。就位后，应在预制板下使用独立的钢支架或钢管脚手架及时夹紧，及时固定上皮钢筋和各种管道，并浇筑混凝土形成层板系统。

外墙板焊接后可断开固定，内壁与横杆板临时可靠紧固后可断开。同一层墙板吊装修复后，应立即焊接内置钢筋，墙板之间的垂直接缝必须立即浇筑，以便最终紧固。只有当梁的比强度达到 75% 以上时，才能提升楼板。

外墙板的运输和吊装不得使用钢丝绳，严禁用铁丝捆扎。吊板吊装就位后，应在断开前临时或永久固定在主体结构（如柱、梁或墙）上。

（4）楼梯的吊装。安装楼梯前，楼梯支撑必须牢固可靠。提升楼梯时，必须确保电梯跑道上没有人站立。

（三）吊具安全控制

预制构件的吊点应提前设计，并根据规定的吊点选择相应的起吊设备。起吊附件时，为了使部件稳定，避免摇摆、倾斜、旋转、翻转等现象，有必要选择合适的起吊设备。无论使用多少个点进行起吊，吊钩和吊带紧固点的垂直线必须始终穿过起吊元件的重心，这直接关系到起吊结果和操作安全。

起吊设备的选择应确保起吊的部件不变形或损坏，起吊后不转动、倾斜或翻转。起吊设备的选择应根据起吊部件的结构、形状、体积、质量、维护起吊点和起吊要求，结合现场操作条件，确定合适的起吊设备。织带的选择应确保织带被均匀压下。每个支撑带之间的夹角通常不应大于 60°，其随后的作用点应确保其与起吊部件的重心位于同一液压管路中，并确保吊钩和起吊部件的重心在起吊时位于同一液压管路中。使用说明书中规定的电梯结构的附件应按照电梯结构进行吊装。安装特殊形状的部件时，可以使用提升辅助吊点和简单提升装置的方法来调整物体的所需位置。如果附件没有设计的挂钩（点），则可通过计算点位置来确定绑定。连接方法必须可靠、简单和安全。

二、外防护架安全管理

在当前预制和装配速度较低的情况下，高预制件立面的建筑设备主要是脚手架或攀爬外部框架。无论供应商采用何种形式的外部框架，外部框架的连接和上部脚手架钢安装通道的设置都被视为检查点。重点检查具体建筑计划是否旨在制定这方面的措施以及措施的可行性。如果预制构件需要修改，则必须签发技术验证单或设计变更单，并填写监理节点图，以根据设计要求检查构件的生产情况。施工期间，现场管理人员应检查外框的牵引节点是否满足设计和施工要求。

三、垂直运输机械安全管理

施工现场应配备足够数量的垂直运输机械（如塔吊），塔吊的旋转半径和臂端最大起重量应满足吊装要求。为了确保设备的稳定性和安全性，大型垂直输送机必须连接到主体结构上，因此应监测塔式起重机和客梯的承重墙。在施工设计过程中，应对施工组织设计和承包商制定的专项施工方案进行检查和审查，采取可靠、有针对性的措施，检查供应商的技术安全，并对大型机械进行检查和归档，每个承重墙的连接节点应被视为一个控制中心。添加部件和拆卸时，安全监督人员要随时待命。在检查特种作业人员的工作许可证时，还应检查其是否按照批准的计划申请等。

吊装预制构件必须由专业电梯操作员控制，并由专业电梯司机操作。指挥官配合使用音频信号、手势信号、旗帜等，并采用光学视频系统监控整个提升和定位过程。应加强监督，将"十不吊"原则应用于起重作业，并处理已发现的违规行为。

应保存起重设备的操作和维护记录，并更换符合废物标准的设备。使用的钢丝绳必须每天进行检查，如果符合退役标准，应立即更换。

钢丝绳的安全系数不应小于6。绳头统一应符合规范要求，加强日常检查。起重设备应具有安全检查证书。驾驶员应严格按照设备的安全操作程序工作。在举起重物和转动肩膀之前，应先抬起肩膀，举起手臂时禁止旋转。

四、高处作业安全注意事项

根据《建筑施工高处作业安全技术规范》（JGJ 80—2016）的规定，吊装预制构件前，吊装作业人员必须穿防滑鞋，戴安全帽。吊装预制构件时，如果高处安全控制不合格，则严禁高处作业。使用过的工具和备件应采取防滑措施，严禁上下乱扔。提升附件后，任何人不得站在附件和臂下。部件必须以均匀的速度提升，稳定后固定，然后用辅助工具安装。

如果安装过程中需要爬梯，则楼梯的小腿必须牢固，不得提起使用。使用折叠梯时，上夹角必须为35°～45°，必须设置可靠的支撑装置。楼梯的施工质量和材料必须符合规范的要求。安装时应将护栏或其他可靠的安全措施置于悬挂状态。暂停运行中使用的紧固件、皮带、材料和其他设备应为经过技术评估、验证和验收后合适的产品。

起吊梁和板前，应提前在梁和板上的适当位置安装安全和维护垂直绳，以确保工人佩戴安全带起吊的连接点。起吊预制配件时，任何人不得站立或步行。安装梁板时，应设置临时支撑架。修改临时支撑架时，需要两个人同时进行，以使物品翻转。

安装楼梯时，操作员必须站在物品的一侧，系好安全带。

外挂架一般用于外围防护，架体高度应高于工作区域，脚手架工作层台面应固定牢固。框架外部必须用密集的安全网封闭。安全网材料应符合规范要求。现场使用的安全网应为符合国家标准的产品。

开口、楼梯和平行电梯开口应采取保护措施。保护装置应安装牢固，符合规范要求。电梯井内每两层（不超过10 m）设置一道安全网。

入口防护必须牢固、稳定。防护棚两侧应设置防护措施。防护棚的宽度应大于入口的宽度，长度应符合规范的要求。当建筑物高度超过入口三十层防护屋面时，必须采用双层防护，防护棚材料必须符合规范要求。

如果有必要创建用于存储辅助工具或备件的材料平台，应进行适当的设计计算，并根据设计要求调整平台。支撑系统应与结构可靠连接，材料应符合规范和设计要求，极限载荷标记应放置在平台上。

如果预制梁、地板和层压弯曲构件需要安装临时支架，则所需的钢管必须安装在钢平台上。钢平台必须具有适当的结构计算，并且必须根据设计要求建造。安装点和顶部连接点必须位于建筑物结构中。前后两层对角钢筋或钢丝绳应根据需要在两侧进行调整。钢平台两侧应安装刚性防护栏杆，钢平台与建筑结构之间的板应紧密稳定。

必须使用完整的设计或操作平台作为管道安装的基础。严禁在装置下方的管道内站立和行走。移动控制平台的表面不应超过 10 m²。移动控制平台车轮与平台之间的连接应稳定可靠。立柱底部到地面的高度不得大于 80 mm。根据规范要求，应在操作平台周围设置护栏和爬梯。操作平台的材料应符合规范的要求。

安装门窗和玻璃时，严禁操作人员站在阳台栏杆上。应在高外墙上安装门窗，在没有外部脚手架的情况下挂安全网。如果没有安全网，操作员必须系好安全带，安全钩必须挂在操作员上方的可靠物体上。执行各种窗户作业时，操作员的重心必须位于内部。必要时，操作人员应系好安全带进行操作。

第五节　装配式建筑施工技术管理

一、对于装配式建筑施工优势的探究

现阶段，为了提高市场经济运行水平，实现建筑企业的良好发展，需要加大生产新技术的研究，引进合理的生产方法，在优化和改进原有建筑结构的基础上，提高建设项目的绩效。如今，装配式建筑的开发和应用领域十分广泛，随着时代的不断发展，其在社会功能中逐渐占据重要地位。与以往的传统生产工艺相比，该工艺具有很大的优势。将其应用于土木工程中，不仅可以提高建筑效果，还可以降低生产成本，以达到节能减排的目的。通过调查，其具体效益如下。

（一）具备较轻的重量

一般来说，装配式建筑的总重量约为过去传统建筑的一半。因此，这对机构本身的能力提出了更少的要求。如果将该技术应用于机械基础的施工中，则可以为施工人员提供大量设备，使其能够按照基本设计要求进行工作。

（二）施工工期比较短

在施工前，预制建筑结构主要是将外窗上的砖预先放置在预制外墙板内，而以前的施工方法是在主体结构覆盖后转移砖。此外，如果外墙在主体结构覆盖后进行施工，将给墙体的后续砌筑工作带来极大的舒适性。

（三）造价较低

采用预制生产技术，所采用的生产构件由各专业生产单位交付，生产工作完成后运至施工现场。目前，相关技术机器在安装过程中重复性高，对施工人员的要求相对较低，因此价格要低得多。

（四）可持续性强

预制构件通常在工厂车间制造。在特定生产期间，如果部件与规定要求不兼容，则必须对其进行改进和更换。在生产过程中，该技术可以表现出环保性和可持续性的特点。同时，生产的轻质保温材料也可以有效减少建筑资源的消耗，以达到节能减排的目的。

（五）性能良好

装配式建筑自身具备较强的抗震性能，其可以提升工程质量，保障人员的安全。当前，大多数装配式建筑构件主要是使用钢筋混凝土材料和刚柔混合施工方式展开施工，此种模式不仅能够有效增强建筑物的适应能力，还可以延伸建筑物的使用性能以及时间。

二、装配式建筑施工技术要点论述

（一）预制构件深化设计工作

目前，在整体楼板和预制墙板施工之前，必须严格确保在特定施工期间处于至少10 cm 的水平圆形位置，该区域和楼板之间必须采取防止污泥泄漏的措施，否则将导致预制整体地板出现裂缝。

在绘制相关结构图纸时，要做好预制层压板内线的专项设计，从实际施工状态进行检查，并制定相应的内线布局设计措施，避免出现对角线问题。

（二）预制构件的运输和储存

1. 预制构件的运输

通常来讲，预制构件自身的运输间距较长，因此在对预制构件进行运输之前，必须优先掌握运输的基本路线和外部环境，了解具体的限制因素，必要时可以对施工现场进行详细的检查，得出最佳的运输路线，从而在一定程度上防止预制构件受到损坏。

2. 预制构件的储存

相关人员需要加大对预制构件容易损坏位置的保护力度，避免由于采取的方式不到位而导致构件受到损坏。

三、预制构件的吊装和定位

（一）预制构件的吊装

对于施工人员而言，在吊装施工期间，需要根据施工质量的规范要求来开展工作，使用合理的方式控制施工误差，并且必须做好薄弱位置的加固工作，以此提升工程质量，促使工程安全开展。

（二）预制构件的定位

例如，在具体施工期间，施工人员需要将螺栓固定，了解螺栓和空洞的尺寸是否相同，在确保符合规定之后，把预制构件和现浇结构相互联系起来。

四、转换层施工技术

（1）合理地对现浇结构层平整度和标高进行控制。在搭设模架之前，施工人员既要和技术人员实施相应的技术交底工作，又必须要求测量人员应用相应的测量仪器进行测量，以此避免模架架设过程产生误差。待完成模架架设工作之后，施工人员还需要对底板、外墙等部位的标高进行详细检查，确保没有任何问题之后，才能步入下一道工序。

（2）严格控制垫片的位置偏差。施工期间经常使用垫片，在应用之前，需要先根据施工要求对放置面进行有效的处理，使放置面保持整洁性。然后，测量人员应对放置面的标高进行测量，详细计算预制构件落位处的高度。最后，应明确放置垫片的具体位置，采取性能良好的垫片，保障工程的顺利开展。

参考文献

[1] 罗哲文 . 促进无机非金属材料发展的策略 [J]. 商业观察，2022（3）：92-96.

[2] 陶俊哲 . 无机非金属材料的现状分析以及发展前景 [J]. 科技风，2019（3）：128.

[3] 陈维善 . 无机非金属材料在民用建筑中的应用研究 [J]. 冶金管理，2019（3）：31-32.

[4] 马斌 . 无机非金属材料的教学改革探索与课程建设 [J]. 创新创业理论研究与实践，2021，4（23）：53-55.

[5] 钟彬扬 . 典型无机非金属材料增材制造现状及创新路径 [J]. 漳州职业技术学院学报，2021，23（1）：84-89.

[6] 雷瑶 . 无机非金属材料的应用与发展趋势 [J]. 造纸装备及材料，2020，49（5）：82-84.

[7] 王玲，韩素梅，鲁启鹏，等 . 无机非金属材料的科普 [J]. 金属世界，2020（5）：47-50.

[8] 刘辉 . 无机非金属材料行业的发展趋势分析 [J]. 工程建设与设计，2020（17）：240-242.

[9] 常鑫烽 . 无机非金属材料在民用建筑中的应用评价探究 [J]. 内蒙古科技与经济，2019（18）：95.

[10] 马艳平 . 典型无机非金属材料中的类分子结构单元 [D]. 大连：大连理工大学，2019.

[11] 陶俊哲 . 无机非金属材料的现状分析以及发展前景 [J]. 科技风，2019（3）：128.

[12] 田华 . 无机非金属材料的应用与发展趋势 [J]. 现代盐化工，2018，45（6）：17-18.

[13] 曹博翔 . 装配式混凝土建筑质量控制体系构建与评价研究 [D]. 沈阳：沈阳建筑大学，2021.

[14] 王峡龙 . 混凝土原材料对混凝土品质的影响 [J]. 长春大学学报，2020，30（12）：14-18.

[15] 高俊杰 . 装配式混凝土建筑施工常见问题及解决对策 [J]. 建筑技术开发，2020，47（9）：88-89.

[16] 金繁 . 装配式混凝土建筑成本管理研究 [D]. 昆明：云南大学，2020.

[17] 黄爽，王路静，李汶昊，等 . 混凝土掺合料的应用与分类浅析 [J]. 四川建材，2020，46（3）：24，34.

[18] 孙传孔 . 预拌混凝土原材料质量现状与控制措施 [J]. 工程质量，2020，38（1）：17-19.

[19] 刘付林 . 废弃混凝土骨料再生破碎实验研究 [D]. 泉州：华侨大学，2019.

[20] 陈俊.混凝土材料的性能检测以及影响因素 [J].交通世界，2019（Z1）：230-231.

[21] 钟长维.混凝土掺合料应用和生产技术分析 [J].广东建材，2018，34（11）：18-20.

[22] 华庆东.装配式混凝土建筑结构施工技术要点探析 [J].建材与装饰，2019（32）：30-31.

[23] 许刚.分析水泥原料易磨性的影响及其改善 [J].四川水泥，2018（8）：9.

[24] 田国力.混凝土配合比原材料的检测和质量控制 [J].中国标准化，2018（12）：171-172.

[25] 张冬明，张苏琳，王敏锦，等.浅谈混凝土原料水泥中金属含量的测定 [J].科技创新与生产力，2015（8）：57-58.

[26] 王莹.谈高性能混凝土配制的原料选用和配合比 [J].科技与企业，2012（10）：175.

[27] 张宇，王际芝，李海涛，等.混凝土质量检测计算机化管理 [J].混凝土，2000（12）：40-45.

[28] 徐峰.精确测定混凝土和混凝土原料的快速方法 [J].建材工业信息，1992（4）：3.

[29] 赖汉清.装配式混凝土建筑管理模式创新的思考与探索 [J].房地产世界，2022（9）：110-112.

[30] 张之光，张凯.装配式建筑 BIM 深化设计研究 [J].中国建筑装饰装修，2022（9）：54-56.

[31] 高丹丹，李叶.新型装配式建筑 PC 构件模板设计及施工 [J].江西建材，2022（4）：239-240，243.

[32] 陈贺.装配式混凝土建筑结构施工技术要点分析 [J].低温建筑技术，2022，44（4）：151-154.

[33] 王小丽.混凝土原材料的检测及管理研究 [J].大众标准化，2022（8）：193-195.

[34] 田国民.构建装配式建筑标准化设计和生产体系 [J].建筑，2022（8）：9.

[35] 于晓龙.装配式混凝土建筑质量管理探讨 [J].江西建材，2022（3）：49-50.

[36] 郑思明.装配式混凝土建筑结构施工技术分析 [J].中国建筑装饰装修，2022（6）：174-176.

[37] 徐维新.装配式建筑设计及其应用探究 [J].中国建筑装饰装修，2022（4）：88-89.

[38] 郇凯.混凝土原材料及施工质量检测技术浅析 [J].四川水泥，2022（1）：162-163.

[39] 李瑞.装配式建筑对现代建筑设计的影响分析 [J].中国建筑装饰装修，2022（1）：183-184.

[40] 吴俊峰.装配式混凝土建筑研究 [J].黑龙江科学，2021，12（12）：144-145.

后　记

　　现如今，装配式混凝土建筑工程作为新型的建筑模式，更加符合我国建筑行业发展的方针，这种建筑模式会被广泛应用于未来的住房建设当中，在施工质量方面比传统全现浇混凝土结构更优。装配式混凝土建筑具有良好的发展前景，政府和整个建筑行业需要给予高度重视，从混凝土的原材料、装配式建筑设计、装配式混凝土施工、装配式混凝土管理以及 BIM 技术在装配式混凝土建筑施工中的应用等方面进行研究与探索，全面掌握技术方面的相关特点和工艺，不断完善相关规章制度以及相关标准，促进我国建筑行业走上新的阶梯。

　　最后，对所有关心、支持本书编写的人员表示衷心的感谢！